Titelbild: Zu Deutschlands schönsten Eisenbahnstrecken zählen mit Sicherheit die beiden Rheinstrecken. Ein dichter und abwechslungsreicher Verkehr sowie eine einzigartige Kulturlandschaft bilden die Zutaten für herrliche Motive.
Foto: Michael Hubrich

Vorsatz: Sie ist die einzige 103 im aktuellen Farbschema der Deutschen Bahn: 103 233. Schnell war sie zum erklärten Fotoliebling der Fangemeinde geworden. Die „Lady in Red", wie sie bald genannt wurde, durfte Anfang Januar 2002 einen IC von Stuttgart nach München bespannen, als sie bei Urspring, auf der schwäbischen Alb, von einem guten Dutzend Kameraträger erwartet wurde.
Foto: Klaus Eckert

Nachsatz: Noch sind die Lokomotiven der ÖBB-Reihe 1044 aus dem Betriebsgeschehen nicht wegzudenken. Die bestellten 400 Exemplare des „Taurus" werden deren Einsatzgebiete aber deutlich verringern. In herrlicher Landschaft ist eine Lok der letzten Bauserie mit einem IC auf der Fahrt von Wien nach Salzburg. Sehr zur Freude der Reisenden und natürlich auch des Fotografen zeigt sich die Gegend am Wallersee von ihrer feinsten Frühlingsseite.
Foto: Klaus Eckert

Impressum

Bibliographische Information Der Deutschen Bibliothek
Die Deutsche Bibliothek verzeichnet diese Publikation in der Deutschen Nationalbibliographie;
detaillierte bibliographische Daten sind im Internet über http://dnb.ddb.de abrufbar

Die Texte stammen von folgenden Autoren:
Dr. Dietmar Beckmann, Torsten Berndt, Ilona Eckert, Klaus Eckert,
Markus Hehl, Thomas Hornung, Dr. Franz Rittig

Redaktionsschluss: 5. Februar 2003

Konzeption und Gestaltung: Klaus Eckert

Reproduktion: Fotolito Varesco, Auer/Südtirol

Druck und buchbinderische Verarbeitung: Druckerei APPL, Wemding

© 2003 DuMont monte Verlag GmbH & Co. KG, Köln

Originalausgabe
Alle Rechte vorbehalten

Printed in Germany

ISBN 3-8320-8819-9

Klaus Eckert

LOKOMOTIVEN
GESCHICHTE • TYPEN • TECHNIK

Inhaltsverzeichnis

Vorwort

Lokomotiven haben schon immer eine gewisse Faszination auf den Betrachter ausgeübt. Die einst stampfenden, Dampf und Rauch speienden Ungetüme sind mittlerweile kraftvollen Sprintern gewichen. Für viele ist die Begegnung mit einem Dampfross jedoch immer noch ein besonderes Erlebnis. Die Erinnerungen an die Zeit der Dampflokomotiven sind glücklicherweise in vielen herrlichen Bilddokumenten bewahrt. Vor allem die Altvorderen, die Pioniere der Eisenbahnfotografie, haben uns ausgezeichnete Motive hinterlassen. Sie sahen Eisenbahnen nicht nur technisch, sondern genossen es offensichtlich auch, die Züge bei ihrer Fahrt durch reizvolle Landschaften zu beobachten.

In diesem Buch sind Bilder beider Sehweisen enthalten: technische Darstellungen und — vorwiegend — Landschaftsaufnahmen, auf denen die Eisenbahn an sich das Fotomotiv darstellt. Bewusst wurde eine historische Grenzlinie gezogen, um die Darstellung und die durchaus vorhandene Vielfalt einzugrenzen. Fahrzeuge, die nach 1945 keine besondere Rolle mehr spielten, finden sich hier nicht. Im Mittelpunkt stehen die Lokomotiven aus Deutschland. Der Bogen spannt sich dabei von den technisch bemerkenswerten Einheitsdampfloks bis hin zu den jüngsten Fahrzeugen, dem „Taurus" und den

Mehrsystemloks der Baureihe 189. Es haben allerdings nicht alle Bauarten und Untergruppierungen Eingang in das kompakte Werk finden können. Eine größere Aufsplitterung der Themen wäre zu Lasten der gewünschten, reichen Bebilderung gegangen. So mancher Freund von Dieseltriebwagen wird daher seinen persönlichen Liebling vermissen. Zugegeben, jede Auswahl ist subjektiv. Und so habe ich es allein zu verantworten, dass die eine Baureihe nur am Rande, jene gar nicht und eine andere eben etwas ausführlicher dargestellt wird. Da viele technische Entwicklungen auch in der Schweiz und Österreich die Lokomotivbaukunst bestimmt haben, sind die wichtigsten Baureihen der Nachkriegszeit in diesen Ländern ebenso in Wort und Bild gewürdigt worden.

Die große Zahl der Schmalspurloks in Deutschland, Österreich und der Schweiz hat bewusst keinen Eingang in dieses Buch gefunden. Sie sollten einer weiteren Veröffentlichung vorbehalten sein.

Bleibt noch der Wunsch, mit diesem handlichen Werk ein unterhaltsames Buch geschaffen zu haben, und allen, die an seinem Gelingen beteiligt waren, meinen Dank auszusprechen.

Irsee und Köln im März 2003

Bildautoren

Folgende Archive haben mit ihrem ausgezeichneten Bildmaterial für die Illustration gesorgt:

AH-Archiv (59), Beckmann (7); Berndt (1), Bügel (18); Eisenmann (1); Fischer (2); Geisenfelder (3); Gutjahr (1); Hehl (1); Heilmann (4); Heinen (1); Heinrich (6); Heisig (11); Henschel (4); Hintermeier (1); Hornung (1); Hubrich (24); Kampmann (6); Kempf (1); Lehmann (3); Lehner (2); Luttenberger (1); Meyer (3); Nelkenbrecher/Archiv Eisenbahn Journal (15); Off (1); Osenbrügge (1); Paulitz (8); Rotthowe (4); Sammlung Hehl (1); Schmidt (5); Schöppner (4); Schumacher (1); Seyferth (1); Sieger (16); Stemmler (2); Stirl (1); Tadsen (1); TEE-Classics (5); Wohlfart (7); Wollny (9); Zellweger (1); alle übrigen Fotos: Eckert

Bahn-Geschichte

Wer ist der Erfinder der Eisenbahn? Der Lokomotive? Der Schiene? Keine dieser Fragen lässt sich kurz und knapp beantworten. Das System Eisenbahn besteht aus einer Vielzahl Erfindungen und Ideen, die im Laufe der Jahrhunderte miteinander verknüpft und verfeinert wurden. Abgeschlossen sind die Arbeiten an der Optimierung des spurgebundenen Verkehrs noch lange nicht, werden es vielleicht auch nie. Schnelle Fortschritte darf, wie bei Großsystemen üblich, niemand erwarten. Auch die Dampflok brauchte schließlich rund hundert Jahre, bis sie den Kinderschuhen entwachsen war.

Nicht einmal der Beginn der Eisenbahngeschichte lässt sich genau datieren. Schließlich kann man schon Spurrillen in aufgeweichten Wegen als Vorform der Schienen betrachten. In künstlich angelegten Spurrillen verkehrende Fahrzeuge soll es bereits im alten Israel gegeben haben. Im Mittelalter ließ man Grubenwagen auf hölzernen Schienen laufen. Die ersten gusseisernen Schienen entstanden in der zweiten Hälfte des 18. Jahrhunderts. Etwa zeitgleich traten auch eisenbeschlagene Holzräder in Erscheinung.

Jetzt fehlte nur noch eine geeignete Kraftquelle. Der Mensch konnte keine großen Lasten bewältigen und auch das Pferd gelangte relativ rasch an seine Grenzen. Da kam es gerade recht, dass James Watt eine neue Maschine erfunden hatte, die das industrielle Zeitalter einläutete: die Dampfmaschine. Sehr schnell entwickelte sich der Gedanke, dieses stampfende Ungetüm auf Räder zu stellen. Zunächst sollen die ersten Modelle unter Passanten Angst und Schrecken verbreitet haben, später wagte sich Joseph Cugnot mit einem halbwegs funktionierenden Dampfwagen auf die Straße. Dieser rollte aber über das Pflaster, weshalb er technikgeschichtlich als das erste Auto der Welt einzustufen ist. Den Weg zur Eisenbahn bereitete Richard Trevithick. 1800 ließ er sich erst einmal eine Hochdruckdampfmaschine patentieren. Herrschte in den Watt'schen Dampfmaschinen eine vergleichsweise entspannte Atmosphäre, presste Trevithick den Dampf extrem zusammen, um mehr Leistung herauszuholen. 1804 stellte Trevithick dann seine „Invicta" vor, die auf gusseisernen Schienen lief. Die Dampflokomotive war geboren.

Wenig später bewies Trevithick auf einer Ausstellung die Leistungsfähigkeit des neuen Zugpferdes. Mit bis zu 30 km/h dampfte die „Catch me who can" dem Publikum davon. Doch Trevithicks Experimente endeten tragisch. Die Dampflokomotiven waren zu schwer für die Schienen oder die Schienen nicht tragfähig genug.

Gewalzte Schienen waren stabiler

George Stephenson vermutete letzteres. Beim Bau der Eisenbahn Stockton — Darlington setzte er durch, die Hälfte der Strecke mit gewalzten statt gusseisernen Schienen auszurüsten. Seine Vermutung bestätigte sich. Die gewalzten Schienen bewältigten sehr viel größere Radsatzlasten als die gusseisernen. Doch Stephenson war nicht nur ein begnadeter Bauingenieur. Den Ruhm der Stephenson'schen Fabrik in Newcastle begründeten so legendäre Dampfloks wie die „Rocket". Diese Maschine, die Stephensons Sohn Robert konstruiert hatte, gewann den Wettstreit von Rainhill. Dort mussten alle Teilnehmer eine 3,2 Kilometer lange Strecke zwanzigmal problemlos durchfahren. Einzig die „Rocket" schaffte dies. Stephenson und der Erfinder des Röhrenkessels, Henry Booth, bekamen den Preis zugesprochen. Trotzdem standen viele dem Dampfbetrieb weiterhin skeptisch gegenüber. Noch auf Jahre hinaus wurden zahlreiche neu eröffnete Strecken sowohl mit Dampf- als auch Pferdekraft betrieben. Gerüchten zufolge soll es in einer der Ma-

Ganz oben: Zu den Klassikern der Dampfloks zählt die württembergische K.
Oben: Eine imposante Erscheinung war die Schnellzuglok der Baureihe 05.
Mitte: Die E 93 schleppte als erste sechsachsige Güterzuglok Frachten über deutsche Rampenstrecken. Verdrängt wurde sie jedoch bald von der stärkeren E 94.
Unten: Zu den schnellsten jemals gebauten Dampfloks gehört die 18 201, die hier einen Sonderzug führt.

Oben: Diese zeitgenössische Darstellung hat die Jungfernfahrt des „Adlers" zum Thema. Wie unschwer zu erkennen ist, handelte es sich um ein spektakuläres Ereignis, die ein jeder, der etwas auf sich hielt, seinerzeit nicht verpassen wollte.

schinen von Rainhill, der „Cyclopede", gewiehert haben.

Auch in Deutschland entstanden in jenen Tagen die ersten Bahnprojekte. Joseph Baader regte bereits 1807 den Bau einer „eisernen Kunststraße" zwischen Main und Donau an. Er konnte sich aber kaum etwas anderes als eine Pferdebahn vorstellen. Mutiger war womöglich die Königliche Eisengießerei in Berlin, deren Neujahrsplakette 1817 einen Dampfwagen zeigte. Ob sie ihn gebaut und ob er funktioniert hatte, ist leider nicht bekannt. Eindeutig pro Dampfbahn argumentierte der rheinische Industrielle Friedrich Harkort. 1825 forderte er den Bau einer Eisenbahn zwischen Rhein und Nordsee. Diese Distanz konnten nur noch Dampflo

komotiven bewältigen. Zunächst aber wandte sich Harkort der regionalen Infrastruktur zu und baute 1826 eine von Pferden gezogene Schwebebahn im Wuppertal, 1828 eine Pferdebahn bei Hattingen, 1829 eine solche zwischen dem Hardensteiner Revier und Elberfeld sowie 1832 eine 7,5 Kilometer lange Pferdebahn vom Schlebuscher Revier nach Hagen. Am deutlichsten erkannte der Ökonom Friedrich List die Möglichkeiten des neuen Verkehrsmittels. Er war seiner Zeit zu weit voraus, als dass man seinen Thesen Beachtung geschenkt hätte. Schließlich forderte er nicht nur Eisenbahnen, sondern auch noch eine deutsche Zollunion und demokratische Reformen, wodurch er sich Fes tungshaft einhandelte. Nach seiner Freilassung zog List es vor, nach Amerika zu emigrieren. Als amerikanischer Konsul kehrte er zurück und legte einen Plan für ein gesamtdeutsches Eisenbahnnetz vor, dass die Grenzen der einzelnen Fürstentümer souverän missachtete. Für seine Visionen war die Zeit jedoch noch nicht reif.

Erste deutsche Eisenbahn

Dass Deutschland nicht ganz abseits stand, verdankte es Männern wie Erhard Friedrich Leuchs, Johannes Scharrer und Paul Camille von Denis. Sie initiierten, finanzierten und bauten die erste Dampfbahnstrecke zwischen Nürnberg und Fürth, heute eine Nahverkehrsdistanz, damals ein großer Schritt in die richtige Richtung. Die Lokomotive, genannt „Adler", kam von Stephenson. Dessen Fabrik hatte damals eine Art Monopolstellung inne. Da Stephenson'sche Lokomotiven grundsätzlich eine Spurweite von 1435 Millimetern aufwiesen, setzte sich dieses Maß als Regelspur durch. Eine multinationale Vereinbarung über die Spurweite hat es nie gegeben.

So dampfte auch der „Adler" auf Regelspurgleisen entlang der Pegnitz. Am 16. November 1835 absolvierte er die erste Probefahrt, am 7. Dezember nahm die Ludwigsbahn den Planbetrieb auf. Tagsüber herrschte bereits Stundentakt. Neben Dampfzügen fuhren Pferdebahnen zwischen beiden Städten. Die Eisenbahn verbesserte aber nicht nur die Transportverhältnisse. Sie bewirkte auch, dass Uhren aufeinander abgestimmt wurden. Mancher Fahrgast verpasste seinen Zug, weil er der Uhr der Fürther katholischen Kirche mehr Glauben als der Eisenbahnuhr geschenkt hatte. Der Magistrat ordnete daher an, dass sich die Sakraluhr nach der Profanuhr zu richten habe. Die Ludwigsbahn blieb zeitlebens ein Inselbetrieb. 1922 verlor sie den Wettstreit mit der elektrischen Straßenbahn und stellte ihren Betrieb ein. Verkehrshistorisch wichtiger war die am 29. Oktober 1838 eröffnete erste preußische Eisenbahn. Sie führte von Berlin nach Potsdam. Damit befriedigte sie zwar auch nur regionale Bedürf-

nisse. Die Konzessionäre dachten aber über den Tellerrand hinaus und planten von Beginn an, die Bahn nach Magdeburg zu verlängern. Allerdings dauerte es bis 1845, ehe die Regierung dem Ansinnen zustimmte. Zu dem Zeitpunkt gab es bereits einige echte Fernverkehrsstrecken in Deutschland.

Als Erste nahm die Leipzig-Dresdener Eisenbahn am 7. April 1839 den Betrieb auf. Sie verfügte nicht nur über den ersten Eisenbahntunnel Deutschlands, sondern setzte auch die erste in Deutschland gebaute Lokomotive ein. Johann Andreas Schubert gebührt das Verdienst, die B'1-gekuppelte „Saxonia" entwickelt zu haben. Die weitere Geschichte des deutschen Lokbaus schrieben andere: August Borsig, Richard Hartmann, Carl Anton Henschel, Emil Kessler, Ferdinand Schichau und Louis Schwartzkopff, um nur einige zu nennen. Ohne zu übertreiben kann man sagen, dass die Eisenbahn die wirtschaftliche Entwicklung Deutschlands vorantrieb.

Die Politik konnte da nicht mithalten. Engstirniges Denken zog eklatante Fehlentscheidungen nach sich. In Baden beispielsweise glaubten die Herrscher, niemals würde ein badischer Wagen württembergische Gleise befahren und umgekehrt. Deswegen entstand die erste Eisenbahn hier in Breitspur und musste wenig später für viel Geld umgenagelt werden. Die bayerische Regierung trassierte die Verbindung München – Lindau so, dass württembergisches Hoheitsgebiet nicht berührt wurde. Noch heute schleichen Fernverkehrszüge daher durch Bögen, die nur geringe Höchstgeschwindigkeiten zulassen. In Preußen konnte sich die Regierung lange nicht entscheiden, ob sie Privat- oder Staatsbahnen den Vorzug geben sollte. Privatbahnen sparten dem Staat zwar eine Menge Geld, wichtige Infrastrukturvorhaben wie die Erschließung Ostpreußens konnten aber mangels schneller Rendite nur staatlich finanziert werden. Erst nach der Reichsgründung zerschlug Otto von Bismarck den gordischen Knoten und kaufte sämtliche wichtigen Privatbahnen. Der Staat zahlte gut für die Bahnen, deren Direktoren stattliche Abfindungen er-

Oben: Dieser urige Elektrozug fuhr auch auf der Berliner Gewerbeausstellung. Das Foto entstand aber 1882 in Moskau auf der Allrussischen Ausstellung. **Rechte Seite:** Der exotisch anmutende Drehstrom-Schnelltriebwagen, fotografiert 1901, stellte am 27. Oktober 1903 bei Marienfelde-Zossen mit damals noch sagenhaften 210,3 km/h einen Weltrekord auf.

hielten. „Bismarcks Sozialismus", spottete denn auch Friedrich Engels. Den Gedanken einer Reichsbahn, immerhin in der Verfassung von 1871 verankert, konnte Bismarck aber nicht durchsetzen. Das Reichseisenbahnamt entwickelte sich zu einer Behörde, „die sehr viel schrieb und tat, ohne daß ihr jemand Folge leistete", wie der Staatsminister und Kanzler lästerte.

Strom statt Dampf

In jenen Tagen bekam das Dampfross Konkurrenz. Werner Siemens, Entdecker des dynamoelektrischen Prinzips, hatte den Elektromotor auf ein Schienenfahrzeug gesetzt und dieses 1879 auf der Berliner Gewerbeaus-

stellung einem staunenden Publikum präsentiert. Zwei Jahre darauf fuhr zwischen Berlin und Groß-Lichterfelde die erste geruchsneutrale Straßenbahn der Welt. Den Strom entnahm sie aus einer zwischen den Fahrschienen angebrachten Stromschiene. Doch bereits 1882 baute Siemens eine elektrische Lok mit Stromabnahme aus einer doppelpoligen Fahrleitung. Wie schon bei der Zusammenführung von Rad und Schiene verging einige Zeit, bis Strom und Bahn wirklich zueinander passten. Schließlich genügt es nicht, die Lokomotive an das Netz anzuschließen und zu sagen: „Nun fahr mal schön." Der für den Bahnbetrieb ideale Drehstrom eignete sich wegen der komplizierten Stromübertragung nicht, der

einfach bereitzustellende Gleichstrom erforderte wegen der niedrigen Fahrleitungsspannung eine aufwändige Infrastruktur. Erst mit hochgespanntem Wechselstrom ließen sich Vollbahnen effizient betreiben. Es gelang sogar, die Bahnen Deutschlands, Österreich-Ungarns, Schwedens und der Schweiz auf ein gemeinsames System einzuschwören: Einphasen-Wechselstrom mit 15 Kilovolt Spannung und 16,7 Hertz Frequenz. Andere Länder setzten auf andere Systeme. In manchen Staaten, beispielsweise Frankreich, gibt es verschiedene Stromsysteme, die nicht miteinander harmonieren. Heute müssen die europäischen Bahnen daher teure Mehrsystemfahrzeuge in Dienst stellen, damit Reise- und Güterzüge an der Grenze durchfahren können.

Zu welchen Leistungen die elektrische Traktion fähig ist, zeigte sich schon zu Beginn des 20. Jahrhunderts. Auf der Berlin-Dresdener Militärbahn erreichte ein sechsachsiger Triebwagen von Sie-

mens sagenhafte 210 km/h Spitzentempo. Zeitgenössische Beobachter lobten dabei die erstaunliche Laufruhe des Fahrzeuges, das allerdings auch auf exzellentem Oberbau unterwegs war. Doch zunächst stand anderes auf dem Plan als der Ausbau des elektrischen Netzes.

Von den Länderbahnen zur Reichsbahn

Nach dem Ersten Weltkrieg lagen die Eisenbahnen darnieder. Ihre wirtschaftliche Lage war derart desolat, dass die Länder sie frohen Herzens an das Reich abtraten und dieses dafür auch noch zahlen ließen. Der gigantische Preis von 39 Milliarden Mark löste sich im Zuge des Staatsbankrotts und der damit einhergehenden Hochinflation in Wohlgefallen auf. Das Reich musste nicht nur die heruntergefahrenen Strecken auf Vordermann bringen. Vor allem galt es, den Lokpark zu bereinigen, hatte doch jede Länderbahn einst-

Oben: Zahlreiche Varianten gab es von den „Fliegenden Zügen", wie hier den SVT 137 153 Typ Leipzig.

Seite 15 oben: Die vielseitigen Reichsbahn-Maschinen der Baureihe V 100, nun als 204 eingereiht, kommen heute nur noch sporadisch zum Einsatz.

Seite 15 Mitte: Der für Ausflugsfahrten gern genutzte „Gläserne Zug" verschwand nach einem Unfall von den Schienen.

mals eigenständige Konstruktionen beschafft. Mit dem Einheitsdampflokprogramm fand man zwar nicht den Stein der Weisen, konnte aber den Betrieb deutlich rationeller gestalten. Maschinen wie die Baureihen 01, 41, 44 und 50 gehörten bis in die Endtage der Dampftraktion zum Fahrzeugpark von Bundes- und Reichsbahn. Dass dies auch für einige Länderbahnbaureihen gilt, beispielsweise die preußischen P 8 und T 18, spricht nicht gegen das Einheitslokprogramm, sondern für die hohe Qualität des preußischen Lokbaus. Mit einer besseren finanziellen Ausstattung hätte die Bahn die vor dem Ersten Weltkrieg entwickelten Maschinen allerdings deutlich früher ausmustern können.

Melkkuh der Nation

Statt neue Fahrzeuge zu beschaffen, hatte die Reichsbahn nämlich die Folgen der Politik zu bezahlen. Nicht weniger als 660 Millionen Goldmark sollte sie zwischen 1926 und 1964 jährlich als Reparation an die Siegermächte überweisen. Nach dem schändlichen Ende der Weimarer Republik musste die Reichsbahn dann des Führers Autobahnen bezahlen.

Trotz ihrer Rolle als Melkkuh der Nation konnte die Reichsbahn erstaunliche Erfolge vorweisen. Mit Bedacht und Sinn für das wirtschaftlich Machbare trieb sie die Elektrifizierung voran, stellte mit den Baureihen E 04, E 18, E 44 und E 94 Lokomotiven vor, die weltweit Beachtung fanden. Für den

schnellen Reisezugdienst beschaffte sie Dieseltriebzüge. Die „Fliegenden Züge" verkörperten
die dritte Traktionsart, den Antrieb mit Verbren-
nungsmotor, der gut 30 Jahre nach Rudolf Diesels
bahnbrechender Erfindung endlich bahntauglich
war. Zwischen 1933 und 1939 richtete die Reichsbahn ein 6000 Zugkilometer umfassendes
Schnellfahrsystem ein. Über all diesen Erfolgen
liegt aber ein Schatten: Züge der Deutschen
Reichsbahn brachten Millionen europäischer Ju-
den in die Vernichtungslager. Die Transporte ver-
liefen wohlgeordnet, die Reichsbahn stellte für
die Opfer sogar Fahrkarten aus. Nach der Befrei-
ung wollte selbstverständlich niemand etwas davon gewusst haben, nicht einmal Albert Ganzen-
müller: „ … es war außerdem ja wirklich nicht
leicht, all diese Zusammenhänge zu durchschau-
en … ich meine, für mich als einfachen Staatsbürger", erklärte er, als er sich 1973 endlich vor Ge-
richt verantworten musste. Der „einfache
Staatsbürger" war immerhin seit 1942 für die
Bahn zuständiger Staatssekretär im Verkehrsministerium. Einfache Eisenbahnbeamte stellten die
Züge zusammen, Personen-Sonderzüge, die aus
Güterwagen bestanden, und niemand wollte etwas mitbekommen haben …

Nach Kriegsende wurden dann Deutsche in Güterwagen zusammengepfercht und abtranspor-
tiert. Die neuen Machthaber in Osteuropa kann-
ten keine Gnade mit dem Volk, das Terror und
Elend über den Kontinent gebracht hatte. Nur
wenige Deutschstämmige durften in ihrer Heimat bleiben. Deutschland selbst war in vier Be-
satzungszonen mit vier Reichsbahnen aufgeteilt.
Mit der staatlichen Neuordnung einher ging die
Gründung zweier Staatsbahnen. In der Bundesrepublik übernahm die Deutsche Bundesbahn
den Schienenverkehr, in der DDR blieb der Name
Deutsche Reichsbahn erhalten. Dies lag vor allem
an der Lage Berlins, das völkerrechtlich keinem
der deutschen Staaten angehörte, schienenver-
kehrstechnisch aber ein Teil der DDR war. In beiden Staaten musste wiederum die Bahn für die
Folgen der Politik einstehen. Westlich der Demarkationslinie unterstützten Bund und Länder ein-

seitig den Straßenverkehr und bauten zwischen
1960 und 2000 rund 150.000 Kilometer neuer
Fernstraßen, denen gerade einmal 700 Kilometer
Neubaustrecken gegenüberstanden. Den Wie-
deraufbau musste die Bundesbahn aus eigener
Tasche finanzieren. Zinsvergünstigte Kredite gab
es nur für Privatunternehmen. Damals wurde die
Grundlage für den gigantischen Schuldenberg
von 80 Milliarden Mark gelegt, den Finanzminis-
ter Theodor Waigel 1994 unter dem Titel „Bun-
deseisenbahnvermögen" in einen Sonderhaus-
halt des Bundes überführte.

Trotz des politischen Widerstandes gelang der
Bundesbahn die Modernisierung des Netzes und
des Fahrzeugparks. Noch heute fahren zahlreiche der in den fünfziger Jahren in Dienst gestellten Einheitselektroloks. Den Dieselbetrieb domi-
nieren Maschinen der sechziger Jahre. Mit der Indienststellung der Baureihe E 03 überwand die
Bundesbahn 1965 die 200-km/h-Hürde. Wichti-

ger als das Durchbrechen dieser Schallmauer war aber die Schaffung eines Fernstreckennetzes. Zum Winterfahrplan 1971/72 erschien der Intercity. Auf vier Linien rollten Züge im Zweistundentakt. 1979 hieß es „Jede Stunde, jede Richtung". Im Laufe der Jahre veränderte sich das Netz zwar naturgemäß. Von der Grundkonzeption zehrt DB Reise & Touristik, die Fernverkehrssparte der Deutschen Bahn, jedoch bis heute.

Zwei Kehrtwenden

Der Nahverkehr, seit 1994 DB Regio genannt, wäre Anfang der neunziger Jahre wohl ohne die Übernahme von Lokomotiven der Reichsbahn kollabiert. Auch östlich der Demarkationslinie pfuschte die Politik der Bahn ständig ins Handwerk. Zunächst einmal demontierten die Sowjets fleißig Gleise und Fahrleitungsanlagen und beschlagnahmten Fahrzeuge. Manche Lok kam später als „Freundschaftsgeschenk" zurück. Mitunter musste die Reichsbahn sie sogar zurückkaufen. Nachdem es den Eisenbahnern trotz allem gelang, den Verkehr sehr ordentlich in Gang zu bringen, vollzog die Staatsführung bei der Traktionsumstellung zwei Kehrtwenden.

Zunächst setzte sie auf die elektrische Traktion. Mitte der sechziger Jahre beschloss sie dann, Dieselloks aus der Sowjetunion zu importieren und vermehrt einzusetzen. Den Treibstoff lieferten die Sowjets gleich mit, zu Freundschaftspreisen. Ende der siebziger Jahre, als die Sowjetunion dem Bankrott entgegenstrebte, nutzte sie die gestiegenen Rohölpreise, um die Vasallen die Zeche zahlen zu lassen. Nunmehr trieb die DDR-Führung das Elektrifizierungsprogramm voran. Dabei kam ihr zugute, dass der Lokomotivbau Hennigsdorf mit den Baureihen 250 und 243 Maschinen entwickelt hatte, die durchaus auf dem Weltmarkt bestehen konnten.

Die mangelnde Wirtschaftskraft der DDR brachte aber auch eine interessante Betriebssituation hervor. Eine Ertüchtigung der Strecken für höhere Geschwindigkeiten kam mangels Kapazitäten nicht infrage. Daher fuhren Reisezüge mit bis zu

120 km/h Spitzentempo, Güterzüge mit 80 bis 100 km/h. Reise- und Güterzüge konnten somit auf den gleichen Strecken verkehren, ohne einander im Weg zu stehen. In der Bundesrepublik dagegen mussten Güterzüge nicht selten den 160 bis 200 km/h schnellen Reisezügen Platz machen — mit fatalen Folgen für die Transportzeiten.

Nach dem Zusammenbruch der DDR setzte sich natürlich das westliche Betriebssystem durch. Da die Bundesbahn aber, betriebswirtschaftlich betrachtet, längst bankrott war und auch die Reichsbahn angesichts eines immensen Verkehrsrückgangs tiefrote Zahlen schrieb, suchte die Politik ihr Heil in einer Bahnreform. Beide Staatsbahnen gingen in einer Aktiengesellschaft auf. „Privatisierung", lautete das Schlagwort, obwohl die Aktien der Gesellschaft in der Schatulle des Finanzministers blieben.

Die Deutsche Bahn begann ein ehrgeiziges Modernisierungsprogramm und stellte eine Vielzahl

Oben: Frische Impulse erhielt der Schienennahverkehr durch neue Fahrzeuge, wie diese Doppelstockwagen, und die Regionalisierung, die es den Bundesländern seit 1996 ermöglicht, Züge zu bestellen.

neuer Elektroloks, Elektrotriebwagen und Dieseltriebwagen in Dienst. Zur Finanzierung nahm sie, da der Staat in altbewährter Manier die Taschen zuhielt, getreu der Bundesbahn-Tradition Kredite auf. Experten bezweifeln, dass sie ihre Schulden jemals tilgen kann, zumal die Verkehrsleistung der Staatsbahn-AG immer weiter zurückgeht.

Dies ist auch auf die Öffnung des Schienennetzes für andere Bahnunternehmen zurückzuführen. Gegen Entgelt können sie bei DB Netz, dem Infrastrukturbetreiber im DB-Konzern, Trassen für eigenständig vermarktete Züge buchen. Mit mehr oder minder sauberen Tricks versucht die DB aber, Konkurrenten von lukrativen Leistungen fernzuhalten. Überhöhte Trassenpreise machen den jungen Wettbewerbern ähnlich zu schaffen wie der stete Abbau von Gleisanlagen. Wenn auf eingleisigen Nebenbahnen mit Taktverkehr im

Nahverkehr die Kreuzungspunkte zerstört werden, können Güterzüge nur noch nachts fahren. Die Betreiber der Güterzüge müssten dann sämtliches Streckenpersonal bezahlen. Dass dies unwirtschaftlich ist, kann sich jeder denken.

Als sinnvollste Maßnahme der Bahnreform von 1994 stellte sich die Regionalisierung des Nahverkehrs heraus. Seit 1996 zeichnen die Bundesländer für die Nahverkehrszüge verantwortlich. Sie bestellen Leistungen bei DB Regio oder privaten Konkurrenten. Letztere hatten in der Regel die Nase vorn, da sie dank effektiverer Strukturen günstigere Preise bieten konnten. Sie brachten frischen Wind in die Verkehrslandschaft. Die Kunden honorierten dies. Auf zahlreichen, zu DB-Zeiten dahindümpelnden Nebenstrecken konnten private Anbieter steigende Fahrgastzahlen verbuchen. ▲

Oben: Im Sonnenlicht: die 01 235 mit ihren großen Wagner-Windleitblechen.
Großes Bild: Unter einer mächtigen Dampfwolke stampft die 001 211 aus dem Bahnhof der fränkischen Stadt Hof.

Erste Einheitslok

Obwohl der Schnellzugverkehr nur einen kleinen Teil der Verkehrsleistungen der Bahn ausmacht, stehen die Schnellzuglokomotiven im Mittelpunkt des Interesses. Unter den Einheitslokomotiven der zwanziger Jahre gab es gleich zwei Entwicklungen für den Schnellzugdienst.

Oben: Die 01 097 verfügte, als sie für dieses Foto posierte, bereits über die kleineren Witte-Windleitbleche.
Rechte Seite: Die 01 168 war dagegen noch mit „großen Ohren" ausgestattet, als sie im Jahr 1949 mit dem D 504 in der lieblichen Landschaft bei Laufach unterwegs war.

Mit der eins beginnt gewöhnlich die Zählerei. Nur bei der Bahn geht mitunter ein höherer Wert voran. Das ist bei der 101 so, die der 103 folgte, das war in den zwanziger Jahren so, als erst die 02, dann die 01 bereitstand. Damals differierten die Lieferdaten um wenige Wochen.

Bei der Entwicklung der Einheitslokomotiven prallten die Ansichten der nord- und süddeutschen Maschinenbauer überaus heftig aufeinander. Bevorzugte man im Norden solide und wartungsfreundliche Maschinen der Zwillingsbauart, setzte man in südlichen Gefilden große Hoffnungen in das energetisch zumeist günstigere, aber technisch kompliziertere Verbundtriebwerk. Daher entstanden für die neue Schnellzugeinheits-

lokomotive jeweils zehn Probefahrzeuge zweier verschiedener Bauarten. Die als Vierzylinder-Verbundlok ausgeführte 02 und die Zwillings-01 mussten sich im Wettstreit messen. Deshalb bekamen verschiedene Bahnbetriebswerke, die Schnellzüge im Flach- und Hügelland zu bespannen hatten, jeweils mehrere Maschinen zugewiesen, die sie in gleichen Dienstplänen einsetzen sollten. Die Konstruktion beider Lokomotiven ermöglichte einen späteren Umbau in die siegreiche Variante, letzten Endes also die 01.

Diese zeigte sich zwar beim Dampf- und Kohlenverbrauch der Schwester geringfügig unterlegen, fuhr aber insgesamt etwas wirtschaftlicher. Schließlich spielen Faktoren wie die

Anschaffungs-, Instandsetzungs- und Wartungskosten sowie die Abstellzeiten eine im Bahnalltag nicht zu unterschätzende Rolle. Gerade die Dampfmaschine der Baureihe 02 war aber in nicht allen Einzelheiten optimal konstruiert, während die Probleme bei der 01 mehr in die Kategorie Kinderkrankheiten einzuordnen sind. Mancher Fachautor mutmaßte, Richard Paul Wagner hätte bei der Konstruktion der 02 bewusst Fehler zugelassen, um die Überlegenheit der preußischen Schule nachzuweisen. Dann hätte er aber seine liebste Entwicklung, den Langrohrkessel, mit Sicherheit nicht auf die 02 010 gesetzt. Zwischen 1937 und 1942 wurden die Verbundloks dann in Zwillinge umgebaut.

Modernisierung

1927 begann die Serienfertigung der 01, von der letzten Endes 231 Exemplare entstanden. Rechnet man die zehn Umbau-02 hinzu, gab es also 241 Lokomotiven. Mit jedem neuen Lieferlos gelang es, die Maschinen weiter zu verbessern. Von der dritten Serie an erzeugte der Wagner'sche Langrohrkessel den Dampf. Er war so konstruiert, dass er problemlos gegen den bis dahin installierten Dampfspender getauscht werden konnte. Zudem verringerte die Reichsbahn ab Maschine 077, der ersten des dritten Loses, den Zylinderdurchmesser von 660 auf 600 Millimeter, da die Lokomotiven beim Anfahren zum Schleudern neigten und ihnen vor schweren Zügen bei hoher Geschwindigkeit zu schnell die Luft ausging. Ältere Maschinen bekamen Zylinderlaufbuchsen eingezogen, um den Durchmesser anzupassen.

165 Maschinen verblieben 1945 bei der Deutschen Bundesbahn, 70 bei der Deutschen Reichsbahn. Beide modernisierten einen Teil ihrer Lokomotiven. Die DB rüstete 1950/51 fünf Lokomoti-

Oben: Diese Aufnahme zeigt die 01 2120 am 28. August 1977 vor dem D 378 in Berlin-Warschauer Straße.
Rechte Seite: Der Lokführer der 001 230 hatte sicherlich mächtig Vergnügen daran, seine Maschine mit Volldampf vorbeidonnern zu lassen (in Hof, April 1969).

ven mit einem neuen Hinterkessel mit Verbrennungskammer aus. Dadurch stieg die Verdampfungswilligkeit deutlich, da sich das Verhältnis hochwertiger Strahlungsheizfläche zur Rohrheizfläche auf den Wert von 1 : 8,83 erhöhte. Sämtliche Maschinen erhielten den neuen Henschel-Mischvorwärmer. Umfangreiche Untersuchungen erwiesen die Wirtschaftlichkeit der Maßnahme. Noch wirtschaftlicher war aber die komplette Neubekesselung.

Neue Kessel

1957 entschloss sich die DB daher, 80 Lokomotiven mit neuen Kesseln auszustatten. Der vollständig geschweißte Neubaukessel konnte oh-

ne Anpassungsarbeiten auf die Lokomotive gesetzt werden und eignete sich zudem für die Baureihe 01.10, sodass die Kosten weiter sanken. Seine Dampfleistung lag um 0,38 Tonnen pro Stunde über dem Einheitskessel. Statt des Henschel-Mischvorwärmers ließ die Bundesbahn die technisch ausgereiftere einstufige Vorwärmeranlage Bauart 1957 einbauen. Als technisch möglich erwies sich ein Umbau von Rost- auf Ölfeuerung, der dann aber nicht stattfand. Auch vom ursprünglichen Plan, 80 Maschinen neu zu bekesseln, verabschiedete man sich rasch. Der Traktionswechsel kam, insbesondere im Einsatzbereich der Baureihe 01, gut voran, sodass 50 Lokomotiven genügten. 1966 erhielt eine

weitere Lok den Neubaukessel einer verunglückten Maschine. Zu dem Zeitpunkt stand die 01 schon unter keinem guten Stern mehr. Obwohl der Neubaukessel dem Einheitskessel überlegen war, unterschied die Hauptverwaltung nicht zwischen den Bauarten, als sie verfügte, keine Untersuchungen an Maschinen der Baureihe 01 mehr durchzuführen. Am 2. Juni 1973 schleppte die 01 131 als letzte ihrer Gattung den Abschiedszug rund um Hof.

Deutlich länger, bis 1985, setzte die Reichsbahn die 01 ein, die das Symbol der Einheitslokomotive schlechthin war. Ab 1962 rüstete das Reichsbahnausbesserungswerk Meiningen 35 Maschinen mit einem neuen Kessel mit Verbrennungskammer aus, der sich als äußerst verdampfungsfreudig erwies. 33 Exemplare erhielten zudem neue Zylinder und neue Drehgestelle. Bei allen Lokomotiven tauschte Meiningen auch die Führerhäuser. Zwölf 01.5, so die neue Bezeichnung,

wurden zudem mit so genannten Boxpok-Rädern ausgerüstet, mit denen die Reichsbahn den gefürchteten Speichenbrüchen der Originalräder begegnen wollte. Wegen Fertigungsmängeln erwiesen sich die Räder als für den Betrieb ungeeignet und wurden wieder durch Speichenräder ersetzt. Erfolgreich verlief 1964 der Umbau der 01 519 auf Ölhauptfeuerung. Nach und nach stellte die Reichsbahn die Feuerung aller 01.5 um. Damals war das Öl noch billig, denn die Sowjetunion, Hauptlieferant der DDR, nahm so genannte Freundschaftspreise. Ende der siebziger, Anfang der achtziger Jahre, als es mit dem Sowjetimperium langsam, aber sicher zu Ende ging, mussten auch die „sozialistischen Bruderstaaten" Weltmarktpreise zahlen. Die devisenarme DDR stellte daher ihre ölgefeuerten Dampflokomotiven schnell ab.

Nicht alle 01 der Reichsbahn wurden zu 01.5 umgebaut. Für die verbliebenen 30 Altbaumaschi-

Oben: Einen Plandampfeinsatz der besonderen Art absolvierte im April 1994 die 01 1531, die den D-Zug Moskau – Paris bespannen durfte.
Mitte: Gleich zwei 01.5 durften sich vor einem Sonderzug so richtig austoben. Joachim Schmidt war dabei.
Rechte Seite: Die 001 103, eine der Lokomotiven mit Neubaukessel, führt am 8. Oktober 1971 den E 1863 nach Hof.

nen lohnte sich eine weitgehende Überarbeitung allerdings nicht. Deshalb behalf sich die Reichsbahn mit punktuellen Verbesserungen, ersetzte bei einigen Loks die Zylinder, bei anderen Drehgestelle. Mitte der siebziger Jahre verschwanden sie aus dem Betrieb. In West und Ost blieben eine Reihe 01 museal oder betriebsfähig erhalten. Zu den bekanntesten zählen die 01 118 und 01 509, die oft Sonderzüge bespannen. ▲

Drillingsklasse

Ab 1939 stellte die Reichsbahn die Drillinge der Baureihe 01.10 mit Stromschale in Dienst, die technisch der 01 ähnelten. Später fuhren sie ohne Verkleidung. Einige wurden zu Ölloks, zuletzt beheimatet im Bw Rheine.

Mit der 01 und der leichteren 03 standen dem Betriebsdienst Anfang der dreißiger Jahre zwei leistungsfähige Schnellzuglokomotiven zur Verfügung. Sie erreichten 130 km/h Höchstgeschwindigkeit, unterlagen somit im Wettstreit den Dieseltriebzügen. Mit stromlinienförmig verkleideten Maschinen, die der besseren Laufkultur wegen Dreizylindertriebwerke erhalten sollten, wollte die Reichsbahn Tempo machen.

Technisch lehnten sie sich eng an die Baureihe 01 an. Die Maße stimmten weitgehend überein, der Kessel wurde trotz der fehlenden Verbrennungskammer unverändert übernommen.

Großes Bild: Vor einem Sonderzug ist die mustergültig gepflegte Museumslok der Ulmer Eisenbahnfreunde 01 1066 im Einsatz.
Links: Schmucke Zierringe am Kessel und Kohletender. So zeigte sich die 01 1060 dem Fotografen.

Oben: Klassische Betriebsaufnahme der 01 1079 in der Nachkriegszeit. Noch fehlt der Lok das dritte Spitzenlicht an der Rauchkammer.
Seite 29: Leichtes Spiel vor leichtem Zug: Den E 1937 beschleunigt die 01 1063 in Lathen, um ihn nach Emden zu bringen.

Allerdings erfolgte die Fertigung mit Stahl der Qualität St 47 K, der sich als nicht alterungsbeständig erwies. Die beiden Außenzylinder trieben, wie bei der 01, die zweite Kuppelachse an, der Innenzylinder die als Kröpfachse ausgebildete erste. Auf die Verbundwirkung verzichtete die Reichsbahn; der Dampf entspannte sich in allen Zylindern einfach. Wichtigster Unterschied zur 01 war die Stromlinienverkleidung, durch die im Geschwindigkeitsbereich ab 80 bis 100 km/h ein höherer Wirkungsgrad erzielt wurde.

Allerdings erwies sich die 01.10 der 01 in allen Bereichen als wirtschaftlich unterlegen. Dem Betriebsdienst bereitete die Außenhaut zusätzliche Schwierigkeiten. Zum einen erwie-

sen sich einige wartungsintensive Bauteile als schwer zugänglich. Zum anderen schlug ölhaltiger Abdampf häufig auf den Treibrädern nieder, sodass die Schleuderneigung wuchs. Da die Lok nach unten nicht verkleidet war, zog sie wie ein Staubsauger den schlimmsten Dreck vom Schotterbett an.

Kessel neu, Feuerung neu

Schon während des Baus der 55 Serienlokomotiven — weitere Aufträge wurden nach Kriegsbeginn storniert — ließ die Reichsbahn daher einen Teil der Stromlinienverkleidung wegschneiden. Auch Bahnbetriebswerke entfernten einzelne Teile. Nach dem Krieg zeigten sich die anfangs für

Oben: Im norddeutschen Flachland (Emden – Rheine) konnten die mit Ölfeuerung ausgerüsteten 01.10 ihre Leistungsfähigkeit im Schnellzugdienst demonstrieren.
Rechts: Dies galt auch für die 012 055, die vor dem D 1337 (mit Popwagen) im August 1973 über die Emsbrücke bei Hanekenfähr rumpelte.

Mischvorwärmer der Bauart Heinl, den später der Mischvorwärmer der Einheitsbauart MV 57 ablöste.

Im Juli 1956 rüstete Henschel die neu bekesselte 01 1100 zusätzlich mit einer Ölhauptfeuerung aus. Diese hatte gleich zwei Vorteile. Zum einen entlastete sie den Heizer, zum anderen konnte der Neubaukessel seine Qualitäten nunmehr voll ausspielen, insbesondere bei Fahrten im Grenzbereich. Deshalb baute die Bundesbahn 1957 und 1958 weitere 33 Maschinen auf Öl-hauptfeuerung um.

Von Dieselloks verdrängt

Die ölgefeuerten Drillinge hielten sich auch etwas länger im Betriebsdienst als die verbliebenen Kohleschwestern. Bereits am 15. September 1971 stellte die Bundesbahn die letzte 01 ab, wie die Kohle-01.10 seit 1968 hieß. Auslauf-Bahnbetriebswerk der 012, so die neue Bezeichnung der ölgefeuerten Lokomotiven, wurde das bekannte Dampf-Bahnbetriebswerk Rheine. Stück für Stück rollten die Maschinen auf das Abstellgleis. Den Garaus machten ihnen allerdings nicht Elektrolokomotiven, da ihr Haupteinsatzgebiet, die Emslandstrecke, noch nicht unter Strom stand, sondern Diesellokomotiven der Baureihe 221. Diese hatten in Lübeck den moderneren Maschinen der Baureihe 218 den Vortritt lassen müssen und verdrängten die 012 im Emsland. Am 31. Mai 1975 fuhren die letzten 01.10-bespannten Züge.

Vier Maschinen blieben betriebsfähig erhalten. Die 01 1100, die schon bei einem Schrotthändler auf den Hochofen wartete, kehrte 1983 zur Bundesbahn zurück und erklomm die Position der offiziellen Museumslok ihrer Baureihe. Bei den Ulmer Eisenbahnfreunden fand die 01 1066 Unterschlupf, bei Stoom Stichting Nederland in Rotterdam die 01 1075. Die 01 1102, zeitweise Denkmallok in Bebra, erhielt bei der Aufarbeitung sogar eine Stromschale und dampft seither in einem schmucken, dunkelblauen Kleid durch das Land. ▲

150, ab 1941 für 140 km/h zugelassenen Loks zunächst in verschiedener Schale. Die Bundesbahn, bei der alle Maschinen bis auf eine kriegszerstörte verblieben, schickte dann ab 1948 alle Maschinen zu Henschel, um die Verkleidung zu entfernen.

Allerdings beließ es die Bundesbahn nicht dabei. Ab 1953 beschaffte sie bei Henschel Neubaukessel für die 01.10. Diese entsprachen den für die 01 gebauten mit Verbrennungskammer, sodass der Anteil hochwertiger Strahlungsheizfläche größer ausfiel. Allerdings sank auch die Rostfläche, eine weniger sinnvolle Entscheidung, arbeitet eine Schnellzuglok doch häufig auf langen Strecken an der Leistungsgrenze. Daneben installierte man den zweistufigen

Leichtfüßig

Geht es auch etwas leichter? Das fragten sich einige Bahnbetriebswerke nach der Präsentation der 01. Das Problem der zu hohen Achslast lösten die schnellen 03 und 03.10.

Oben: Herrlich blühende Obstbäume konnten die Reisenden des F 163 (Rheingold-Express) bewundern, als sie 1953 mit der 03 248 durch Boppard fuhren.

Rechte Seite oben: Die leichtfüßigen Schnellzugloks der Baureihe 03 wurden „Salondampfer" genannt. Hier zeigt sich eine dieser erfolgreichen Dampfloks, die 03 051 der Deutschen Reichsbahn, in idealer Fotopose.

Anfang der dreißiger Jahre wich der Lokausschuss der Reichsbahn von seinem Grundsatz ab, für jede Zugart und Bedienungsform nur eine Lokomotivbauart zu beschaffen, zum Beispiel für den Schnellzugdienst auf Hauptbahnen die Baureihe 01. Da diese aber nicht auf allen Strecken des weiträumigen Netzes fahren konnte, der Schnellzugbetrieb auf den für die 01 ungeeigneten Gleisen dennoch moderne Maschinen erforderte, sollte eine weitere Schnellzugbaureihe entwickelt werden.

Die Kuppelachsen der 01 drückten mit bis zu 20 Tonnen auf den Oberbau. Für Streckensanierungen fehlte der Reichsbahn aber das Geld. Also

brauchte sie eine leichtere 01, eine Lok mit 18 Tonnen Radsatzlast. Als 1929 die Ausschreibung der Lok erfolgte, staunte die Fachwelt: Die Hauptverwaltung wünschte doch tatsächlich eine Vierzylinder-Verbund-Pacific mit zwei angetriebenen Achsen. Vor dem Hintergrund ihrer Erfahrungen reichten aber sowohl das Vereinheitlichungsbüro als auch Henschel/Maffei und Schwartzkopff Lokentwürfe mit Verbundtriebwerk sowie einfacher Dampfdehnung ein.

Die 03 – der Salondampfer

Im Lokausschuss fiel denn auch die Entscheidung zugunsten eines Zwil-

lings, den auch der Betriebsdienst bevorzugte. Schon 1930 lieferte Borsig drei Baumuster der 03, deren Grundkonzept dem der 01 entlehnt war. Der Kessel fiel etwas kleiner aus. Seine Leistung lag damit etwas unter dem Vergleichswert der großen Schwester. Die Zylinder hatten einen geringeren Durchmesser. Ihr Kolbenhub war aber identisch. Die Treibstange wirkte auf den zweiten Kuppelradsatz. Wie die 01 erhielt auch die 03 Kuppelräder von zwei Metern Durchmesser. Sie war also eine vollwertige Schnellzuglok und für 130 km/h Spitzentempo zugelassen. Die Achslast lag mit 18,1 Tonnen knapp über dem Limit. Der Betriebsdienst war zufrieden.

Bis 1938 erhielt die Reichsbahn 298 Exemplare der Baureihe 03, die anfangs vor allem zu nord- und ostdeutschen Bahnbetriebswerken kam. Den Schnellzugdienst bewältigte sie mit einer bemerkenswerten Laufruhe, die ihr den Titel „Salondampfer" bescherte. Deshalb dachte die Reichsbahn daran, die Höchstgeschwindigkeit der 03 zu erhöhen. Zu diesem Zweck erhielt die 03 154 eine Teilverkleidung, die 03 193 eine vollständige Stromschale. Messungen ergaben

deutlich bessere Leistungen am Zughaken. Die Umrüstung aller Maschinen unterblieb jedoch.

144 Loks verblieben bei der Bundesbahn, 85 bei der Reichsbahn. Im Westen fuhren die Maschinen bis an ihr Lebensende, 1972, weitgehend im Ursprungszustand. Kleinere Bauartänderungen betrafen die Saugzuganlage und den Aschkasten, der zusätzliche Luftklappen erhielt. Statt der großen Wagner-Windleitbleche montierte die Bundesbahn die gefälligeren Witte-Ohren.

Die Reichsbahn wollte die 03 ursprünglich nicht in ihr Rekonstruktionsprogramm aufnehmen. Der Zustand der Maschinen war gut, trotz permanenter Überforderung vor zu schweren Zügen. 1968 aber beschloss die politische Führung der DDR, 45 Schnellzuglokomotiven mit 18 Tonnen Achslast in die strategische Reserve aufzunehmen. Daher rüstete die Reichsbahn 45 Maschinen der Baureihe 03 mit dem auch für die 03.10 und die 41 verwendeten Kessel mit Verbrennungskammer aus. Später erhielten weitere sieben Loks den leistungsfähigeren Kessel. Erst mit der Beschaffung der Baureihe 132 konnte die Reichsbahn auf die 03 verzichten. 1982 musterte

Oben: Sowohl in West- als auch Ostdeutschland erhielten die 03.10 Ersatzkessel mit Verbrennungskammer. Während bei der Bundesbahn jedoch bereits 1966 die letzten Maschinen dieser Baureihe verschrottet wurden, hielten sie sich bei der Reichsbahn, die sie ab 1965 auf Ölhauptfeuerung umbaute, bis 1980. In Berlin-Ost passierte im Juni 1977 die 03 1088 mit einem D-Zug den Haltepunkt Prenzlauer Allee.
Unten: Mit ihrem Personenzug ist die 003 088 zwischen Biberach und Wattenweiler in Richtung Aulendorf unterwegs.

sie die letzten Maschinen aus. Erhalten blieben die 03 101, die in die Obhut des Dresdener Verkehrsmuseums kam, und die 03 204, lange Jahre das Zugpferd des Lausitzer Dampflokclubs.

03.10 – der Drilling

Auch von der 03 gab es eine Variante mit Dreizylinder-Triebwerk. Die Reichsbahn bestellte 60 Maschinen der Baureihe 03.10. An zwei Maschinen der Baureihe 03 hatte die Reichsbahn Mitte der dreißiger Jahre stromlinienförmige Verkleidungen erprobt. Die 03 154 trug eine Teilverkleidung, die 03 193 eine ähnliche Vollverkleidung wie die Versuchsloks der Baureihe 05. Die Messungen erbrachten den Beweis, dass dank der Verkleidung deutliche Zugkraftgewinne im oberen Geschwindigkeitsbereich möglich waren. Allerdings bescheinigte die Reichsbahn einer Lok mit Zweizylindertriebwerk keine ausreichende Laufkultur für höhere Geschwindigkeiten als 130 km/h. Da die Verbundbauart wegen der hohen Instandhaltungskosten nicht infrage kam, lag die Lösung in einem mittig eingebauten, dritten Triebwerk.

Ende 1939 lieferte Borsig die beiden Baumuster der 03.10. Sie entstand etwa parallel zur 01.10, entsprach wie ihr Pendant weitgehend dem Muttertyp. Kessel, Zylinder, Räder und die meisten anderen Bauteile stammten von der 03. Der mittlere Zylinder wirkte, wie bei der 01.10, auf die erste Kuppelachse, die deshalb gekröpft ausgeführt war. Die Treibstangen der äußeren Zylinder übertrugen die kinetische Energie auf den zweiten Kuppelradsatz. Die insgesamt 22 von Borsig gefertigten Maschinen erhielten eine Teilverkleidung, die den Bereich des Triebwerkes aussparte. Krupp und Krauss-Maffei lieferten 38 Loks mit über die Räder reichender Schale. 1941 ordnete die Reichsbahn an, die Verkleidung unterhalb von 225 Millimetern über Kuppelachsmitte zu entfernen, um die Wartungsarbeiten zu erleichern. Im gleichen Jahr begrenzte das Verkehrsministerium die Höchstgeschwindigkeit im Schnellzugverkehr auf 140 km/h. Somit durfte der für 150 km/h ausgelegte Drilling gerade einmal zehn Stundenkilometer schneller fahren als die zweizylindrige Baureihe 03.

Neubekesselung

Nach dem Krieg setzten beide deutsche Bahnen — die Bundesbahn erbte 26, die Reichsbahn 19 Maschinen, daneben gelangten neun zu den Polnischen Staatsbahnen — die 03.10 ohne Stromschale im Schnellzugdienst ein. Zeitweise erbrachten sie in West und Ost die höchsten Leistungen der Dampftraktion. Im Mittelpunkt des Interesses stand die Aufarbeitung der Kessel, bestanden diese doch aus dem nicht alterungsbeständigen Stahl St 47 K. 1955 bestellte die Bundesbahn bei Krupp Ersatzkessel mit Verbrennungskammer. Die Kessel erwiesen sich als verdampfungsfreudig und verliehen der Lok ungeahnte Kräfte. Leider ließ die Bundesbahn statt des bewährten Nassdampfreglers einen Heißdampfregler einbauen, der sich sehr störanfällig zeigte. An einen weiteren Umbau aber dachte man nicht mehr, da sich schon Ende der fünfziger Jahre die Abstellung der Baureihe 03.10 abzeichnete. Die Elektro- und Dieseltraktion waren auf dem Vormarsch, die Bundesbahn brauchte weniger Dampflokomotiven, wartungsintensive Typen schon gar nicht. 1966 rollten die letzten drei Maschinen mitsamt ihren neuwertigen Kesseln in den Hochofen.

Auch die Reichsbahn nahm die 03.10 in ihr Rekonstruktionsprogramm auf. 16 Lokomotiven erhielten einen Kessel mit Verbrennungskammer. Zwei Maschinen davon stattete man für den Versuchsdienst mit der Riggenbach-Gegendruckbremse, eine probeweise mit Giesl-Flachejektor aus. Ab 1965 rüstete die Reichsbahn die Lokomotiven auf Ölhauptfeuerung um. Sie gehörten zu den leistungsfähigsten Schnellzuglokomotiven der Reichsbahn. Erst die Großdiesel der Baureihe 132 verdrängten die 03.10 aus dem Streckendienst. Am 31. Mai 1980 bespannte die 03 1010 den Abschiedszug. Sie blieb als Traditionsmaschine erhalten. ▲

Oben: Gruppenbild mit Dame: Die gepflegte 3651 präsentiert sich mit stolzen Eisenbahnern.
Seite 36: Diese stimmungsvolle Aufnahme der 18 506 entstand nahe Oberstaufen an der Allgäubahn. An diesem klirrend kalten Wintertag hatte sich der Raureif nicht nur auf die Telegrafenleitungen gelegt.

Concerto bavarese

Sie wurde 22 Jahre lang gebaut und bewährte sich 57 Jahre im Betriebsdienst. Die bayerische S 3/6 war mit ihrer hohen Leistung und dem sparsamen Kohlenverbrauch eine der erfolgreichsten Konstruktionen der Länderbahnzeit – technisch ausgefeilt und obendrein mit eleganten Formen ausgestattet.

So sehr die S 3/6 heute als Inbegriff für bayerischen Lokomotivbau steht, ihre Wurzeln liegen in den USA. Die Konstrukteure von Bayerns größtem Lokbauer, Maffei, hatten einiges bei ihrem Besuch in Amerika gelernt. Neben vielen Besonderheiten, wie der stählernen Feuerbüchse oder dem vierzylindrigen Vauclain-Triebwerk, waren die Bayern besonders vom luftigen Barrenrahmen amerikanischer Loks beeindruckt. Noch 1899 orderten die Königlich Bayerischen Staatsbahnen bei Baldwin in Philadelphia zwei 1'D-Güterzugloks mit Vauclain-Triebwerk und Barrenrahmen, um sie mit ihren seit 1895 beschafften E I (Achsfolge 1'D) zu vergleichen. Den beiden amerikanischen Güterzugloks folgten schon 1901 als S 2/5 zwei 2'B1-Schnellzugloks

mit den gleichen Konstruktionsmerkmalen. Während die Güterzug-Vauclains in den Tests floppten, bewährten sich die S 2/5 ausgezeichnet. Die Bayerischen Staatsbahnen bestellten schon kurze Zeit später beim Hauslieferanten Maffei zwei ähnliche Loktypen. Statt der noch an Wildwest erinnernden amerikanischen Form setzte Maffeis Chefkonstrukteur Anton Hammel auf eine schlichte und elegante Linie mit hoch liegendem Kessel. Das unruhige Vauclain-Triebwerk machte einem traditionellen Verbundtriebwerk mit Reihenvierzylinder Platz, das ähnlich einem Automotor auf eine einzige Achse wirkte. Die Loktypen unterschieden sich im Wesentlichen beim Fahrwerk: Während die S 2/5 zwei Kuppelachsen mit Rädern von zwei

Oben: Die 18 613 dampft mit einer Schwesterlok vor einem Schnellzug über die Allgäubahn.
Seite 39 unten: Das bayerische Edelstück für die Ausstellung „München 1908", die verzierte 3602.

Metern Durchmesser hatte, genügten der dreifach gekuppelten S 3/5 Räder mit nur 1,87 Metern Durchmesser. Die kleine Nachlaufachse unter dem Führerhaus entfiel. Den Anfang machte 1903 die S 3/5 3301. Sie rollte als erste europäische Lok mit Barrenrahmen auf bayerische Gleise. Anton Hammels Konstruktionen setzten sich durch. Nach nicht minder erfolgreichen Atlantics mit der Achsfolge 2'B1' für die badische Staatsbahn (II d) und die Pfalzbahn (P 4) sowie der legendären Schnellfahrlok S 2/6 für Bayern wagte sich Maffei erstmals an eine Lok mit der Achsfolge 2'C1', eine der ersten Pacifics in Europa. Sie blieb allerdings nicht in Bayern, sondern schrieb als badische IV f im Nachbarland Eisenbahngeschichte. Ihr Debüt im Rheintal und auf den Schwarzwaldrampen war wegen des un-

glücklich abgestimmten Triebwerks aber nur von mäßigem Erfolg.

Dennoch war sie die direkte Vorläuferin der mit Abstand gelungensten Schnellzuglok der Länderbahnzeit, der bayerischen S 3/6. Nach dem badischen Experiment schickte Maffei am 16. Juni 1908 seine in vielen Details grundlegend verbesserte bayerische Superpacific, die S 3/6 3601, ins Rennen. Sie überzeugte aber nicht nur mit technischen Qualitäten, sondern bestach auch durch ihre Eleganz. Vier Tage später rollte mit der Nummer 3602 die zweite S 3/6 aus den Werkshallen — fast direkt zur Ausstellung „München 1908". Um die Maschine besser fotografieren zu können, beließ Maffei die Lok in der ockerfarbenen Grundierung. Das königliche Wappen auf beiden Seiten der Rauchkammer, eine goldene Kaminkrone, Kesselringe, auch messingbeschlagene Zylinder- und Schieberdeckel verzierten die Lok. Nach ihrem viel beachteten Messeauftritt tauschte die 3602 ihren Fotoanstrich gegen ein unempfindliches Grün.

Fünf weitere Prototypen

Bis November folgten fünf weitere Prototypen der S 3/6. Danach gönnten sich die Lokbauer bei Maffei in puncto S 3/6 eine Pause, in der die Bayerischen Staatsbahnen die sieben Pacifics testeten. Gegenüber den Prototypen unverändert, erschienen dann zwischen September und November 1909 alle zehn Loks der Serie a mit den Betriebsnummern 3608 bis 3617.

Auf der Brüsseler Weltausstellung 1910 wollte Bayern jedoch gern mit einem neuen Flaggschiff brillieren. Kurzerhand schob Maffei unter der Fabriknummer 3142 eine als Serie b bezeichnete S 3/6 in die laufende Produktion. Bei der Lok mit der Nummer 3618 blieb gegenüber den Schwestern zwar technisch alles gleich, optisch war sie aber ein Leckerbissen. Die Lok glänzte in Brüssel mit allerlei Messingzierrat und einer dunkelblauen Glanzblechverkleidung. Sie blieb die einzige S 3/6 des Jahres 1910. Im Mai und Juni 1911 folgten fünf unveränderte Loks als Serie c.

Die Langhaxigen

So sehr sich die S 3/6 mit ihren 1,87-Meter-Treibrädern im Hügelland bewährt hatte, auf den langen Rollbahnen an Donau, Main und Lech stieß sie an ihre Grenzen. Was den Staats-

bahnen in Bayern fehlte, war ein Rennpferd für das Flachland. Man besann sich in den Münchner Konstruktionsbüros der S 2/5 sowie der P 4 der Pfalzbahn mit ihren Zwei-Meter-Treibrädern. Was bei den grazilen Atlantics gut war, musste doch auch für die S 3/6 taugen, kombinierte Anton Hammel. Für die Bauserien d und e von 1912 und Anfang 1913 verabschiedete er sich deswegen von zwei markanten Konstruktionsmerkmalen der S 3/6: Der Treibraddurchmesser wuchs von 1,87 Metern auf das Gardemaß von zwei Metern und die Windschneide des Führerhauses machte einer geraden Konstruktion wie bei anderen bayerischen Maschinen Platz. Die Erwartungen in die „Langhaxigen", wie die Großrädrigen vom Personal genannt wurden, erfüllten sich: Langläufe, beispielsweise von München nach Würzburg, wurden zu ihrer Domäne. Hier konnten sie ihr Tempo ausspielen. Auf den Rampen der Frankenalb und Frankenhöhe sowie im Fichtelgebirge hatten die agileren älteren Maschinen allerdings klar die Nase vorn. Der Fortschritt überholte die Langhaxigen. Verbesserte Lager und Schmieröle erlaubten auch den bisherigen Serien längere Läufe und eine höhere Dauergeschwindigkeit. Die 18 Großrädrigen waren eine zwar gut gemeinte, technisch aber überflüssige Zwischenlösung.

Kürzere Pacifics

Zunächst nur zaghaft wandte man sich um den Jahreswechsel 1913/1914 mit den drei Exemplaren der Bauserie f wieder dem klassischen Erscheinungsbild der S 3/6 zu: Führerhaus mit

Windschneide und 1,87 Meter große Treibräder. Auch sonst unterschieden sich die Loks nur wenig von den Maschinen der früheren Serien. Erst die zehn Loks der Serie g von 1914 für die Pfalzbahn erfuhren größere technische Änderungen. Das pfälzische Netz, damals noch bayerisch, konnte nur mit 19-Meter-Drehscheiben aufwarten. Um aber eine herkömmliche S 3/6 mit gut 18,80 Meter Radstand auf diese Scheiben zu zwingen, bedurfte es schon einer gehörigen Portion Augenmaß. Mit dem Ziel, den pfälzischen Lokführern das Leben einfacher zu machen, verkürzten die Techniker bei Maffei den Abstand zwischen Drehgestell und erster Kuppelachse bei den folgenden Serien um gut 16 Zentimeter. Nach einer Pause erschien in den Jahren 1917 und 1918 die Serie i. Bei dieser vorerst letzten Serie der S 3/6 steigerte Maffei den Achsdruck von 16 auf 17 Tonnen, womit die Leistung am Zughaken von 1660 auf 1715 PS wuchs.

Reparationsloks

Der Erste Weltkrieg hatte in Europa seine Spuren hinterlassen. Im Friedensvertrag von Versailles formulierten die Siegermächte ihre Ansprüche gegenüber Deutschland. Allein Bayern sollte von den 89 Schnellzugloks des Typs S 3/6 19 Stück als Reparationsleistung abtreten. Ohne dass sie je in Diensten der Bayerischen Staatsbahnen gestanden hatten, wurden zwölf Loks von den Französischen Staatsbahnen ETAT direkt am Werksgelände übernommen. In der Annahme, dass Maffei die Loks für die Ausstellungen in München und Brüssel sehr sorgfältig gebaut hatte, mussten auch die 3602 und 3618 die angestammte Heimat in Richtung Westen verlassen. Warum auch die vergleichsweise alten Maschinen 3605 und 3622 Teil des Reparationspakets waren, darüber spekulieren bis heute die Fachleute. Glaubt man zeitgenössischen Quellen, haben gewiefte bayerische Eisenbahner einige alte Loks, darunter auch die drei für Belgien, mit Fabrik- und Nummernschildern jüngerer Maschinen auf jugendlich getrimmt.

Weiterbau nach 1920

Nach dem Verlust der 19 Paradeloks bot sich ein trauriges Bild vor bayerischen Schnellzügen. Bayern hatte die Hoheit über seine Bahnen am 1. April 1920 an das Reich abgegeben. Die junge Staatsbahn besaß Anfang der zwanziger Jahre aber nur vage Entwürfe für eine künftige Schnellzuglok. Sie sollte als 01 den Spitzenplatz im neuen Nummernplan belegen, für die meisten Strecken war sie aber zu schwer. Der Reichsbahn blieb als einzige Alternative, bewährte Länderbahnloks weiter zu beschaffen, so auch die bayerischen Pacifics: Die S 3/6 erlebte als 18.4—5 ihren zweiten Frühling. Maffei begann 1923 wieder Loks vom Typ S 3/6 zu bauen. Die Kabine für das Lokpersonal ähnelte nun mit den schräg nach oben eingezogenen Seitenwänden bereits dem Führerhaus der späteren Einheitsloks. Die 3709 war nach ihrem Messeauftritt bei der Eisenbahntechnischen Ausstellung in Seddin

Oben: Stammstrecke der S 3/6 war die Allgäubahn. Mit dem Schnellzug D 83 legt sich die 18 40€ (ex 3608 mit Lieferjahr 1909) bei Oberstaufen in die Kurve. Die Aufnahme entstand im Sommer 1939.
Seite 40: Die Museumslok 3673 beschleunigt bei der Ausfahrt aus Marktoberdorf einen Sonderzug.

die letzte S 3/6 in komplett bayerischer Livree. Bei allen nachfolgenden Loks, jetzt als 18.5 eingereiht, prangten bereits Reichsbahnnummern auf dem grünen Lack. Während bis zur Bauserie n alle 18.5 aus den Werkshallen von Maffei rollten, musste die Reichsbahn nach dem Konkurs des bayerischen Unternehmens im Jahr 1930 den Auftrag für die endgültig letzte Serie mit den Betriebsnummern 18 531 bis 18 548 an Henschel in Kassel vergeben. Die S 3/6 wurden jetzt auch außerhalb Bayerns heimisch, so in Osnabrück, Halle, Berlin, Bingerbrück oder im schlesischen Heidebreck. Wichtigste Leistung war der „Rheingold", den Maschinen aus Wiesbaden zwischen Mannheim und Emmerich zogen.

Nach dem Zweiten Weltkrieg kam der Niedergang. Von den Großrädrigen erhielt nur noch die 18 451 bis 5. April 1952 eine Gnadenfrist als schneller Langläufer. Während von Mitte bis En-

de der fünfziger Jahre zahlreiche Schwester maschinen unterschiedlichster Bauarten unter dem Schneidbrenner endeten, stattete die Bundesbahn insgesamt 30 Loks der jüngsten 18.5-Serie ab 1953 bei Krauss-Maffei und später im AW Ingolstadt mit neuen, geschweißten Hochleistungskesseln aus. Die wuchtigen Maschinen mit den neuen Nummern 18 601 bis 18 63C leisteten bis zu 2220 PS am Zughaken. Trotz einiger technischer Unzulänglichkeiten bewährten sie sich im schweren Schnellzugdienst auf der kurven- und steigungsreichen Allgäubahn. Das Concerto bavarese im Viervierteltakt verstummte erst 1969, als das Feuer der seltsamerweise nicht umgebauten 18 505 beim Bundesbahnzentralamt in Minden für immer erlosch.

Insgesamt blieben sechs Maschinen museal erhalten, darunter die betriebsfähige 3673 des Eisenbahnmuseums Nördlingen. ▲

Rechts: Die kohlegefeuerte 41 355 (siehe hierzu ab Seite 54) und die 23 013 arbeiten gemeinsam vor dem Schnellzug 137.
Unten links: Vor dem E 575 ist die 23 002 im Bahnhof Kempten beschäftigt.
Unten rechts: Hier gelang dem Fotografen ein vorzügliches Porträt der 23 1023.

Dreimal 23

Die preußische P 8 abzulösen, lautete der Auftrag an die Baureihe 23 der DB und die Baureihe 23.10 der Reichsbahn. Beide überlebten die alte Preußin nur kurz.

Oben: Die 23 023 und der P 1230 mit seinen urtümlichen Abteilwagen – abgebildet bei der Fahrt durch Bacharach – erzählen auf diesem Foto von einer längst vergangenen Eisenbahnepoche.

Seite 45: Rhein-Romantik pur: Die 23 016 braust mit dem P 1230, gebildet aus alten Abteilwagen, durch Kapellen-Stolzenfels.

Schon im Einheitslokprogramm der Deutschen Reichsbahn tauchte eine Maschine der Baureihe 23 auf. Zwei Exemplare davon wurden auch gebaut und 1941 in Dienst gestellt. Die 1'C1'h2-Maschinen erhielten den leistungsfähigen Kessel der Baureihe 50. Das gelungene Fahrwerk verschaffte ihnen beste Laufeigenschaften. Das gut proportionierte Triebwerk nutzte die Dampfkraft leidlich aus. Als einziger Entwicklung des Einheitslokprogramms kann man daher der 23 das Prädikat „rundum gelungen" ausstellen.

An einen Serienbau der 23, welche die preußische P 8 ablösen sollte, war aber nicht mehr zu denken. Die beiden Baumuster verblieben in der Sowjetischen Zone und gelangten zur Hallenser Versuchsanstalt. Dort erhielt die 23 001 einen Rekokessel, mit dem sie bis 1974 als Bremslok im Einsatz war. Die 23 002 wurde schon 1967 ausgemustert.

Als die Reichsbahn an die Entwicklung eines Nachfolgers für die P 8 ging, lag es nahe, sich an der 23 zu orientieren. Die Achsfolge blieb denn auch unverändert. Technisch ähnelte die 23.10 aber mehr der zeitgleich entwickelten 50.40. Beide teilten unter anderem den geschweißten Neubaukessel mit Verbrennungskammer, den Mischvorwärmer, das Führerhaus, den Schlepptender und eine Reihe Armaturen. Dank der 1,75 Meter großen Kuppelräder erreichte die 23.10 mühelos eine Höchstgeschwindigkeit von 110 km/h. Vor allem bei

höheren Geschwindigkeiten überzeugte die Lok durch große Wirtschaftlichkeit und eine angenehme Laufruhe. Somit konnte sie auch im Schnellzugdienst eingesetzt werden und Maschinen der Baureihe 01 ersetzen. In Mecklenburg bewältigte sie Eilgüterzüge als Ersatz der 41. Äußerlich bestach sie durch die geraden Linien von der Rauchkammer bis zum Tender. Insgesamt 113 Exemplare fertigte der Lokomotivbau Babelsberg von der 23.10. Ihr Ziel, die P 8 abzulösen, erreichten sie kaum. Das blieb der V 100 vorbehalten, allein schon von der Stückzahl her. Bereits 1975, also kurz nach dem Ende der P 8, begann die Reichsbahn mit der Ausmusterung der 23.10. 1981 rollte die letzte Lok aufs Abstellgleis.

50 Prozent mehr Leistung

Auch die 23 der Bundesbahn, von der nur 105 Fahrzeuge entstanden, verfehlte ihr Ziel. Sie überlebte die P 8 um nur zwölf Monate. Die am 4. Dezember 1959 von Arnold Jung übergebene 23 105 war die letzte für die Bundesbahn gebaute Neubaudampflok.

Bereits 1949 arbeiteten Henschel, Jung, Krauss-Maffei und Krupp erste Vorschläge für eine 1'C1'-Maschine aus. Ein Anforderungsprogramm lag nicht vor. Allerdings hatte Friedrich Witte, der dem Lokausschuss vorsaß, einige Grundsätze für den Neubau von Dampfloks formuliert. Diese sollten unter anderem vorwärts und rückwärts 110 km/h Höchstgeschwindigkeit erreichen, einen Kessel mit zwei Feuerbüchs-Wasserkammern oder Verbrennungskammer erhalten, eine Achsdruckanpassung von 17 oder 19 Tonnen ermöglichen und über einen Barrenrahmen oder einen voll geschweißten Blechrahmen verfügen. Henschel konnte sich mit seinem Entwurf durchsetzen. Die 23 wies gegenüber der P 8 eine um 33 Prozent höhere Kesselleistung auf. Die Leis-

Oben: Südlich von Wustweiler dampfte am 21. Mai 1975 die 023 075 mit dem N 5659 vorbei.
Seite 47 oben: In der Ausfahrt Bad Mergentheim wurde die 023 040 am 12. September 1974 mit dem N 7511 abgelichtet.
Seite 47 unten: Dieses ohnehin malerische Bild des herbstlichen Donautals wirkt durch den Dampfzug mit der Baureihe 23 auch noch herrlich nostalgisch.

tung am Zughaken stieg gar um 50 Prozent. Der Kessel vertrug eine Heizflächenbelastung von bis zu 84 Kilogramm pro Quadratmeter und Stunde. Noch bei den Einheitslokomotiven hatte dieser Wert bei 57 Kilogramm gelegen. Das Krauss-Helmholtz-Vorlaufgestell verlieh der Lok eine gute Laufkultur bei Vorwärtsfahrt. Rückwärts waren, die Bisselnachlaufachse voraus, immerhin 85 km/h zugelassen. Die Dampfzufuhr steuerte ein Mehrfachventil-Heißdampfregler, der sich im Betrieb aber nicht bewährte. Daher baute das Ausbesserungswerk Trier ab 1967 in 87 Maschinen Nassdampfregler ein. Schon während der Beschaffung erfuhr die Baureihe 23 mehrere Änderungen, zum Beispiel am Vorwärmer. Die 23 001 bis 023 und 026 bis 052 fuhren mit dem Oberflächenvorwärmer Bauart Knorr. Der Henschel-Mischvorwärmer MVC mit Speicher

unter der Rauchkammer arbeitete in den 23 024 und 025, der Heinl-Mischvorwärmer in den 23 053 bis 092. Letztere erhielten später den Mischvorwärmer der Bauart 57, der in die 23 093 bis 105 ab Werk eingebaut wurde. Unterschiedliche Lüfterformen am Führerhausdach, verschiedene Führerhaustüren sowie Tender mit und ohne Streben am Kohlekasten trugen dazu bei, dass die Baureihe 23 ein buntes Bild abgab. Von der Leistung her überzeugte sie aber. Eine Zeit lang bespannte sie unter anderem den „Rheingold" zwischen Köln und Venlo. Der Traktionswechsel bereitete ihr jedoch ein in den Augen vieler Eisenbahnfreunde allzu frühes Ende. Der Nachwelt erhalten blieben die 23 023, 071, 076 und 105. Von der Reichsbahn-23.10 gelangte die 23 1113, ab 1970 als 35 1113 bezeichnet, in das Dresdener Verkehrsmuseum. ▲

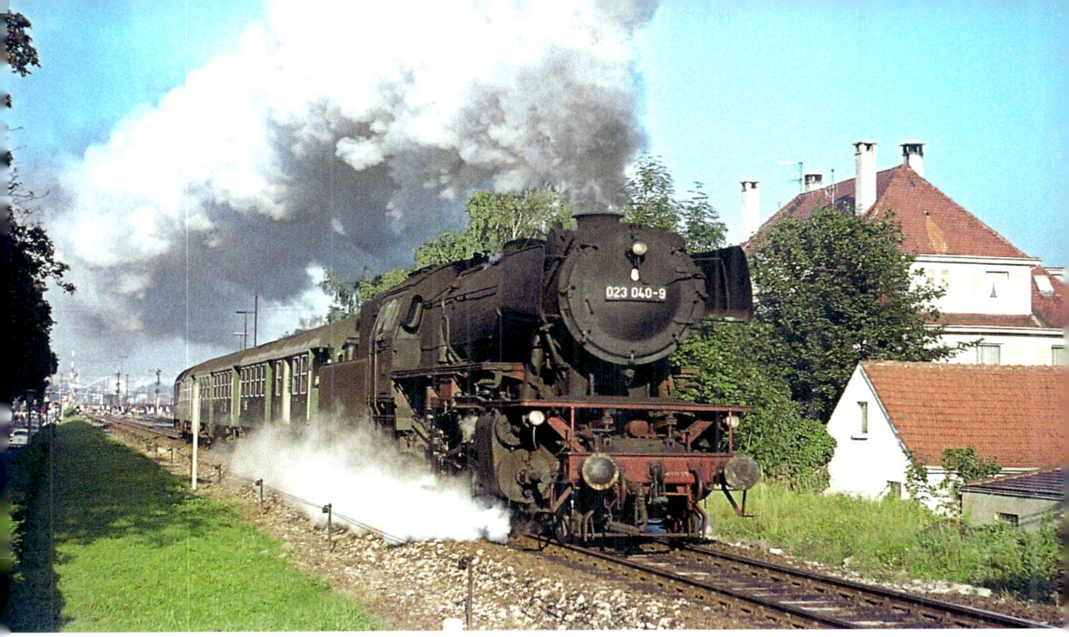
023 040-9

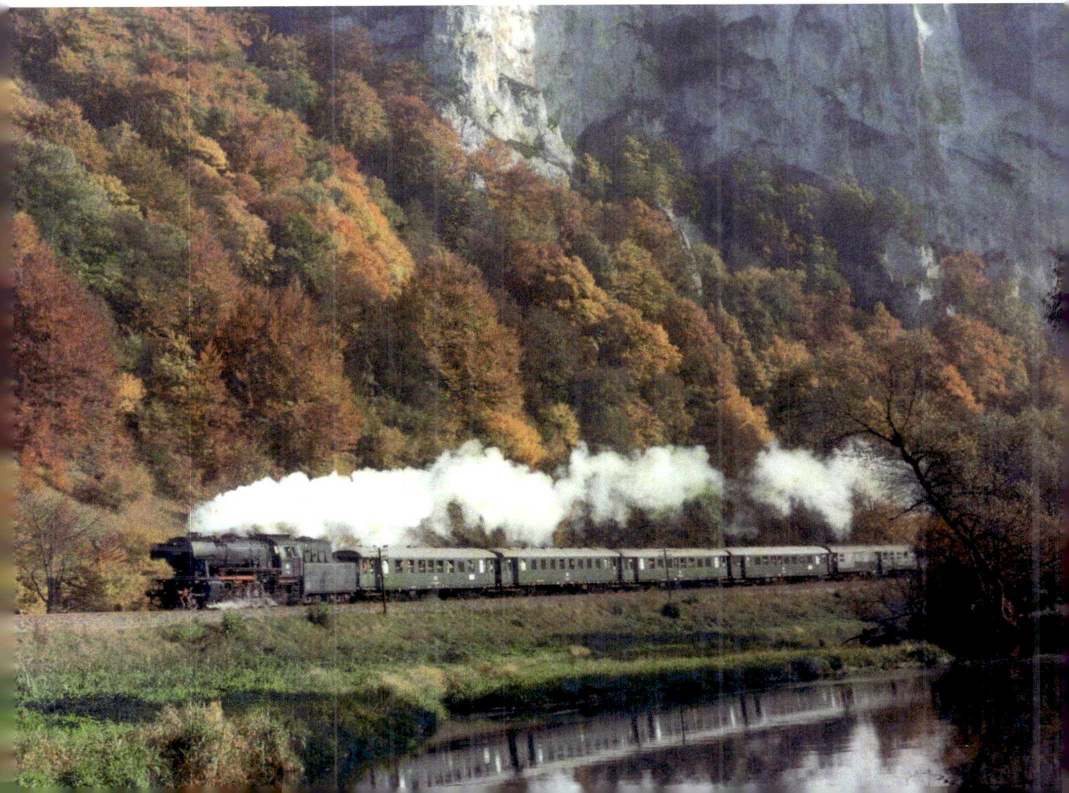

Großes Bild:
Diese Aufnahme mit einer P 8 und einem Güterzug birgt sämtliche Vorbilder für eine idyllische Modellbahnlandschaft. Alles lohnt zum Nachbauen und -stellen: die hügelige Landschaft, die Formsignale, Telegrafenmasten, der Bahnübergang oder der Gleisanschluss im rechten Bildteil.

Unten links:
Im Jahr 1970 konnte die 38 3095 mit einem Eilzug in Bad Friedrichshall im Bild festgehalten werden.

Unten rechts:
Eine perfekte Modellbahnidylle mit Telegrafenleitungen, Signalgruppe nebst dazugehörigem Fernsprechhäuschen und als Krönung eine 38.

Erste Europa-Lok

Mehr als 3500 Maschinen entstanden von der preußischen P 8. Nicht wenige Exemplare der robusten und pflegeleichten Bauart erreichten 50 und mehr Einsatzjahre.

Oben: Die 038 499 war mit einem Sonderzug unterwegs, als der Fotograf auf den Auslöser drückte.
Seite 51: Auch das gab es – und kann den Modellbahnern zur Nachahmung empfohlen werden: eine Dampflok der Baureihe 38 stellt sich ihren Nahgüterzug zusammen.

Was die S 3/6 für den bayerischen Lokomotivbau darstellt, markiert die P 8 für den preußischen. Beide Maschinen sind Sinnbilder, verkörpern ihr Heimatland. In Bayern legte man Wert auf technisch hochfeine und auch optisch gelungene Maschinen. Preußen, das 1914 in etwa so groß war wie heute Deutschland, bevorzugte robuste, einfache Konstruktionen. Im hintersten Winkel Ostpreußens müsse ein Schlosser die Lok in einem Kuhstall reparieren können, soll Lokomotivdezernent Robert Garbe die Anforderungen zusammengefasst haben. Kuhstalltauglich war die P 8 wohl weniger, solide und zuverlässig aber zweifellos. Ihre Geschichte begann 1905, als das Ministerium der

öffentlichen Arbeiten den Bau von zehn 2'Ch2-Maschinen genehmigte. Mit ihnen wollten die Staatsbahnen unter anderem Vergleiche zur 1901 gelieferten P 7 anstellen, einer Vierzylinder-Verbundlokomotive gleicher Achsfolge. Garbe betrachtete die Verbundbauart sehr skeptisch. Technisch überzeugte sie zwar, erforderte aber einen hohen Wartungsaufwand, den sich ein Land wie Preußen, das zahlreiche äußerst dünn besiedelte Gegenden aufwies, nur schwer leisten konnte.
Die erste Maschine, die Coeln 2401, stand im Sommer 1906 bereit. Vier Lokomotiven gelangten in die Domstadt, sechs zur Königlichen Eisenbahndirektion Elberfeld. Sehr schnell zeigten sie sich den Verbundlokomo-

tiven überlegen, nicht nur der Wartungsfreund-
lichkeit wegen. Auch der genügsame Heiß-
dampfkessel hatte seinen Anteil daran, ohne
natürlich die Energiebilanz einer Verbundloko-
motive vorweisen zu können. Allerdings belegt
eine amtliche Tabelle der Reichsbahn, dass die
P 8 bei 100 km/h weniger Kohle je PS und Stunde verbrauchte als die bayerische S 3/6. Bei 80
km/h lagen die Verhältnisse umgekehrt, doch
was sind 80 km/h für eine Schnellzuglok?

Genügsamer Kessel

Gewisse Probleme bereitete, wie in Preußen beinahe schon selbstverständlich, das Triebwerk. In
mühseliger Kleinarbeit gelang es, die hin- und
hergehenden Massen zu maximal 30 Prozent
auszugleichen. Für den Personenzugdienst
genügte das, eine Zulassung für 110 km/h
Höchstgeschwindigkeit kam aber nicht infrage.

Diesen Wert hatte Garbe gewünscht und die P 8
wie eine Schnellzuglok mit einem Windschnei-
denführerhaus ausrüsten lassen. Doch die von
Beginn an bestehende Eingruppierung as Personenzuglok erwies sich als richtg. Dass so
mancher Lokführer die P 8 auf über 100 km/h
beschleunigte, spricht nicht gegen das vom Ministerium verfügte Tempolimit.

Der für seine Zeit äußerst verdampfungsfreudi-
ge Kessel überzeugte derart, dass auch die ab
1910 gebauten Güterzuglokomotiven der Reihe
G 10 mit ihm ausgestattet wurden. Allerdings
beging Garbe einen schweren Fehler. Er meinte,
durch die Überhitzung des Dampfes den Druck
bei 12 atü belassen zu können, um den Kessel zu
schonen. Anderswo war man weiter und fuhr
mit höherem Dampfdruck. 14 atü Dampfdruck
hätten die Leistungsfähigkeit der P 8 weiter erhöht und den Heizern manche brenzlige Situati-
on erspart. Schon wenn der Kesseldruck von 12

Oben: Mit einem aus Silberlingen gebildeten Personenzug war im Jahr 1971 diese 038 in Richtung Freudenstadt unterwegs.
Rechte Seite unten: Diese Aufnahme entstand an der Drehscheibe des berühmten Dampflok-Bw Wollnstein. Die P 8 war auch in Polen zu Hause, wo sie als Ok 01 bezeichnet wurde.

auf 10 atü sank, ging der Maschine die Puste aus.

Sieht man von diesem Problem einmal ab, bereitete die P 8 ihren Männern keine Schwierigkeiten. Vielfach fuhr sie in den zwanziger Jahren, als ihre Höchstgeschwindigkeit noch ausreichte, im Schnellzugdienst. Mitunter vertrat sie reinrassige Schnellzuglokomotiven und hielt dabei dank ihrer guten Beschleunigung die Fahrzeiten ein. Daher verwundert es nicht, dass allein die preußischen Staatsbahnen etwa 2350 Exemplare der Lokomotive in Dienst stellten. 628 davon musste Deutschland nach dem Versailler Vertrag abtreten. Die Reichsbahn orderte daher weitere Maschinen, sodass allein für Preußen und das Reich letzten Endes 3444 Lokomotiven gebaut wurden. Hinzu kamen 58 Lokomotiven für Baden, Oldenburg und Mecklenburg. Auch die Rumänischen Staatsbahnen bestellten Maschinen, sodass ihre Gesamtstückzahl, die sich heute nicht mehr genau feststellen lässt, deutlich über 3500 lag. Die P 8 gilt denn auch mit Fug und Recht als erste Europa-Lok.

Altersbedingt begann bereits in den dreißiger Jahren die Ausmusterung der von der Reichsbahn als Baureihe 38.10 eingestuften P 8. Dennoch konnten nach dem Zweiten Weltkrieg beide deutsche Staatsbahnen lange nicht auf die robuste und pflegeleichte Bauart verzichten. Erst Anfang der siebziger Jahre trennte sich die Reichsbahn von den letzten Maschinen. Bei der DB hielt die P 8 sogar bis 1974 durch. Nicht wenige Lokomotiven brachten es auf fünfzig und mehr Einsatzjahre. Lässt sich ein besseres Zeugnis für die Schöpfer der P 8 ausstellen? ▲

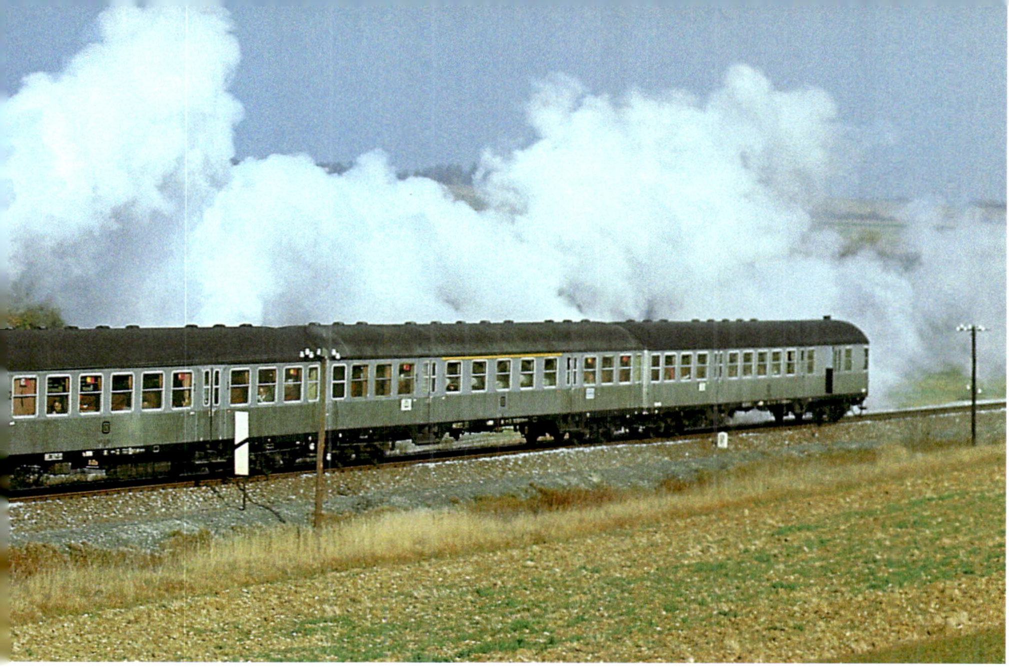

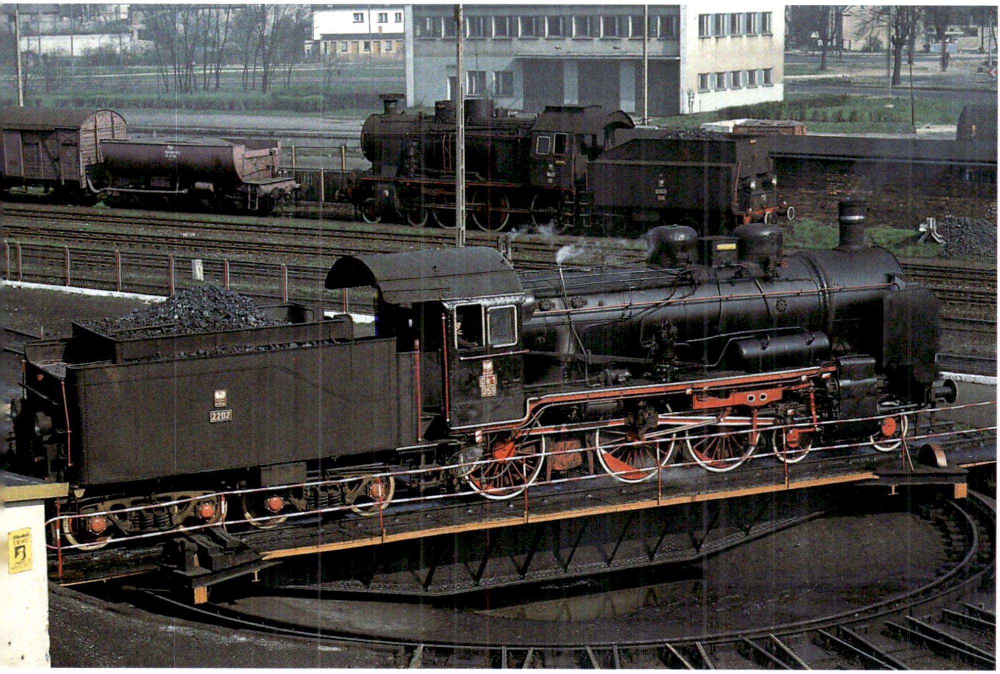
2202

Oben: Die 41 018 ist in Privatbesitz und wird als betriebsfähige Museumslokomotive mustergültig erhalten.
Links: Südlich von Aschendorf sind zwei auf Ölfeuerung umgebaute Loks mit dem G 52912 beschäftigt. 042 097 und 043 167 teilten sich am 21. September mächtig qualmend die Arbeit.

Moderne Mikado

Mitte der fünfziger Jahre entwickelte die Deutsche Bundesbahn einen neuen Hochleistungskessel für ihre Lokomotiven der Baureihe 41. Eine moderne Schweißkonstruktion nach aktuellen Baugrundsätzen sollte die problembehafteten Altbaukessel ersetzen und die Lokomotiven leistungsfähiger machen. 40 Loks erhielten neben dem Neubaukessel eine Ölhauptfeuerung.

Oben: Fabrikfrische Autos transportiert der Dg 56459, den die 042 360 südlich von Lathen am Haken hat (31. Januar 1976). **Rechte Seite oben:** Bei Siersleben konnte Jürgen Sieger im Mai 1989 den mit der 41 1231 bespannten Personenzug aufnehmen.

In den Jahren 1937 bis 1941 stellte die Deutsche Reichsbahn insgesamt 366 Loks der Baureihe 41 in Dienst. Sie waren als schnellfahrende Güterzugloks konzipiert, mauserten sich mit ihrer Höchstgeschwindigkeit von 90 Stundenkilometern aber bald zu echten Mehrzweckmaschinen. Doch schon kurz nach der Lieferung der ersten Serienloks — meist nach Laufleistungen zwischen 100.000 und 150.000 Kilometern — traten Probleme mit den Kesseln auf. Die Mitarbeiter der Bahnbetriebs- und Ausbesserungswerke stellten reihenweise gefährliche Kesselrisse fest. Die Schäden wurden umgehend dem Reichsbahn-Zentralamt in Berlin gemeldet, das nach wenigen Monaten eine erschreckende Bilanz zog. Der Grund für die katastrophale Häufung von Schäden ließ sich schnell ausmachen: Der verwendete Kesselbaustahl „St 47 K" stellte sich im nachhinein als nicht alterungsbeständig heraus und neigte unter hohem Druck und bei hohen Temperaturen zur Rissbildung. „St 47 K" verursachte eine beispiellose Serie aufwändiger Reparaturen und avancierte zum gefürchteten Begriff unter Technikern und Konstrukteuren der Reichsbahn und der Lokfabriken.

Ersatzkessel

Als erste Notmaßnahme verfügte das Reichsbahn-Zentralamt Berlin am 21. August 1941 die Reduzierung des Kesseldrucks. Im Rahmen fälliger Untersuchungen wurden die Sicherheitsventile der Kessel, die ursprünglich bei mehr als 20 bar ansprachen, auf 16 bar ausgelegt. Der

Versuch, die Kesselrisse durch Schweißen zu beseitigen, scheiterte jedoch zunächst. Deshalb gab die Reichsbahn bei der Deutschen Werft in Hamburg und bei Krauss-Maffei in München 40 Ersatzkessel aus St-24-Stahl in Auftrag. Auch diese waren für einen Druck von 20 bar ausgelegt, aber nur für 16 bar zugelassen. Sie wurden 1943 und 1944 geliefert und in den folgenden Jahren eingebaut. Weitere Ersatzkessel wollte das Reichsbahn-Zentralamt in Berlin jedoch nicht mehr in Auftrag geben, da man auf den Fortschritt in der Schweißtechnik vertraute.

Tatsächlich gelang es, Maschinen mit den alten St-47-K-Kesseln noch rund 20 Jahre am Laufen zu halten. Schließlich aber kamen Bundesbahn und Reichsbahn nicht mehr umhin, ab Ende der fünfziger Jahre die meisten Loks mit Neubau- oder Rekokesseln auszurüsten. Die Deutsche Bundesbahn beschaffte dazu einen gemeinsamen Hochleistungskessel für die beiden Baureihen 03.10 und 41. Dieser sollte, ebenso wie der Neubaukessel für die Baureihen 01, 01.10, die

aus der 18.5 hervorgegangene 18.6 und die 45, nach neuen Baugrundsätzen als neuzeitliche Schweißkonstruktion mit Verbrennungskammer ausgeführt sein.

Der groß angelegte Kesseltausch begann am 29. Mai 1957 mit der 41 331 und traf 102 der 216 Maschinen, die nach dem Krieg im Westen verblieben waren. Zunächst erfolgte der Einbau der Kessel beim Herstellerwerk Henschel in Kassel, später im Ausbesserungswerk Braunschweig. Vier Jahre nach dem Ende der planmäßigen Umbauarbeiten, 1966, erhielt die 41 019 als 103. Maschine ihrer Baureihe den Neubaukessel der verunglückten 41 322. In 40 neubekesselten Loks installierte die DB eine Ölhauptfeuerung. Optisch prägten die größere Gesamtlänge und die konische Form des Langkessels im hinteren Bereich den neuen Dampferzeuger, der den Lokomotiven im Vergleich zu ihren Schwestermaschinen mit Altbaukessel ein eleganteres Aussehen verlieh. Speise- und Sanddom entfielen. Die Sandkästen befanden sich unterhalb des Um-

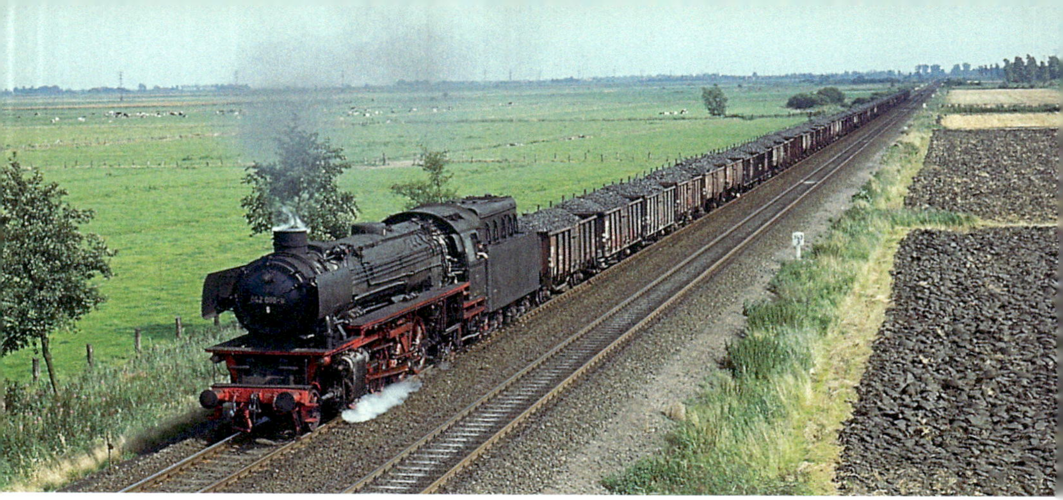

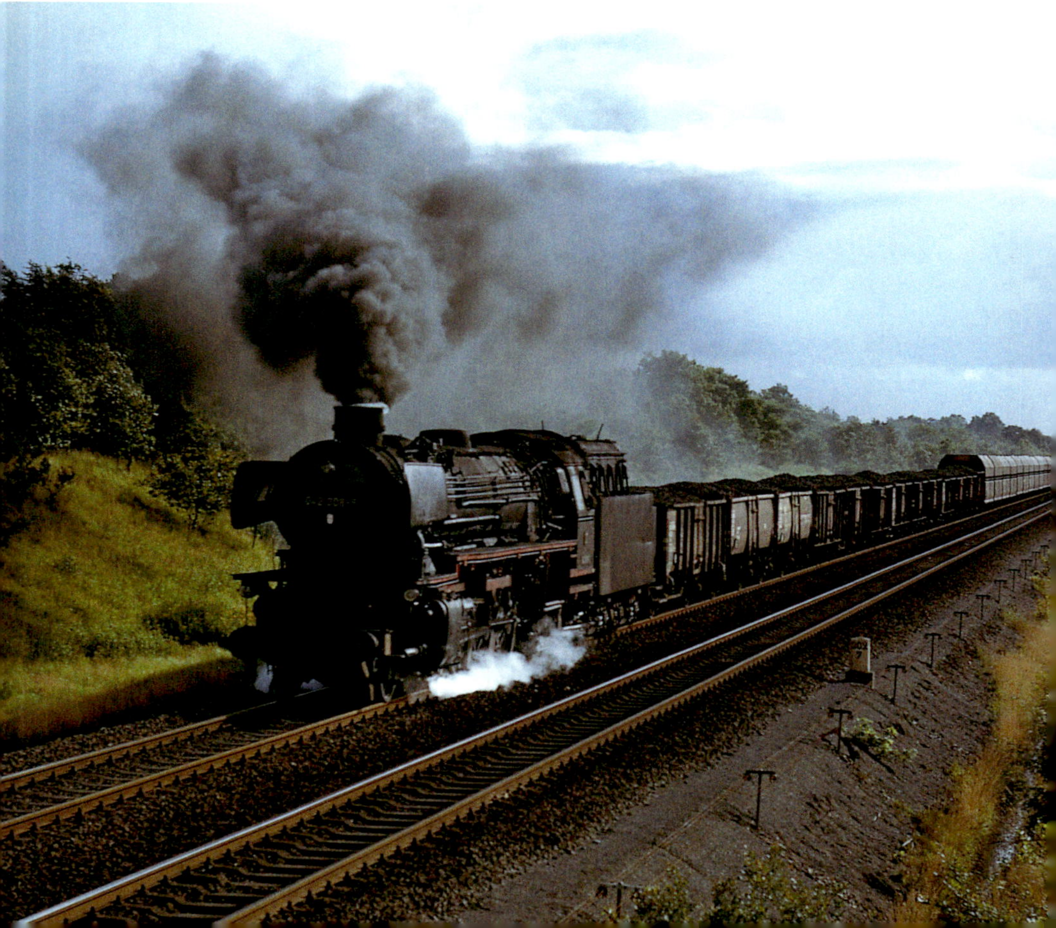

Oben links: Einen Kokszug muss die 042 096 hier allein bewegen. Am 27. August 1974 war sie bei Petkum gefordert.

Oben: Die bahnamtlichen Unterlagen weisen den aus Gaskesselwagen gebildeten Güterzug als Ng 17336 aus. Die 042 113 bespannte am 27. August 1973 diesen Zug in Leschede.

Unten links: Einen langen Kokszug schleppt die 042 308 bei Papenburg (Juni 1974).

laufbleches, sodass man zum Befüllen nicht mehr auf den Kesselscheitel klettern musste. Der Deckel des Heißdampfreglergehäuses fand hinter dem Schornstein Platz.

Einsatz in höherwertigen Diensten

Insgesamt verhalf der Neubaukessel der beliebten und bewährten Baureihe 41 zu einem wirtschaftlicheren Betrieb. Die Verdampfungs- und Maschinenleistung stiegen bei praktisch unverändertem Gewicht deutlich. Sowohl die Lokomotiven mit Altbaukessel als auch die mit Neubaukessel fuhren bei der Bundesbahn lange in höherwertigen Diensten. Vor allem in den fünfziger Jahren gehörte der Dienst vor Schnell- und Eilzügen zum täglichen Brot der Mikados.

Die Umstellung auf eine EDV-gerechte Bezeichnung der Triebfahrzeuge bei der DB am 1. Januar 1968 erlebten noch 112 Loks der Baureihe 41, die sich auf folgende zwölf Dienststellen verteilten: Braunschweig, Bremerhaven-Lehe, Duisburg-Wedau, Flensburg, Hannover Hgbf, Kassel, Kirchweyhe, Köln-Eifeltor, Löhne, Osnabrück Hbf, Rheine und Wanne-Eickel. Die kohlegefeuerten Loks erhielten nun ohne Unterscheidung der Kesselbauart die Bezeichnung 041, diejenigen mit Ölbrenner wurden als 042 eingereiht.

Im Sommer 1971 hatten die letzten Kohle-41 ausgedient. Der Restbestand von 36 ölgefeuerten Loks gelangte zum Bw Rheine in Westfalen, wo sich das große Finale der Dampfära bei der Bundesbahn abspielte. Noch einmal konnten die rund vierzig Jahre alten Maschinen zeigen, was in ihnen steckt: Unvergessen bleibt der Einsatz vor den 4000-Tonnen-Erzzügen zwischen Rheine und Emden, wo die Öl-41 meist zusammen mit einer ebenfalls ölgefeuerten 043 zu sehen waren. Doch das Ende der Dampftraktion war im Zeitalter von Kernenergie und aufstrebender Computertechnik längst überfällig. Schließlich bespannte die 042 113 am 23. Oktober 1977 zusammen mit der 043 196 einen von der DGEG organisierten Abschiedssonderzug. Das war der letzte Einsatz einer 042 und zugleich der letzte Dampf-Reisezug der DB. ▲

Dampf-Jumbos

Bei kaum einer anderen Lokomotive kam die Atmosphäre eines schwer arbeitenden Dampfrosses besser zur Geltung als bei den Jumbos der Baureihe 44. In Nürnberg, wo es Kokszüge zum Stahlwerk von Sulzbach-Rosenberg zu bespannen galt, traf man die Schienengiganten ebenso wie im schwäbischen Crailsheim, Mittelpunkt der Hauptbahn Nürnberg – Stuttgart. Zu den letzten Stationierungsorten der 44 zählte das legendäre Bw Ottbergen.

Großes Bild auf Seite 60/61: Zur Maxhütte fährt dieser Kokszug, aufgenommen in der Ausfahrt Hartmannshof.
Oben: Im Weserbergland, rund um das legendäre Ottbergen, dampften die Jumbos der Baureihe 44 vor langen Güterzügen schwer arbeitend durch das Gelände. Die für die frühe Epoche IV noch typischen Telegrafenleitungen runden die klassische Aufnahme von Joachim Bügel ab.
Rechte Seite oben: Die Aufnahme von 1949 zeigt die 44 308 bei Heigenbrücken.
Rechte Seite unten: Damals, als die 44 1118 an dem Moselstädtchen Hatzenport vorbeidampfte, sah man noch natürliche Uferauen.

W o, um Himmels Willen, liegt Ottbergen?" Otto Normalverbraucher schüttelt bei der Frage nach diesem Ort wohl den Kopf, es sei denn, er kommt aus dem östlichsten Zipfel Nordrhein-Westfalens. Ganz anders denken Eisenbahnfreunde. Bei ihnen hat Ottbergen einen besonderen Klang, den Klang vergangener Zeiten, den harmonischen Dreiklang der Drillingsgüterzuglok der Baureihe 44. Bis zum Ende der Dampflokzeit in Deutschlands Westen war das Zweitausend-Seelen-Dorf zwischen Egge und Weserbergland eine der Hochburgen der Loks. Von Ottbergen aus donnerten die 44 bis zum Schluss mit endlosen Güterzügen durch Solling und Harzvorland bis nach Ellrich in der DDR.

1976 hieß es Abschied nehmen. Die wenigen noch vorhandenen rostgefeuerten 44 der Bundesbahn beka-

men im Bw Gelsenkirchen-Bismarck eine Gnadenfrist bis zum Sommerfahrplan 1977, die Ölbrenner aus Rheine hielten sich noch einen Fahrplanabschnitt länger. Dann wanderten die verbliebenen Loks auf den Schrott. Die Reichsbahn beschied ihren 44 ein geringfügig längeres Leben. Doch auch in der DDR hatte der Traktionswechsel längst begonnen. Anfang der achtziger Jahre verhallte östlich der Elbe der Dreiklang einer 44. So unterschiedlich beide deutsche Bahnen am Ende der Dampflokzeit waren, so einhellig war ihr Fazit zur Baureihe 44: Der Jumbo zählte zu den besten Dampfloks.

Salomonische Lösung

Der Siegeszug des Fünfkupplers begann zunächst eher verhalten. Anfangs war fraglich, ob die 44 mit

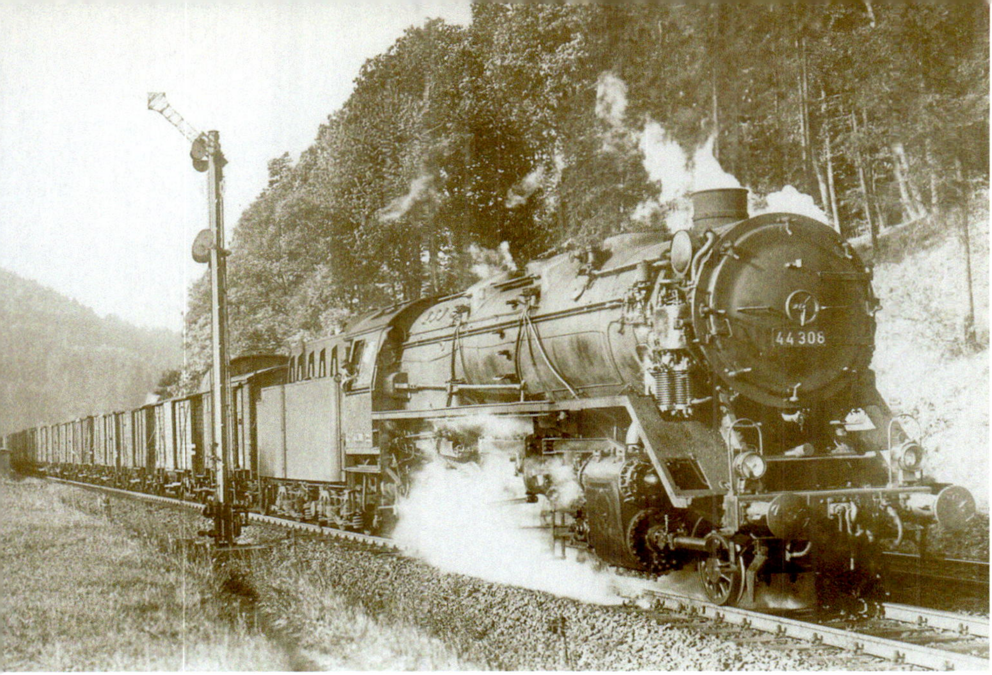
44 308

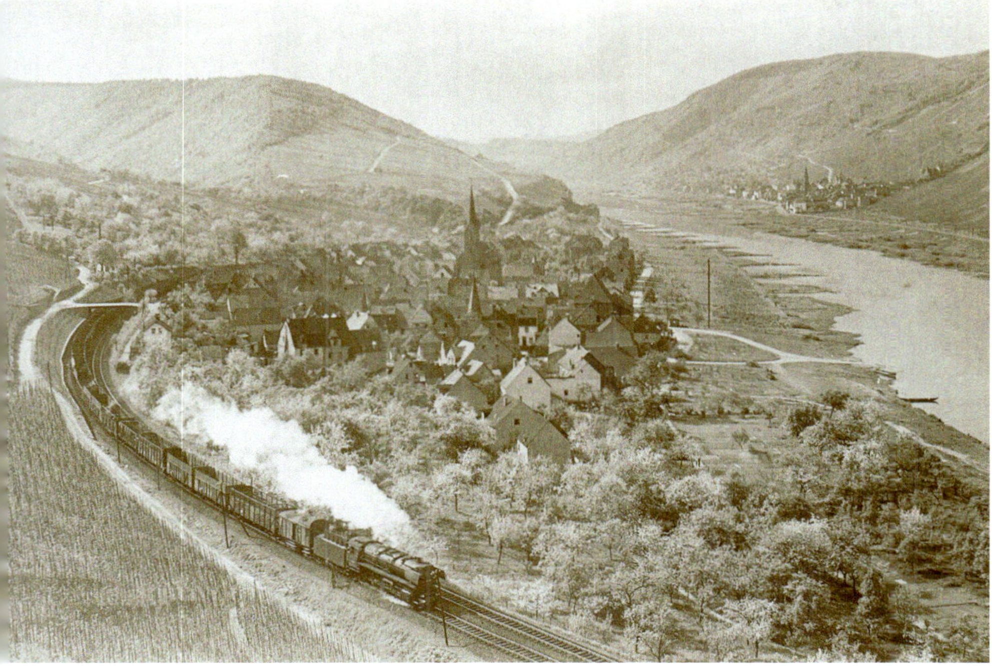

Oben: Warten auf Ausfahrt: Drei Güterzüge, bespannt mit 050 232, 044 379 und 051 300, werden nach und nach ihre schwere Last beschleunigen.

Seite 65: Vor der Bekohlungsanlage im Bahnbetriebswerk Crailsheim wurde die 044 477 am 1. November 1970 aufgenommen.

ihrem aufwändigen Dreizylindertriebwerk überhaupt in Serie gebaut wird. Zwei oder drei Zylinder? Diese Frage stellten die Techniker der Reichsbahn, als sie begannen, die im Typenprogramm der Einheitsloks vorgesehene Güterzuglok mit fünf Kuppelachsen zu entwickeln. Drillingstriebwerke hatten sich zwar in den preußischen Güterzugloks G 8.3, G 12 und auch in der schnellen P 10 bestens bewährt, man suchte aber immer noch nach Möglichkeiten, den ungeliebten, da wartungsaufwändigen dritten Zylinder zu vermeiden. Das Für und Wider beider Bauarten ließ die Techniker in Berlin schließlich zu einer salomonischen Lösung greifen: Man baute zunächst einfach beide Varianten. Je zehn Maschinen der Baureihen 43 und 44 sollten im rauen Eisenbahnalltag ihre Qualitäten zei-

gen. In der 43 sorgte ein mächtiges Zwillingstriebwerk mit riesigen Zylindern für den Vortrieb, in der 44 arbeitete eine Dreizylindermaschine. Zunächst hatte die 44 die Nase vorn. 1926 rollten die ersten zehn Baumusterloks aus den Werkshallen. Die ersten drei Loks gingen ins oberfränkische Rothenkirchen an der Frankenwald-Südrampe, und die 44 mit den Ordnungsnummern 004 bis 007 waren in Weißenfels zu Hause. Die letzten drei Maschinen schließlich donnerten von Saalfeld aus ebenfalls durch den Frankenwald. In der Obhut des Lokomotiv-Versuchsamts Grunewald musste ab Oktober 1926 die 44 004 zunächst auf der Frankenwaldrampe zeigen, was in ihr steckte. Das Ergebnis überzeugte mäßig. Im Vergleich zu ihrer Länderbahnschwester G 12 (Baureihe 58), eben-

falls ein Drilling, schleppte die 44 ihren Testgüterzug von 1200 Tonnen zwar etwas schneller über die Rampe, sie brauchte dafür aber auch deutlich mehr Dampf.

1927 lieferte Henschel die ersten fünf, Schwartzkopff die anderen fünf Loks der Baureihe 43. Die Reichsbahn verteilte die Zwillingsmaschinen analog den 44 auf die Bw Rothenkirchen, Weißenfels und Saalfeld. Bei Versuchsfahrten der 43 007 zusammen mit der 44 004 zeigte sich, was die Befürworter des Drillings befürchteten: Bei den damals niedrigen Geschwindigkeiten im Güterverkehr glänzte die 43 bis zu einer Leistung von 1100 PS am Zughaken mit dem von Dampfloks bisher nicht erreichten Gesamtwirkungsgrad von zehn Prozent.

Die 44 setzte lediglich 9,5 Prozent der Energie in Vortrieb um. Am Zughaken zerrten dann 1300 PS. Die 44 lief aber schon am Tempolimit der altersschwachen Güterwagen aus der Länderbahnzeit. Bei noch größerer Leistung und höheren Geschwindigkeiten überflügelte die 44

schließlich die 43. Kurzum: Der Drilling war seiner Zeit voraus. Schon bald regten sich Zweifel an der Entscheidung, auf einen Zwilling zu setzen. Während 1930 schon über 100 Loks der legendären Baureihe 01 durch das Land eilten, tat sich bei den Güterzugloks deshalb lange Zeit nichts. In den Führungsetagen der Reichsbahn hatte man eingesehen, dass die Zukunft leistungsstärkere Maschinen erforderte. Nicht nur im Reisezug-, sondern auch im Güterverkehr plante man deutliche Fahrzeitverkürzungen. Die 44 aber brachte die für Regelgüterzüge gewünschten 80 km/h. Dennoch konnte man sich nicht zum Serienbau der 44 durchringen.

Wichtige Zwischenschritte

Elf Jahre nach den Prototypen beschaffte die Reichsbahn ab 1937 die Baureihe 44 endlich in Serie. Ob ihres Äußeren — jetzt mit Windleitblechen — und ihrer Leistungsfähigkeit verliehen ihr die Eisenbahner schnell den Kosenamen „Jum-

Linke Seite: Die mit Ölfeuerung ausgerüsteten Dampfloks der Baureihe 44 waren ihren Kohle-Schwestern überlegen. Schwer arbeitend wurde 043 681 vor dem Gdg 57538 perfekt in Szene gesetzt.
Oben: Auch die Reichsbahn besaß ölgefeuerte 44. Am 6. Januar 1979 fuhr die 44 0698 mit dem Dg 55445 bei Orlamünde durch die Winterwelt.

bo". Gleich bei der ersten Serie nahmen die Konstrukteure verschiedene Änderungen gegenüber den zehn Baumusterloks vor. Der Kesseldruck stieg von 14 auf 16 bar, während der Zylinderdurchmesser um 50 auf 550 Millimeter sank. Die Feuerbüchse und die Stehbolzen waren aus heimischem Stahl statt aus Kupfer gefertigt. Große Elefantenohren, bahnamtlich Windleitbleche der Bauart Wagner, trieben den Rauch über das Führerhaus hinweg. Ab der zweiten Serie, die mit der Ordnungsnummer 066 begann, sprechen Fachleute von der Standardausführung. Damit hatte die 44 Gelegenheit, bis zur endgültigen Serienreife, die sie ebenfalls noch 1937 erreichte, einige Kinderkrankheiten auszukurieren. Von nun an ging es Schlag auf Schlag. 1937 teilten sich noch Krupp, Henschel und Schwartzkopff der Bau der 44. Ab 1938 fertigten alle deutschen Lokfabriken 44. Später mussten auch die Werke in den besetzten Gebieten Dampfloks bauen.

Die ÜK-Lokomotiven

Um den Ausstoß an Loks weiter zu erhöhen, präsentierte der Arbeitsausschuss Konstruktion im Reichsministerium für Bewaffnung und Munition am 21. März 1942 die erste von acht Listen mit „Vereinfachungen für die im Bau befindlichen Lokomotiven und Tender". Die Richtlinien sahen vor, zahlreiche Bauteile einfacher zu gestalten und auf einige sogar ganz zu verzichten. Als augenfällige Merkmale dieser Übergangskriegsloks, kurz ÜK-Loks, entfielen beispielsweise die Windleitbleche samt der Frontschräge sowie die Zentralverriegelung der Rauchkammer. Das Führerhaus verlor bei einem Teil der Loks seine beiden vorderen, feststehenden Seitenfenster. Viele ÜK-Loks, darunter die 44 1696, erhielten trotz der Richtlinien zwei Fenster auf jeder Führerhausseite. 1943 entstanden bei Schichau die letzten in Deutschland gefertigten Loks. Nach

Oben: Im Februar 1993 beförderte die 44 1093 einen Sondergüterzug von Arnstadt nach Saalfeld.

Seite 69: Im Mai 1977 war das Bw Gelsenkirchen-Bismarck noch fest in der Hand der Baureihe 44. Unter dem Kohlenbunker hat die 044 215 eben frische Kohle erhalten.

dem Lieferlos aus Elbing rollten bis 1946 Loks der Baureihe 44 nur noch aus französischen Fabriken. Nach Kriegsende standen auf dem Gebiet der späteren Bundesrepublik 1242 Loks, in der sowjetischen Besatzungszone waren 335 Loks verblieben. Letztmals entstanden 1949 in der DDR Maschinen der Baureihe 44. LEW komplettierte zehn Kessel von Frichs aus Dänemark mit neuen Fahrwerken und Tendern zu den Lokomotiven mit den Betriebsnummern 44 1231 bis 1240. Von 1926 bis 1949 entstanden insgesamt 1989 Maschinen der Baureihe 44, also 23 Jahre Beschaffungszeit, was keine andere Einheitsdampflok zu Wege brachte.

In beiden deutschen Staaten waren die Maschinen lange Jahre das Rückgrat des Güterverkehrs. Sie galten als Mittelgebirgsköniginnen, fuhren aber auch in flacheren Regionen. In Hamburg-Eidelstedt waren 44 genauso stationiert wie in Crailsheim oder Nürnberg. Ob schwere Güterzüge oder Übergaben mit wenigen Wagen — die 44 schleppten einfach alles.

Umbauten und Experimente

Im Laufe der Jahre verbesserten Bundes- und Reichsbahn die 44 immer weiter. Beiderseits des Eisernen Vorhangs ersetzte man beispielsweise die riesigen Wagner-Windleitbleche

durch die kleineren, aber genauso wirkungsvollen der Bauart Witte. Da die Reichsbahn die Luft- und Speisepumpen in den Rauchkammernischen beließ, rückten die Windleitbleche der DR-Loks etwas höher als bei den DB-Pendants.

Beide deutschen Staatsbahnen experimentierten auch gern mit der 44. Die Bundesbahn testete bei fünf Maschinen die halbautomatische Stoker-Feuerung, allerdings mit mäßigem Erfolg. Weitaus erfolgreicher waren ölgefeuerte Maschinen in Ost und West. Ab 1958 ließ die DB 32 Loks auf Ölhauptfeuerung umbauen. Sie fielen optisch durch den im Vergleich zum Kohlekasten deutlich längeren Ölbehälter auf dem Tender auf.

Um den Bedarf an leistungsfähigen Dampfloks, die den Dieselloks weit überlegen waren, abzudecken, entstanden 1974 vier weitere mittlerweile als 043 bezeichnete Öl-Loks. Etwa zeit-gleich mit der DB begann die Reichsbahn, sich mit Ölfeuerungen zu beschäftigen. 1959 fuhren die ersten von schließlich 93 Loks mit Ölbrenner. Wegen steigender Rohölpreise erhielten sie zum 31. Dezember 1981 Fahrverbot.

Das Ende in Gelsenkirchen

Nachdem sich im Westen bereits am 29. Mai 1976 die letzte 44 aus Ottbergen verabschiedet hatte, erlosch ein knappes Jahr später das Kohlefeuer der 044 508 im Bw Gelsenkirchen-Bismarck. Als am 26. Oktober 1977 die Dampflok-ära bei der Bundesbahn unwiederbringlich zu Ende ging, war es die 1943 bei Batignolles im französischen Nantes gebaute 043 903 aus Rheine, die den letzten Zug bespannte. An das Bw Ottbergen denken seither nur noch Eisenbahnfreunde zurück. ▲

Oben links und rechts:
Die mächtige Front der leistungsstärksten deutschen Güterzug-Dampflokomotive. Die großen Wagnerbleche standen der Maschine gut.
Links: Eine stattliche Achszahl wies der Güterzug auf, den die 45 012 am 6. Juli 1952 bei Partenstein schleppte. Die Spessartrampe gehörte zu den Haupteinsatzgebieten der Lok.

Gigant vor Güterzügen

Anfang der dreißiger Jahre entwickelte die Deutsche Reichsbahn kräftige Dreizylinderloks für den Güterzugdienst. Zu ihnen zählte auch die Baureihe 45.

nfang der dreißiger Jahre stand die Reichsbahn vor einem großen Problem. Die Geschwindigkeiten der Reisezüge waren, nicht zuletzt dank Lieferung moderner Schnellzuglokomotiven wie der 01, deutlich gestiegen. 120 km/h Spitzentempo gehörte keineswegs zu den Seltenheiten. Die im Einheitslokprogramm zwar berücksichtigten, in der Beschaffungspolitik aber vernachlässigten Güterzüge krochen dagegen mit Geschwindigkeiten um die 50 km/h über die Strecken, zumeist bespannt mit in großer Zahl vorhandener Länderbahnlokomotiven. Somit standen sich Reisezug- und Güterverkehr gegenseitig im Weg, gilt doch die Grundregel, dass eine Strecke um so höhere Kapazitäten aufweist, je näher die Geschwindigkeiten der einzelnen Zuggattungen beieinander liegen. Dann bestimmt lediglich der Betriebsbremsweg den Abstand zwischen zwei Zügen. Um die Strecken wieder frei zu bekommen, brauchte die Reichs-

bahn leistungsfähigere Güterzuglokomotiven. Mit der Baureihe 44 stand zwar ein stattlicher Drilling bereit, doch genügte er nicht allen Ansprüchen.

Daher regte die Reichsbahndirektion Karlsruhe am 9. Dezember 1933 den Bau einer Lokomotive an, „die auf der Ebene planmäßig 1000 – 1200 t mit einer Höchstgeschwindigkeit von 80 km/h ziehen kann." 20 Tonnen Achsdruck und 100 Tonnen Reibungsgewicht sollte der E-Kuppler mit Vorlauf- und möglicherweise auch Nachlaufachse auf die Schiene bringen. Krauss-Helmholtz-Laufgestelle, 1600 Millimeter Treibraddurchmesser und etwa 2200 PS Leistung am Zughaken standen ebenso auf dem Wunschzettel der Karlsruher wie der Hinweis auf die sogar auf Hauptstrecken eingebauten badischen Weichen mit gerade einmal 165,4 Metern Halbmesser. „Bei dem Bau der Lokomotive als Zweizylindermaschine müßten die Lager, Zapfen usw., um

Bei Lohr im Spessart entstand diese schöne Landschaftsaufnahme mit der 45 019 vor einem Durchgangsgüterzug. Am Tender ist eine Klappe zu sehen, die kurze Zeit gebraucht wurde, um den dahinter untergebrachten Krupp-Mischvorwärmer instand halten zu können. Da sich das Bauteil im Betrieb aber nicht bewährte, wurde es nach einigen Versuchsfahrten wieder ausgebaut. Die Klappe blieb trotz allecem erhalten.

der Heißlaufgefahr wirksam zu begegnen, derart groß bemessen werden, daß wir von vornherein einer Dreizylindermaschine den Vorrang geben möchten."

Bereits Anfang 1934 forderte die Reichsbahn Krupp, Henschel und Schwartzkopff auf, Entwürfe für eine fünffach gekuppelte, schwere Güterzuglokomotive einzureichen. Die Baureihe 45 sollte den gleichen Kessel erhalten wie die parallel entwickelte Baureihe 06. Daneben forderte die Reichsbahn, für die Baureihe 45 die gleichen Kuppelräder, Zylinder und Laufgestelle zu verwenden wie für die Baureihe 41, einer weiteren Parallelentwicklung. Für das Innentriebwerk verlangte die Reichsbahn eine von den Außenzylindern unabhängige Steuerung.

Im April und Mai 1937 übergab Henschel die beiden Baumusterlokomotiven der Reichsbahn. Die 45 001 absolvierte in den kommenden Wochen ein umfangreiches Versuchsprogramm mit durchschnittlich 275 Kilometern Laufleistung an 52 Einsatztagen. Dabei erwies sich das Triebwerk als wohl gelungen.

Triebwerk hui, Kessel pfui

Das erstaunte aber kaum, war doch ängst erwiesen, dass die wärmetechnische Empfindichkeit der Zylinder mit ihrer Größe abnahm. Die Zylinder mit 520 Millimetern Durchmesser konnten diesen Vorteil ausspielen, ebenso der mit 720 Millimetern sehr großzügig bemessene Kolbenhub, der eine günstigere Ausdehnung des Dampfes im Zylinder ermöglichte. Zudem lag der mittlere Zylinder gut wärmegedämmt unterhalb der Rauchkammer.

Doch was nützt ein gutes Triebwerk, wenn es von einem eher mittelmäßigen Kessel versorgt wird? Der Langrohrkessel, dessen Installation Bauartdezernent Richard Paul Felix Wagner durchsetzte, zeigte sich bei der Nennleistung sogar den Kesseln einiger Heißdampflokomotiven der Länderbahnen unterlegen. Dies war auf das ungünstige Verhältnis der Strahlungs- zur Berührungsheizfläche zurückzuführen. Wagner vertrat die Ansicht, es komme nur auf die absolute Größe der Heizfläche an, um positive Ergebnisse zu erzielen. Inwiefern er sich während der Entwicklung der Baureihe 45 dieses Fehlgriffes bewusst war, lässt sich nicht eindeutig klären. Allgemein durchgesetzt hatte sich die Erkenntnis, welche Bedeutung dem Verhältnis von Strahlungs-, Rohr- und Überhitzungsheizfläche zukommt, noch nicht. Versuchsdezernent Hans Nordmann bewies aber noch vor der Bestellung der Serienlokomotiven, dass sich der Langrohrkessel für die Baureihe 45 nicht eignete.

Güterwagen mit Polstersitzen

Insgesamt 26 Exemplare umfasste die ab Dezember 1940 gelieferte Serie. Sie unterschieden sich in zahlreichen Details von den Baumustern. Äußerlich fiel vor allem der zweite Dampfdom das Auge, außerdem die Hängeeisensteuerung mit 300 Millimeter langem äußeren und 285 Millimeter langem inneren Hängeeisen, welche die Kuhn'sche Schleife ersetzte. Deren Einbau hatte der Betriebsdienst bemängelt, braucht doch eine Schlepptendermaschine die für Tenderlokomotiven mit gleich großer Geschwindigkeit vor- und rückwärts bestens geeignete Steuerung etwa so nötig wie ein Güterwagen Polstersitze.

Interessanterweise stationierte die Reichsbahn die Serienmaschinen nicht in Baden, sondern in Würzburg, also im Mittelgebirge. Weshalb sie eine für schnelle, schwere Güterzüge ausgelegte Lokomotive im Bergdienst einsetzte, lässt sich nicht mehr nachvollziehen. Sicher war aber, dass der Kessel bald Überlastungserscheinungen zeigte. So verwunderten die langen Standzeiten kaum, fielen aber auch nicht unbedingt aus dem Rahmen. Auch andere Einheitslokomotiven, zum Beispiel die Baureihe 44, erwiesen sich in ihren Anfangsjahren als sehr werkstatttreu. Für die Baureihe 45 galt aber schnell die Grundregel: Läuft eine Lokomotive einmal, erreicht sie mühelos ansehnliche Kilometerleistungen. Doch wie bringt man sie zum Laufen?

Hatte die 45 in den letzten Kriegsjahren neben Güterzügen auch Fronturlauberzüge sowie einige noch verbliebene D-Züge bespannt, galt 1945 zunächst einmal rien ne va plus. Erst 1949 nahm die 45 011 als Erste ihrer Reihe wieder die Arbeit auf. Das neue Versuchsamt in Göttingen setzte sie, ebenso wie ab 1950 die 45 004, als Bremslok ein. Für diesen Zweck war die 45 ihrer Gegendruckbremse wegen bestens geeignet.

Kaum Messfahrten

Ebenfalls 1950 begann die Modernisierung der schon bei ihrer Lieferung technisch überholten Serienlokomotiven. Am 16. Januar erteilte die Bundesbahn Krupp den Auftrag, fünf Maschinen mit Neubaukesseln mit Verbrennungskammer auszurüsten. Schon im Dezember erhielt sie die erste neubekesselte 45. Umfassende Messfahrten fanden mit ihr allerdings nicht statt, sehr zum Leidwesen Friedrich Wittes. Dieser hatte miterlebt, mit welchem Missgriff die große Ära Wagner endete, aber nur zögernd Widerspruch angemeldet. Eine Volluntersuchung der Umbau-45 hätte seine Auffassungen bestätigt.

Doch für die Bundesbahn lohnten sich große Versuche nicht. Die Hauptverwaltung hatte längst entschieden, die 45 möglichst schnell aus dem Bestand zu nehmen. Neben den fünf neubekesselten Lokomotiven gehörten fünf mit neuen Stehkesseln ausgestattete Maschinen sowie vier im Originalzustand verbliebene 45 zum Bahnbetriebswerk Würzburg, das die Baureihe weiterhin zum Unterhaltsbestand zählte. Letztmalig stellte es zum Winterfahrplan 1955/56, als drei Maschinen einsatzfähig waren, einen eigenen Umlaufplan auf. Später fuhren einzelne Lokomotiven möglicherweise noch in Umläufen der Baureihe 44. Als einziges Einsatzfeld verblieb der Baureihe der Versuchsbetrieb in Diensten des Bundesbahn-Zentralamtes Minden. Drei Lokomotiven erhielten auf dem Papier sogar noch EDV-gerechte Betriebsnummern. Die 45 010 wurde als Letzte am 15. November 1968 z-gestellt und am 3. März 1969 ausgemustert. ▲

Oben: Obwohl für den Güterzugdienst konzipiert, machte die 45 auch vor Schnellzügen eine gute Figur. Die Aufnahme zeigt die 45 016 beim Verlassen des Würzburger Hauptbahnhofs.
Unten: Im November 1966 hatte die Mindener 45 023 gerade eine Versuchsfahrt beendet.

Massenware

Zu den meistgebauten Lokomotiven überhaupt gehört die Baureihe 50. In West und Ost war sie lange Jahre aus dem Betrieb nicht wegzudenken.

Seite 76 oben:
Silhouette einer 50, fotografiert 1974 in Rottweil.

Seite 76, großes Bild: Eine 50 als Vorspannlok vor einem leeren Kokszug samt 44.

Oben: Die 50 1002 und 50.35 gemeinsam vor einem Personenzug.

Rechte Seite oben: Diese 50 fuhr im August 1974 nahe Neukirchen.

Rechte Seite Mitte: 50 1849 bei Lößnitz (1992).

Mit den Baureihen 41 und 44 standen Mitte der dreißiger Jahre zwei hochwertige Lokomotiven für den Güterzugdienst auf Hauptbahnen bereit. Auf den meisten Nebenstrecken konnten sie wegen ihrer Achslast von 17,5 und 20 Tonnen allerdings nicht verkehren. Deren Gleise gehörten immer noch den Länderbahnmaschinen, beispielsweise den preußischen G 8, G 10 und G 12. Diese erreichten aber nur vergleichsweise geringe Höchstgeschwindigkeiten. 1937 beauftragte daher das Verkehrsministerium die Reichsbahn mit der Entwicklung einer für den schweren Güterzugdienst auf Nebenbahnen geeigneten Maschine. Sie sollte maximal 16 Tonnen Achslast aufweisen und zudem

mittelschwere Güterzüge auf Hauptstrecken mit 80 km/h befördern können. Eine wartungsarme Architektur und eine hohe Geschwindigkeit im Rückwärtsgang standen ebenso auf der Wunschliste wie die Möglichkeit, minderwertige Kohle verfeuern zu können.

Eine 1'D-Bauart, wie zunächst vom Reichsbahnzentralamt bevorzugt, konnte die Voraussetzungen nicht erfüllen. Im Juli 1937 entschied der Lokomotivausschuss einstimmig, eine fünffach gekuppelte Maschine bauen zu lassen. Als Vater der Baureihe 50 kann Friedrich Witte genannt werden, der auf der entscheidenden Sitzung als Berichterstatter fungierte. Sein Lieblingsprojekt, den Kessel mit Verbrennungskammer,

konnte er in dem noch immer von Richard Paul Wagner dominierten Gremium allerdings nicht durchsetzen.

Trotzdem gelang es, das Verhältnis der hochwertigen Strahlungsheizfläche zur Rohrheizfläche zu verbessern, sodass sich der komplett neu entwickelte Kessel der 50 als vergleichsweise verdampfungsfreudig erwies. Allerdings bestand er aus dem berüchtigten Stahl St 47 K, einem zwar hochfesten, aber nicht alterungsbeständigen Werkstoff. Die Vorlaufachse und die erste Kuppelachse waren als Krauss-Helmholtz-Gestell ausgebildet, in dem die Laufachse 125 Millimeter, die Kuppelachse 25 Millimeter Seitenspiel hatte. Den gleichen Spielraum bekam der letzte Kuppelradsatz zugesprochen. Die übrigen Kuppelachsen lagerten fest im Rahmen. Das gut ausgebildete Fahrwerk verlieh der Baureihe 50 trotz des einfachen Zweizylindertriebwerks eine gute Laufkultur.

Massenfertigung

Am 12. März 1939 stand die erste von zwölf Baumusterlokomotiven zu Probefahrten bereit. Die Untersuchungen bestätigten die Annahmen der Entwickler. Lediglich die Überhitzung fiel mit 330 statt 360 Grad, dem Wert der 44, bescheiden aus. Ansonsten handelte es sich bei der 50 um eine vorzügliche Konstruktion, die noch im Sommer in Serie ging. Auch das Militär zeigte sich von der Güterzuglok angetan und setzte sie auf die Liste der Kriegslokomotiven. Bis 1943 fertigten die Werke im Reich und in den besetzten Gebieten nicht weniger als 3164 Maschinen. Einem Teil davon fehlten Einrichtungen wie die großen Windleitbleche, die Umlaufschürze, das zweite Seitenfenster des Führerhauses — ja, sogar vereinzelt der Vorwärmer. Aus diesen so genannten „Übergangs-Kriegslokomotiven" ging die spätere Baureihe 52 hervor.

Oben: Vor malerischer Felskulisse fuhr die 050 902 mit einem gemischten Güterzug durch Inzighofen.
Rechte Seite: An einem Spätsommertag donnerten die 052 175 und 052 203 westlich von Waldenburg mit dem Dg 7227 qualmend durch die Landschaft (7. September 1973).

Gut 2500 Lokomotiven verblieben in den West-zonen, 350 in der Sowjetischen Zone. Alle hatten Kessel aus Stahl St 47 K. Die Bundesbahn löste das Problem sehr elegant. Sie schickte die nicht benötigten Kriegslokomotiven der Baureihe 52 in den Hochofen und setzte deren aus besserem Stahl gefertigte Kessel auf die Maschinen der Baureihe 50. Für diese fand sie genügend Einsatzbereiche, um sie bis 1976, also fast bis an das Ende der Dampflokzeit, im Bestand zu halten. Einige Maschinen erhielten einen Kessel der Bauart Franco-Crosti (siehe Seite 85).

Die Reichsbahn konnte auf die 52 nicht verzichten, musste wohl oder übel die gealterten Kessel aus Stahl St 47 K ersetzen und ließ daher aus dem Kessel der Neubaulok der Baureihe 23.10 einen der Baureihe 50 angepassten Kessel mit Verbrennungskammer entwickeln. Stehkessel und Feuerbüchse waren identisch, Langkessel und Rauchkammer mussten den Abmessungen des Fahrwerks angepasst werden. Von der insgesamt 208 rekonstruierten Maschinen erhielten 60 zudem Giesl-Flachejektoren.

Die Reichsbahn gruppierte die Reko-50 als 50.35 ein. Ihr Einsatz endete 1989. Eine Reihe Maschinen gelangte in private Sammlungen und bespannt bis heute Sonderzüge. Mit der 50.35 endete zwar die Betriebsgeschichte der

Oben: Aus der Baureihe 50 leitete die Reichsbahn Anfang der Vierziger eine „entfeinerte" Kriegslokomotive der Baureihe 52 ab. Etliche dieser Maschinen verblieben nach Kriegsende in Österreich. Hier fahren zwei ÖBB-52 mit Wannentender samt Fracht durch den Bahnhof Gstatterboden.

50 bei der Reichsbahn, nicht aber die Baugeschichte. Im Rahmen des Neubauprogramms entwickelte das Institut für Schienenfahrzeugbau eine überarbeitete, um 34 Zentimeter kürzere Variante der 50, die 50.40. Zahlreiche Bauteile der 50.40 stammten von der neu entwickelten 23.10. Der mit Verbrennungskammer ausgerüstete Kessel hatte eine um zwei Quadratmeter größere Strahlungsheizfläche als sein Pendant der Standard-50. Die Leistungen beider Varianten lagen gleichauf, im Bereich oberhalb 500 PSi verbrauchte die 50.40 aber wesentlich weniger Kohle — in der rohstoffar-

men DDR ein wichtiger Faktor. Als Fehlkonstruktion erwies sich dagegen der Blechrahmen, dessen Instandhaltung aufwändig und teuer war. Seinetwegen endete der Einsatz der Neubaulok bereits 1980. Einige Maschinen leisteten danach noch Heizlokdienst. Erhalten blieb kein Exemplar.

Ebenfalls vorzeitig schied die Baureihe 50.50 aus dem Betrieb. Bei ihr handelt es sich um die ab 1966 auf Ölhauptfeuerung umgerüstete 50.35. Insgesamt 72 Maschinen erhielten jeweils zwei Ölbrenner. Probleme bereiteten die Karl-Schulz-Schieber, welche die höhere

ren war, wendete sich das Blatt. Plötzlich entdeckte die politische Führung die Eisenbahn, plötzlich durfte die Reichsbahn die Lokomotiven bestellen, für die sie bereits in den dreißiger Jahren Bedarf angemeldet hatte.

Den Schwerpunkt der Fertigung bildeter die Kriegsloks der Baureihe 52. Diese wurde aus der schon nach kurzer Einsatzzeit bewährten Baureihe 50 abgeleitet. „Entfeinerung" nannte man das Prinzip, alle Bauteile, die für den Betrieb nicht unabdingbar waren, wegzulassen und die übrigen weitestgehend konstruktiv zu vereinfachen. Als Lebensdauer der Loks veranschlagte man fünf Jahre — bis dahin wollte das Regime den Krieg gewonnen haben.

Am 12. September 1942 stellte Borsig das Baumuster der konturenlos, geradezu nackt wirkenden Baureihe 52 vor. Unverändert blieben der Kessel der 50, die Laufwerksanordnung, die Triebwerksabmessungen, der Kuppelraddurchmesser und die Zylinderabmessungen. Alle anderen Teile waren überarbeitet oder eingespart worden. Hatte die 50 anfangs 6000 verschedene Bauteile, gelang es, bei der 52 mit 5000 auszukommen, 3000 davon in Sparausführung. Der Oberflächenvorwärmer entfiel, die Speisepumpe wich einer zweiten Strahlpumpe. Statt des Barrenrahmens trug ein Blechrahmen die Aufbauten. Auf Windleitbleche konnte man entgegen ersten Annahmen nicht verzichten. Die Bleche Bauart Witte waren aber deutlich kleiner.

Da der Lokomotivbau nunmehr Priorität genoss, standen den Fabriken Material und Personal unbegrenzt zur Verfügung. Der Ausstoß an Lokomotiven stieg deutlich. Im Juni 1943 verließen 500 Maschinen die Fabriken. Die höchste Tagesproduktion lag bei 51 Exemplaren. Zum Vergleich: 1941 waren insgesamt 1387 Loks gefertigt worden, 1940 945, 1939 703 und 1938 gerade einmal 120.

Wie viele Maschinen der Baureihe 52 insgesamt entstanden, ist nicht bekannt. Alfred B. Gottwaldt, ein exzellenter Kenner der Maschinen, errechnete 6151 Exemplare für die Reichsbahn. Hinzu kamen 93 Lokomotiven, die als „Wirt-

Heißdampftemperatur schwer verkrafteten. Die Reichsbahn ließ daher die Regelkolbenschieber und Winterthur-Druckausgleicher ausgemusterter 52 in die 50.50 einbauen. Ihr Ende kam mit der Verteuerung des Rohöls. Als die Sowjetunion Weltmarkt- statt Freundschaftspreise verlangte, schickte die Reichsbahn 1981 die Öldampfloks in den Ruhestand.

Loks für den Krieg

Über Jahre hinweg vernachlässigte das Hitler-Regime die Eisenbahn. Sie spielte im Denken des Tyrannen keine große Rolle, hielt er sie doch für zu wenig flexibel, um seinen Blitzkriegsphantasien folgen zu können. Erst 1942, als der Russlandfeldzug gestoppt und der Krieg verlo-

Oben: 42 9000 am 15. März 1952 in Bielefeld.
Mitte: Im Bw Bingerbrück beheimatet, fuhr die 42.9 oft vor Güterzügen.
Rechts: Seitlich am Kessel der 42.9 angebrachtes Rauchgasrohr.
Rechte Seite: Die 50 4003 hilft einer 41 bei Ostercappeln im März 1965 bergwärts.

schaftshilfe" an Bahnen befreundeter Länder abgegeben wurden. 1946 stellten Henschel und Jung im Auftrag der amerikanischen Besatzer 46 Maschinen fertig. Das Eisenbahnzentralamt Göttingen ordnete 1948 den Bau von 40 Lokomotiven an, die bei Henschel aus vorhandenen Teilen entstanden.

Etwa 1500 Maschinen gelangten zur DDR-Reichsbahn, rund 750 zur Bundesbahn. Letztere verzichtete schnell auf die schlichten Fahrzeuge. Schon Anfang der fünfziger Jahre gehörten nur noch wenige Dutzend Maschinen zum Bestand. Auch

Nachkriegslieferungen rollten auf das Abstellgleis; einige Maschinen wurden nur sechs Jahre alt. 1963 endete der Einsatz der 52.

Die Reichsbahn komplettierte ihre Loks ab 1958, installierte andere Vorwärmer und Achslagerstellkeile. Daneben erhielten die Maschinen neue Stehkessel. In einigen arbeitete zudem der Giesl-Flachejektor. Erst 1981 konnte die Reichsbahn auf die Ur-52 verzichten. Zwei Jahre früher musterte sie die auf Kohlenstaubfeuerung umgerüsteten 52.90 aus. Diese fuhren mit der pneumatischen Feuerung Bauart Wendler, bekamen aber keinen neuen Kessel spendiert. 200 Loks nahm die Reichsbahn in ihr Rekonstruktionsprogramm auf und stattete sie mit dem gleichen Neubaukessel aus wie die 50.35. Verdampfungs-

freudig und robust, waren die 52.80 beim Personal sehr beliebt. Sie überdauerten die Zeiten.

Das Franco-Crosti-Prinzip

Noch vor dem Ersten Weltkrieg suchte der italienische Ingenieur Attilio Franco nach neuen Wegen zur Speisewasser-Vorwärmung. Er schuf eine Lok mit Stirnführerstand und gedrehtem Kessel. 1936 griff Dr. Piero Crosti Francos Prinzip auf, ersetzte den großen Vorwärmkessel jedoch durch zwei seitliche kleinere Vorwärmtrommeln. 1951 baute die Firma Henschel zwei Serienloks der Baureihe 52 zu Franco-Crosti-Loks um. Sie hießen 42 9000 und 42 9001. 1958 entstand in 31 Stücken eine verbesserte Variante, die 50.40. ▲

Oben: Am 7. Mai 1971 zog die 64 518 ihren gemischten Güterzug auf der Strecke Tübingen – Herrenbach bei Pfäffingen an einer blumenübersähten Frühlingswiese vorbei.

Rechte Seite: Einen wenig gepflegten Eindruck hinterließ die 64 393, als sie im Bw Bayreuth abgelichtet wurde.

Nebenbahnlok

Zu den gelungenen Konstruktionen der Ära Wagner gehört die Tenderlok der Baureihe 64. Sie hielt sich knapp 50 Jahre im Streckendienst.

In der ersten, 1921 von Borsig-Chefentwickler August Meister vorgelegten Typenliste für die Einheitslokomotiven fehlte eine 1'C1'-Tenderlok. Doch schon 1922 stand eine Baureihe 60 mit dieser Achsfolge, 1600 Millimetern Treibraddurchmesser und Zweizylindertriebwerk in den Plänen.

Mit 90 km/h Höchstgeschwindigkeit sollte sie vornehmlich Personenzüge auf Nebenbahnen befördern, aber auch für den Schnellzugdienst auf Hauptstrecken geeignet sein. Allerdings gab es auch Gegner einer Neuentwicklung, stand doch die Elektrifizierung der Berliner Stadt-, Ring- und Vorortbahn an, sodass die preußische T 12 neue Aufgaben brauchte.

Zunächst einmal widmeten sich die Planer um Richard Paul Felix Wagner den Schnell- und Güterzuglokomotiven für die Hauptstrecken. Als die Baureihen 01, 02, 43 und 44 bereitstanden, begann die Entwicklung der Nebenbahnmaschinen. Neben der 1'C1'-Tenderlok, die nunmehr die Bezeichnung 64 erhielt, entstanden eine 1'D1'-Tenderlok, die Baureihe 86, sowie die mit der 64 weitgehend identische Schlepptenderlok der Baureihe 24. Im Februar 1928 begann die Lieferung der Baureihe 64.

BAYREUTH

064 393-2

064 393-2

Bis 1940 stellte die Reichsbahn 520 Exemplare in Dienst.

Mitte der zwanziger Jahre vertrugen Nebenbahnen lediglich 15 Tonnen Achsdruck. Drehscheiben fehlten meist. Im Sinne eines wirtschaftlichen Verkehrs mussten die Maschinen in beide Richtungen gleiche Höchstgeschwindigkeiten erreichen. Daher konzentrierten sich die Techniker auf die Optimierung des Laufwerks. Trotzdem konnte man sich lange nicht zum Einbau des für diesen Zweck bestens geeigneten Krauss-Helmholtz-Gestells durchringen, welches erst die letzten zehn Lokomotiven erhielten. Die übrigen Maschinen bekamen Bissel-

achsen. In beiden Konstruktionen sind die Laufräder um 110 Millimeter seitenverschiebbar gelagert. Die zweite, angetriebene Kuppelachse hat um 15 Millimeter geschwächte Laufkränze. Im oberen Geschwindigkeitsbereich rollten die mit Bisselgestellen ausgerüsteten Maschinen spürbar unruhiger als ihre Schwestern. Angesichts der niedrigen Höchstgeschwindigkeit spielte dies aber keine so große Rolle.

Vom Betriebspersonal geschätzt

Auch die bei sämtlichen Einheitslokomotiven geringe Verdampfungswilligkeit des Kessels traf

Vor allem auf den fränkischen Nebenbahnen konnte man in den 70er Jahren die Tenderloks der Baureihe 64 mit ihren typischen Umbaudreiachsern erleben.

die Baureihe 64 wenig. Für ihren Einsatzbereich genügte der Kessel, unter anderem wegen der von Beginn an kleiner dimensionierten Blasrohranlage. Die „Reihe 64 ist sehr leistungsfähig und eine der wirtschaftlichsten Lokomotiven der Reichsbahn", schrieb denn auch Friedrich Fuchs 1935. Dass sich durch ein besseres Verhältnis der Strahlungs- zur Berührungsheizfläche die Energiebilanz der Lokomotive entscheidend verbessern ließ, gehörte selbst Mitte der dreißiger Jahre noch nicht zur loktechnischen Allgemeinbildung. Als die Baureihe 64 entwickelt wurde, standen die Techniker noch am Anfang der Versuche, sodass die Baureihe 64 durchaus

zu den gelungenen Konstruktionen der Wagner-Ära zu rechnen ist.

Beim Betriebspersonal waren die Lokomotiven daher auch sehr beliebt. Stationierungspunkte der 64 fanden sich in allen Ecken Deutschlands. Rund 115 Maschinen standen 1945 auf dem Gebiet der Sowjetischen Besatzungszone, 280 auf den Gleisen der Westzonen. Die Bundesbahn stellte ihre letzten Lokomotiven Ende 1974 ab, die Reichsbahn trennte sich ein Jahr später von ihren robusten Nebenbahnloks. Der Nachwelt blieben mehrere Exemplare der 64 erhalten, teils nur als Denkmallokomotiven, teils aber auch betriebsfähig. ▲

Oben: Ein buntes Erscheinungsbild gab dieser Güterzug ab. Als Zugmaschine kam eine Dampflok der bei Eisenbahnern beliebten Baureihe 78 auf die Strecke.
Rechte Seite: Im Bw geben sich die 78 246 und die 078 192 ein Stelldichein. Während Erstere kalt abgestellt ist, säuseln aus dem Schornstein der Letzteren die leichten Rauchschwaden des Ruhefeuers. An beiden Loks lassen sich deutliche Kalkablagerungen ausmachen.

Quantensprung

Neben der P 8 ist die T 18 der Inbegriff preußischen Lokbaus. Die Stückzahl der Personenzuglok erreichte die Tenderlok allerdings nicht.

Am 6. Juli 1909 eröffneten die preußischen und schwedischen Staatsbahnen den Eisenbahn-Fährverkehr zwischen Sassnitz und Trelleborg. Auf Rügen bespannten Tenderlokomotiven der Baureihe T 12 die Züge. Damit waren sie aber nicht selten überfordert, sodass häufig mit Vorspann gefahren werden musste — ein wirtschaftlich sinnloses Vorgehen. Versuchsweise schickten die preußischen Staatsbahnen daher die T 10 nach Rügen, doch auch sie kapitulierte vor den Zugmassen. Somit brauchten die Staatsbahnen eine leistungsfähigere Tenderlok, welche die Rampen der Insel problemlos erklimmen und zudem die Wagen auf das Deck des Fährschiffes rangieren konnte.

In jenen Tagen ging in Preußen eine Ära zu Ende. Robert Garbe, bekannt für seine äußerst sparsam ausgeführten Konstruktionen, stand vor dem Ende seiner Amtszeit. Sein Nachfolger, Hinrich Lübken, wirkte bereits an den neuen Entwicklungen federführend mit. Er überzeugte die Vertreter des Ministeriums der öffentlichen Arbeiten, dass Sparsamkeit zwar eine Tugend ist, der Großzügigkeit aber oftmals die Zukunft gehört. Unter seiner Ägide entstanden Lokomotiven, die nicht nur

die Verkehrsbedürfnisse der kommenden Jahre, sondern kommender Generationen befriedigten. Entwicklungsgeschichtlich war die neue Rügen-Lok, die T 18, denn auch ein Quantensprung. Das zeigte sich schon äußerlich, wirkte sie doch sehr mächtig, kraftvoll, während man den früheren preußischen Tenderlokomotiven die sparsame Konzeption durchaus ansah. Das wohl ausgebildete 2'C2'-Fahrwerk verlieh der Maschine eine solide Laufkultur, die Kohle- und Wasserbehälter belasteten vornehmlich die Drehgestelle, sodass trotz abnehmender Vorräte das Reibungsgewicht in etwa konstant blieb. Der Kessel ähnelte dem für die G 8 verwendeten, tauschbar waren beide Kessel aber nicht.

Solide Preußen

1912 stand das erste von Vulcan gefertigte Baumuster bereit. Die „Stettin 8401" wies noch eine Reihe Kinderkrankheiten auf, beispielsweise zu große unausgeglichene hin- und hergehende Massen. Doch die ab 1914 gelieferten Serienlokomotiven überzeugten derart, dass sie statt für

90 für 100 km/h Höchstgeschwindigkeit zugelassen wurden. Mit dem Aus für die Länderbahnen endete denn auch die Beschaffung der T 18 noch lange nicht. Bis 1927 erhielten die preußischen Staatsbahnen und die Deutsche Reichsbahn zusammen 460 Lokomotiven. Die Königlich Württembergischen Staatsbahnen orderten 20 Maschinen, die ebenfalls die Bezeichnung T 18 führten. Des Weiteren fertigte die Industrie jeweils 27 Lokomotiven für die Reichseisenbahnen Elsass-Lothringen und die Eisenbahnen des Saargebietes. Neben den somit 534 Staatsbahn-T-18 kamen zwei in private Hände, da sich auch die Eutin-Lübecker Eisenbahn von den Vorzügen der soliden Konstruktion überzeugen ließ. Acht Maschinen traten die Reise in den Nahen Osten zur Bagdadbahn an.

Die Staatsbahner hielten ihrer Heimat größtenteils bis 1945 die Treue. Nur wenige Lokomotiven gelangten in nichtpreußische Direktionen wie Augsburg, München und Schwerin. 387 von ihnen standen 1945 auf dem Gebiet der späteren Bundesrepublik, 53 verblieben in der Sowjetischen Zone. Das wiederum abgetrennte Saarge-

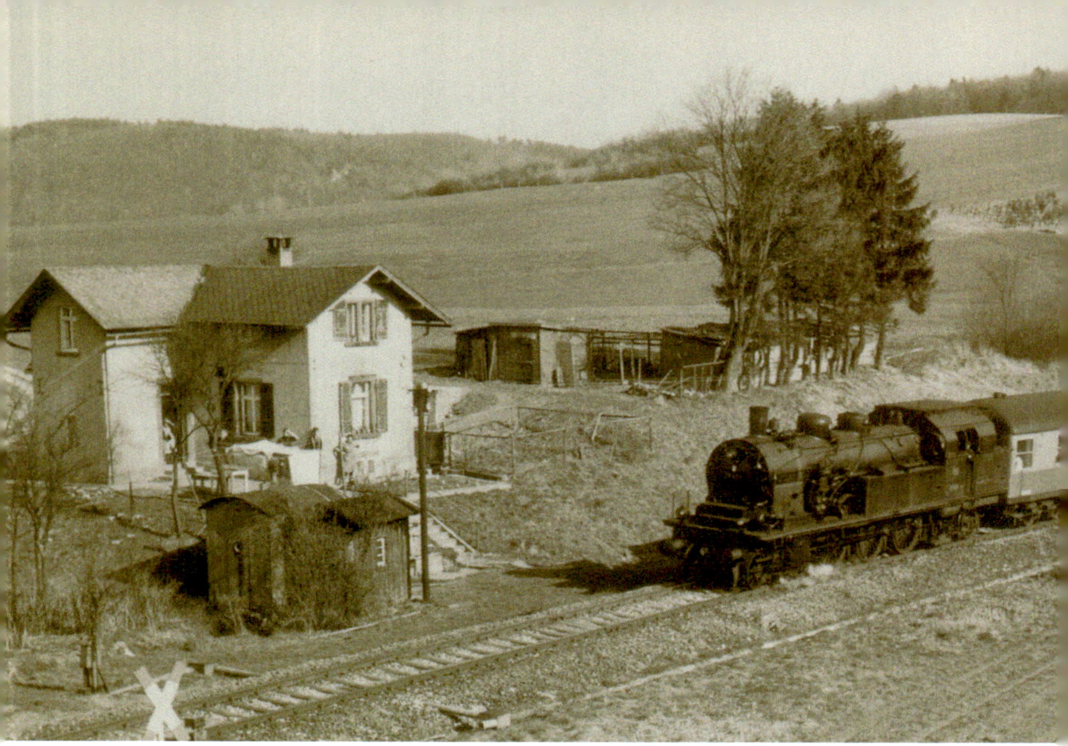

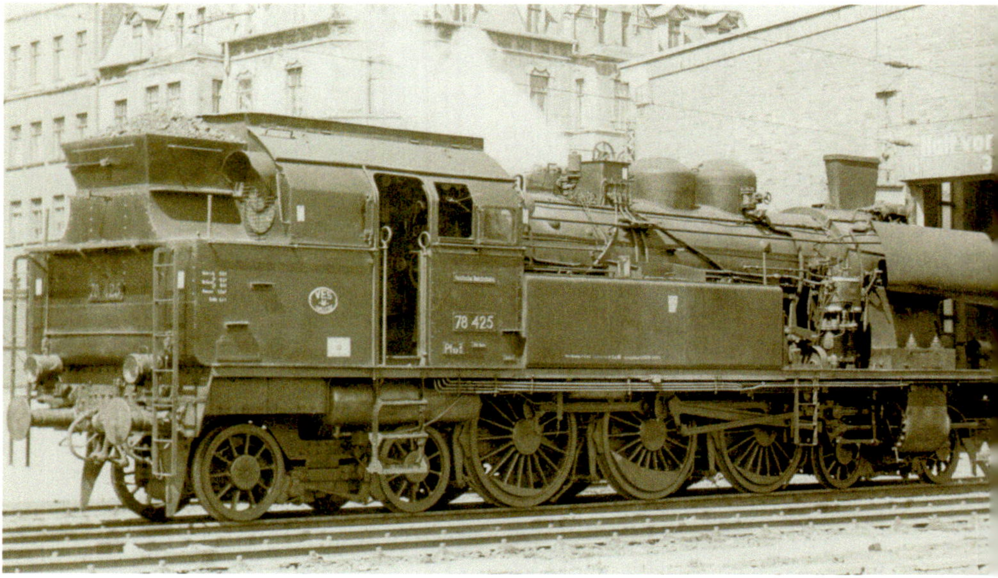
78 425

biet zählte 34 Lokomotiven. Auch die Bundesbahn stationierte ihre Fahrzeuge der Baureihe 78 vornehmlich in einstmals preußischen Bahnbetriebswerken. Eine Minderheit arbeitete in Bayern, Baden und Württemberg. Welcher Beliebtheit sich die Maschinen erfreuten, lässt sich leicht der Beheimatungsstatistik entnehmen, trat doch keine Direktion ihre T 18 gern ab, deren Laufleistungen auch nach langer Einsatzzeit zu überzeugen vermochten. In mindestens 124 Lokomotiven – die genaue Zahl ist unbekannt – installierte die Bundesbahn eine indirekte Wendezugsteuerung. Der Lokführer gab vom Steuerwagen aus dem Heizer den Befehl, den Regler zu öffnen oder zu schließen. Löste der Lokführer die Bremse aus, schloss der Regler selbsttätig. Der Heizer musste die Prüfung zum Reservelokführer bestanden haben. Nicht zur Baureihe 78 gehörten zwei 2'C2'-Tenderlokomotiven mit den Bezeichnungen 78 1001 und 1002. Bei diesen handelte es sich um P 8, die zu Tenderlokomotiven umgebaut wurden.

Anfang der sechziger Jahre begann der Stern der T 18 zu sinken. Die Bundesbahn ließ Ausbesserungen in immer geringerem Umfang zu. Dennoch dauerte es bis zum 31. Dezember 1974, ehe die letzte 78 auf das Abstellgleis rollte.

Schneller verschwand die T 18 im östlichen Teilstaat, in dem die Lokomotiven einige Modernisierungen wie den Einbau von Trofimoff-Schiebern erfuhren. Die Ausmusterungen begannen zwar erst Ende der sechziger Jahre Dank der deutlich geringeren Zahl Maschinen konnte sich die Reichsbahn aber schneller von den alten Preußinnen trennen. Schon am 31. Januar 1972 trat die 78 110 als letzte ihrer Gattung in den Ruhestand. Insgesamt blieben sieben Exemplare der T 18 erhalten, die nicht wenige Kenner zum kleinen Kreis der besten deutschen Dampfloks rechnen.

Oben: Heute gibt es an dieser Stelle eine Fußgängerunterführung. Zu Dampflokzeiten mussten die Passanten vor dem Bahnübergang an der Ausfahrt Marktoberdorf noch warten, wenn eine 86 vorbeischnaufte.

Rechte Seite: Dieses Motiv ist mit heutigen Zügen nicht mehr machbar. Die Strecke Kempten – Isny wurde wie viele Nebenbahnen stillgelegt. Im März 1957 gab es aber noch reichlich Güterverkehr auf der Strecke. Hier zieht die 86 257 in Doppeltraktion mit einer Schwesterlok einen Güterzug.

Unverzichtbar

Nicht weniger als 776 Exemplare entstanden von der Baureihe 86. Wegen des unzulänglichen Fahrwerks gehörte sie zu den umstrittenen Konstruktionen. Der Betriebsdienst konnte trotzdem erst spät auf sie verzichten.

Als die Reichsbahn an die Umsetzung des Einheitslokgedankens ging, kümmerte sie sich anfangs vornehmlich um die Maschinen für Strecken mit gutem Oberbau. Die Nebenbahnen, die meist nur 15 Tonnen Achslast vertrugen, wurden vernachlässigt. Anfang der zwanziger Jahre glaubte man nämlich, das Problem relativ schnell durch den Umbau der Strecken lösen zu können. Die finanzielle Misere der Reichsbahn verhinderte jedoch eine Umsetzung des ehrgeizigen Vorhabens.

Für die im Typenprogramm vorgesehenen Nebenbahnmaschinen mit 15 Tonnen Achslast standen mit den ELNA-Loks erprobte Gattungen bereit. Die von der Reichsbahn gewünschten Leistungen erbrachten sie aber nicht. Daher beschloss der Lokausschuss im März 1925, Entwürfe für eine 1'C1'-Tenderlok, eine 1'C-Schlepptenderlok und eine 1'D1'-Tenderlok einzuholen. Großen Wert legte man auf die Tauschbarkeit möglichst vieler Bauteile. Wie eng die Baureihe 86 schließlich vor allem mit der Baureihe 64 verwandt war, beweist folgender Sachverhalt: Von insgesamt 480 Zeichnungen wurden nur 220 eigens für die 86 gefertigt, während die übrigen von der 64 übernommen werden konnten.

Das symmetrisch ausgebildete Fahrwerk hätte der 86 beim Einbau von Krauss-Helmholtz-Lenkgestellen auch im hohen Geschwindigkeitsbereich eine gute Laufkultur verleihen können. Leider setzte die Reichsbahn, wie auch bei der 64, anfangs auf die weniger geeigneten Bisselachsen. Erst in den 86 293 bis 296 erprobte sie das für seine Spurführung gerühmte Lenkgestell, um es dann ab Maschine 336 grundsätzlich einzubauen. Zuvor hatten Versuchsfahrten die vom Betriebsdienst gemeldeten schlechten Laufeigenschaften bestätigt. Vereinzelt waren Lokomotiven in Bögen mit für Nebenbahnen typischer schlechter Gleislage sogar entgleist.

Konstruktionsmängel

Kann man die Laufwerksprobleme noch als Kinderkrankheiten einstufen? Wohl kaum. Die Entscheidung für das Bisselgestell bei der D-Kupplerin gehört zu den schwerwiegendsten Fehlern bei der Entwicklung der Einheitslokomotiven. Wenn von 776 Lokomotiven rund ein Drittel ein ungeeignetes Fahrwerk aufweist, muss man von einer gewaltigen Fehlentscheidung sprechen. Auch das Krauss-Helmholtz-Gestell konnte die durch den langen Kuppelachsstand hervorgerufenen Probleme nur in Maßen ausgleichen. Zeitlebens blieb die Baureihe 86 daher entgleisungsgefährdet. Den Oberbau belasteten die Lokomotiven stark, zum einen durch die starke Abnutzung der Gleise, zum anderen durch geringfügige Spurerweiterungen. Dass dies vielen ohnehin stilllegungsgefährdeten Strecken nicht gut bekam, lag auf der Hand. Ein Teil der Probleme war zweifellos auf eine Überforderung der Maschinen zurückzuführen, die mitunter als Ersatz der Baureihen 78 oder 98, mitunter auch im Verschiebedienst eingesetzt wurden.

Kaum Probleme warfen dagegen die übrigen Komponenten auf. Der Kessel erwies sich als sehr verdampfungsfreudig, ohne durch besonders gute Werte aus dem Rahmen zu fallen. Die Schwierigkeiten, die mit den großen Schnell- und Güterzugmaschinen bestanden, traten schon deswegen nicht auf, weil für die geforderten Leistungen ein kleinerer Kessel vollends genügte. Dass der Einbau einer Verbrennungskammer

Oben: Am 28. Oktober 1991 gelang dieses Foto mit der 86 1049 und ihrem P 19761 in der Ausfahrt Grünhainichingen-Borstendorf.

Unten: Einen Güterzug befördern mit vereinten Kräften die ÖBB-86.751 und eine 52 auf ihrer Fahrt durch das Gesäuse.

Rechte Seite oben: Porträt einer 86 in Crottendorf (Juni 1986).

Seite 98/99: Auf der längst stillgelegten Nebenbahn von Nürnberg nach Unternbibert-Rügland beschleunigt die 086 457 einen aus vierachsigen Umbauwagen gebildeten Nahverkehrszug (5. Juli 1971).

die Wirtschaftlichkeit erhöht hätte, steht auf einem anderen Blatt. Sichere wissenschaftliche Erkenntnisse zu diesem Thema standen nicht zur Verfügung, als die 86 konstruiert wurde. Gleiches gilt für die Gestaltung der Saugzuganlage. Die Erkenntnis, dass der große Querschnitt des Blasrohres die Wirtschaftlichkeit mindert, ist jüngeren Datums als die Baureihe 86. Das Triebwerk war sorgfältig ausgebildet. Mit einem kleineren Kuppelraddurchmesser wären die Lokomotiven im Mittelgebirge zwar wirtschaftlicher gefahren, hätten aber nicht die für den Einsatz auf Hauptstrecken nötige Höchstgeschwindigkeit erreicht.

Welchen Rang die Baureihe 86 im Betrieb einnahm, belegt die Tatsache, dass sie nach Beginn des Zweiten Weltkrieges weitergebaut wurde. Die Reichsbahn stornierte zwar einige Bestellungen. Trotzdem galt die 86 als kriegswichtig, erfuhr sogar die üblichen Vereinfachungen.

386 Exemplare gelangten zur Bundesbahn, 173 zur Reichsbahn. Bei der Bundesbahn begann ihr Stern erst mit der Indienststellung der Baureihe V 160 langsam zu sinken. Nun konnte die V 100 ihrem Auftrag nachkommen, die Nebenbahnlokomotiven der Baureihen 64 und 86 abzulösen. Mitte der sechziger Jahre ging der Bestand der Baureihe 86 daher stark zurück. Dennoch dauerte es bis zum 18. Mai 1974, ehe die Bundesbahn auf die 86 ganz verzichten konnte.

13 Jahre länger hielt sich die 86 bei der Deutschen Reichsbahn, ohne rekonstruiert zu werden. Das deutet darauf hin, dass die Maschinen trotz der Fahrwerksprobleme die geforderten Aufgaben bewältigten. Ohnehin ist es einfach, aus der Perspektive der Nachgeborenen Entscheidungen zu kritisieren, die unter dem Diktat leerer Kassen gefällt wurden. Dass das Bisselgestell weniger kostete als das Krauss-Helmholtz-Lenkgestell, steht außer Frage.

Bergkönigin

Die 95 war die letzte, in Deutschland planmäßig eingesetzte Länderbahn-bauart. Einfach gebaut, sparsam und robust, verkörperte sie die Tugenden des preußischen Lokstils.

Lange Jahre meinten die Bahngesellschaften, auf Steilstrecken nur Zahnradlokomotiven einsetzen zu können. Erst gegen Ende des Ersten Weltkrieges wandte man sich der Frage zu, ob nicht auch Reibungslokomotiven die geforderten Leistungen bewältigen können. Entscheidende Verdienste erwarb sich dabei die Halberstadt-Blankenburger Eisenbahn (HBE), die nach erfolgreich verlaufenen Versuchen mit der preußischen T 16.1 bei Borsig 1'E1'-Heißdampf-maschinen der so genannten Tierklasse beschaffte. Der Name resultierte aus der Benennung der Lokomotiven: „Büffel", „Wisent", „Elch" und „Mammut".

Auch die junge Reichsbahn beabsichtigte, den Betrieb auf Steilstrecken zu rationalisieren. Wegen des größeren Einsatzgebietes konnte sie natürlich keine auf die Besonderheiten einer Strecke spezialisierte Lokomotive beschaffen. Ähnlichkeiten der Baureihe 95, ihrer Herkunft wegen auch als preußische T 20 bezeichnet, mit den Tierklasse-Maschinen sind aber unverkenn-

Links oben: Bei Sonneberg war die 95 016 anlässlich einer Profilmessfahrt mit einer Dampf-schneeschleuder unterwegs.
Großes Bild: Winterdampf nördlich von Marktgölitz mit der 95 0004 samt Ng 66483 (4. Januar 1979).
Rechts unten: An einem strahlend blauen Februartag des Jahres 1992 präsentierte sich die 95 1027 mit einem Personenzug in Sonneberg.

bar, zumal Borsig-Chefentwickler August Meister für beide Konstruktionen den Zeichenstift führte. Statt der Bisselgestelle erhielt die 95 vorn und hinten Krauss-Helmholtz-Lenkachsen, die in beide Fahrtrichtungen eine höhere Laufkultur versprachen. Da zudem der Kuppelraddurchmesser mit 1400 Millimetern etwas höher lag, wuchs der Gesamtachsstand gegenüber der Tierklasse um 2,35 auf 11,9 Meter.

Auf dem längeren Rahmen fand natürlich ein leistungsfähigerer Kessel Platz. Da die Rohrheizfläche nur um 8,7, die Feuerbüchsheizfläche dagegen um 25 Prozent stieg, erwies sich die 95 als deutlich verdampfungsfreudiger als die HBE-Lokomotiven. Lediglich die Überhit-

zung ließ zu wünschen übrig, was sich geringfügig negativ auf den Wasser- und Kohleverbrauch auswirkte.

Solider Zwilling

In drei Losen fertigten Borsig und Hanomag insgesamt 45 Lokomotiven. Sie wurden in Arnstadt, Dresden-Friedrichstadt, Freital, Geislingen, Probstzella, Suhl und Weimar stationiert. Ihr Haupteinsatzgebiet waren die Steilstrecken, auf denen sie Züge schleppten, aber auch nachschoben. Daneben spannte die Reichsbahn die Maschinen vor besonders schwere Züge. Leichte Züge unterforderten die 95 dagegen, was sich in außerordentlich hohem

Oben: Am 1. Oktober 1992 gelang diese nette Aufnahme der modellbahnmäßig durch die Lande dampfenden 95 1016 mit dem N 15205 in der Ausfahrt Hp Lippelsdorf.
Seite 102: Mächtig qualmend arbeitete die 95 0004 in der Ausfahrt Unterlognitz vor dem Ng 66483 am 13. Mai 1978.

Oben: Begleitet von einer mächtigen Dampffahne, braust die 95 0014 mit ihrem P 18018 aus dem winterlichen Bahnhof Rauenstein (28. Februar 1979). **Rechte Seite:** Die 95 027 gehört zum Nostalgielokpark der Deutschen Bahn. Anlässlich einer Plandampfveranstaltung durfte sie einen Güterzug durch die traumhaft verschneite Landschaft des Erzgebirges schleppen.

Dampfverbrauch bemerkbar machte. Als Maximalsteigung für den Reibungsbetrieb empfahl Versuchsdezernent Hans Nordmann nach den Probefahrten 70 statt 40 ‰. Nur die auf zwei Strecken spezialisierte bayerische 96 zeigte etwas bessere Leistungen als die 95. Mit ihrem Mallet-Triebwerk war sie aber sehr pflegebedürftig, während die als solider Zwilling gebaute 95 die Tugenden der preußischen Lokentwicklung verkörperte. Betriebliche Probleme bereitete lediglich der hohe Spurkranzverschleiß. Eine Zeit lang experimentierte die Reichsbahn mit verschiedenen Schmiervorrichtungen, ehe mit der Bauart Heyder der Durchbruch gelang.

14 Maschinen gelangten nach 1945 zur Deutschen Bundesbahn. Sie gehörten zum Bw Aschaffenburg. Als 1958 die Strecke Nürnberg – Frankfurt unter Strom stand, traten die Lokomotiven in den Ruhestand. Bei der Reichsbahn hielten sie sich gut zwanzig Jahre länger. Die 31 Exemplare – nicht eines war im Krieg verlorengegangen – bedienten die Strecken rund um Sonneberg und fuhren bis zur Elektrifizierung auf der Rübelandbahn. Das Reichsbahnausbesserungswerk Meiningen rüstete ab 1966 24 Lokomotiven auf Ölhauptfeuerung um. Versuche, die 95 durch die 118 abzulösen, scheiterten. Erst die rumänischen Dieselloks der Baureihe 119 machten der T 20 den Garaus. Zum Winterfahrplan 1980/81 konnte die Reichsbahn auf ihre letzte Länderbahnbauart verzichten. ▲

Oben: Einige Maschinen der Baureihe V 100 gelangten zu den Österreichischen Bundesbahnen.
Großes Bild: Die V 100 verdrängte nach und nach die Dampfloks. Wo früher eine 44 schwer arbeitete, brummten nun zwei V 100: Kokszug zum Stahlwerk Maxhütte.
Unten links: Zu den letzten Leistungen Hagener 212 gehörte die Bespannung des KC 62367, den am 2. Juni 2002 die 212 229 und 309 führten.
Unten rechts: Die 212 023 trug bis zuletzt den dunkelroten Lack, der die Diesellokomotiven der fünfziger und sechziger Jahre zierte.

Dampflokkiller

Robustheit und Solidität kennzeichneten die Lokomotiven der fünfziger Jahre. Die V 100 der Bundesbahn machte da keine Ausnahme.

Oben: Zu den Standardlokomotiven auf den Strecken des Bayerischen Waldes gehörte lange Zeit die Baureihe 211. Die Aufnahme zeigt die 211 051 im Mai 1987 vor einer Silberlingsgarnitur bei Triefenried.

Seite 109: Vor der Kulisse der Ruine Trimberg überquert eine V-100-bespannte Regional-Bahn die größte Brücke der Saaletalbahn Gemünden – Bad Kissingen.

Mit der V 200 gelang der Dieseltraktion Anfang der fünfziger Jahre der Durchbruch. Die wohl gelungenen Maschinen überzeugten im Schnell- und Güterzugdienst. Gemäß dem Typenplan wollte die Bundesbahn für die Nebenbahnen eine halbe V 200 beschaffen, eine Streckendiesellok mit nur einem Motor, die nebenbei auch Hauptstrecken befahren und ab und an ein bisschen rangieren sollte. Den Bedarf schätzte die Bundesbahn auf bis zu 700 Exemplare.

Ende 1958 stand die erste von sechs Vorserienmaschinen auf den Gleisen. Ihr Motor leistete 810 Kilowatt. In der V 100 006 arbeitete bereits ein 993 Kilowatt starkes Aggregat. Aus der 1000-PS-Lok — die Bezeichnung V 100 bedeutete PS-Zahl geteilt durch zehn — war eine 1000-Kilowatt-Lok geworden.

Zunächst beschaffte die Bundesbahn nach eingehender Erprobung der Baumuster die schwächere Variante. 1961/62 lieferte der Maschinenbau Kiel und Jung eine 36 Stück umfassende Vorserie. Die Bundesbahn gruppierte sie als V 100 1008 bis 1043 ein und benannte die 810-Kilowatt-Baumuster entsprechend um. Die leistungsstärkere Variante bekam die Bezeichnung V 100.20. Von ihr bestellte die Bundesbahn im Dezember 1962 die ersten 20 Exemplare. Mit gleicher Post ging eine Order über weitere 322 Lokomotiven der Baureihe V 100.10 heraus. Als sei das nicht genug, stockte die Bundes-

bahn die Bestellung über die V 100.20 1962/63 um 360 Maschinen auf. Letzten Endes stellte sie 364 Exemplare der Unterbaureihe V 100.10 in Dienst, von der V 100.20 gar 381. Zehn 993-Kilowatt-Lokomotiven verfügten zusätzlich über eine hydrodynamische Bremse, um sie auf Steilstrecken einsetzen zu können.

Die neuen Lokomotiven wurden in Bahnbetriebswerken im ganzen Land stationiert. Schon die Baumuster erreichten stattliche 70.000 Kilometer störungsfreier Laufleistung. In Versuchsfahrten zeigten sie sich universell einsetzbar. Anfang 1960 schleppte die V 100 007, eine 810-Kilowatt-Lok, einen 1000 Tonnen schweren Kohlezug mühelos von Düren nach Euskirchen. Die V 100 001 zeigte sich dem Schnellzugdienst gewachsen und beschleunigte den D 849/850 zwischen Köln und Kassel um zehn Minuten. Somit konnte die V 100 die leichten Maschinen der Baureihen 50 und 03 verdrängen. Doch auch

leistungsstarken Dampflokomotiven wie der 38.10 oder der 78 zeigte sie sich gewachsen. Vor allem aber mussten die Einheitslokomotiven der Baureihen 64 und 86 daran glauben. Die Bundesbahn hatte eine robuste, solide und leistungsbereite Mehrzweckmaschine gewonnen.

Dampflokführer mit Problemen

Technisch war sie raffiniert einfach aufgebaut. Der im vorderen, längeren Vorbau untergebrachte Traktionsdiesel wirkte auf ein Strömungsgetriebe, das unterhalb des Führerhauses Platz fand. In das Getriebe war die Umschaltung für Vor- und Rückwärtsfahrt integriert. Daher gab es nur wenige Bauteile, die gewartet werden mussten oder dem Verschleiß unterlagen. Der hintere, kürzere Vorbau beheimatete den Kessel für die Dampfheizung, den Speisewasserbehälter und einige Hilfseinrichtungen. An allen Ecken

Oben: Am 17. Juni 2002 schleppte die 212 077 die CB 55692 an Kiefernhof vorbei.

Seite 111 oben: Zum 27. Mai 2000 endeten die Einsätze der Kemptener 212. Zu den hochwertigsten Bespannungen zählt der Containerzug von Wohlfurt, den die Maschinen in Doppeltraktion zwischen Lindau Reutin und Kempten, hier aufgenommen bei Oberstaufen am 12. April 2000, an den Haken nehmen.

Seite 111 unten: Wegen akuten Mangels an Maschinen der Baureihe V 90 kamen im Herbst 2002 die Gießener 212 noch einmal zum Zuge.

gab es Trittbretter und Haltestangen für den Rangierer, sodass die B'B'-Kuppler auch die eine oder andere Übergabe bedienen konnten. Probleme bereiteten die neuen Maschinen nur altgedienten Dampflokführern, die gern aus ihrem fahrbaren Untersatz das Letzte herausholten. Kann man einen Dampfkessel zumindest kurzzeitig überlasten, beispielsweise um Verspätungen aufzuholen oder vor einem Zug knapp jenseits der Lastgrenze eine Steigung zu bewältigen, ist dies mit einer Diesellok prinzipiell nicht möglich. Manch ein Lokführer hielt die neue Maschine deswegen für kurzatmig.

Für den Betriebsdienst genügten die Leistungen beider Bauarten der V 100 allemal. Die schwächere Variante konnte auf 5 ‰ 227 Tonnen Masse mit 80 km/h schleppen. Dank ihrer für eine Diesellokomotive guten Anfahrbeschleunigung gelang es vielfach, die Reisezeiten zu verkürzen. Die Lokführer schätzten die im Vergleich zur V 200 ordentliche Geräuschisolierung des Führerstandes, der eine ausgezeichnete Rundumsicht bot. Das Werkstattpersonal freute sich über die gute Zugänglichkeit der Verschleißteile.

Doch das Bessere ist des Guten Feind. Zwar beschaffte die Bundesbahn keine neue Diesellok für den gesamten Einsatzbereich der V 100. Für den schweren Verschiebedienst stellte sie aber eine zugkräftigere Lok in Dienst, die V 90, die auch vor Übergaben und Nahgüterzügen eine gute Figur machte. Den Reisezugverkehr bewältigte der Dieseltriebzug der Baureihe 628 wirtschaftlicher, konnte er doch im Einmannbetrieb, also ohne Zugführer gefahren werden. Somit ereilte die Diesellok das gleiche Schicksal wie das Dampfross, dessen Betrieb neben dem Lokführer den Heizer erforderte. Mitte der achtziger Jahre begann die Ausmusterung. Die schwächere Variante, seit 1968 als Baureihe 211 eingeordnet, ist inzwischen aus dem Betrieb verschwunden. Von der 212 halten sich noch einige Maschinen im Bestand. Eine Reihe Fahrzeuge gelangte zu Privatbahnen, die sie unter anderem vor Bauzügen einsetzen. ▲

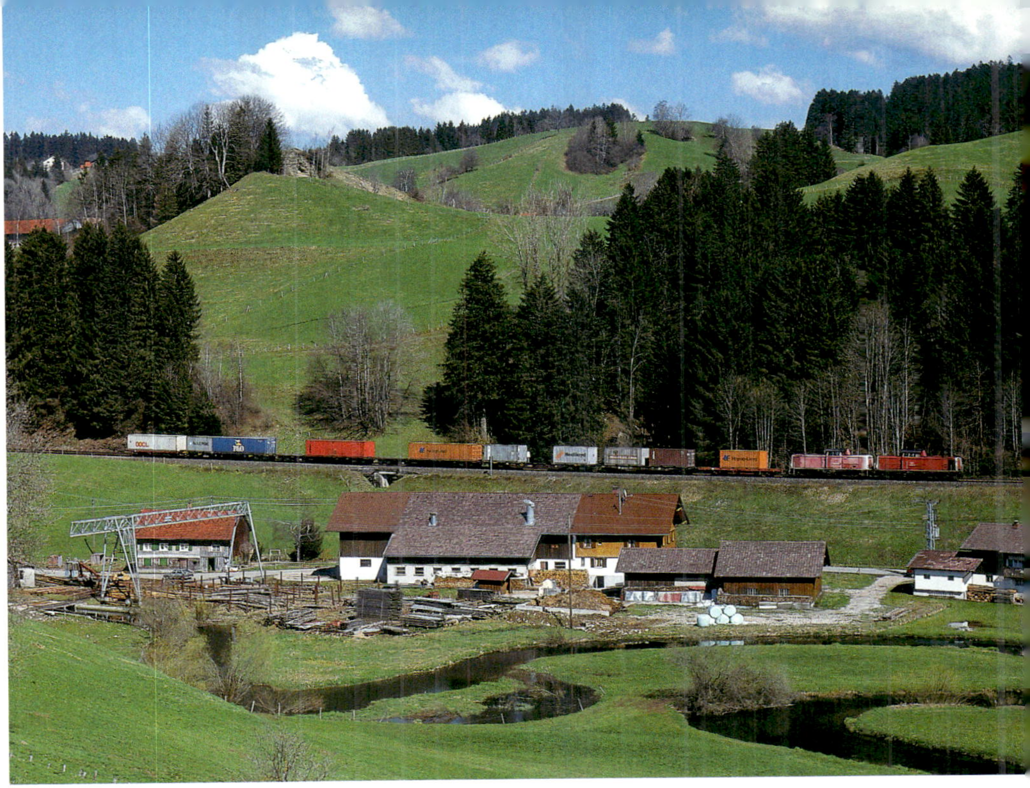

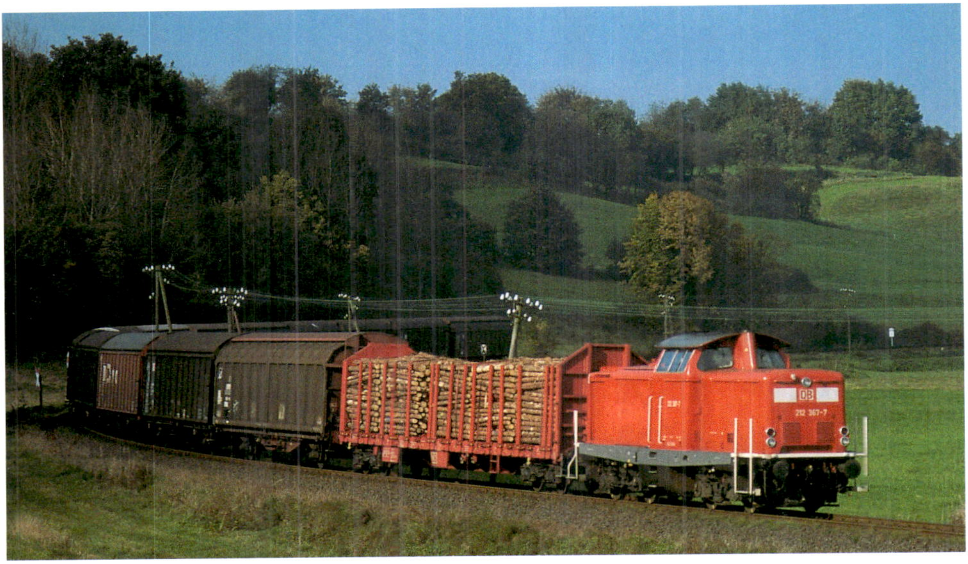

DB
212 367-7

Robuste Mittelklasse

Zur Standardlok auf Neben-, aber auch auf vielen Hauptstrecken entwickelte sich die V 100 der Reichsbahn. Sie entstand in zahlreichen Varianten.

V15, V 60, V 180, V 240 — nur Rangier- und Großdiesellokomotiven wies das erste Beschaffungsprogramm aus, welches das Technische Zentralamt und das Institut für Schienenfahrzeuge Mitte der fünfziger Jahre erarbeitete. Für den mittleren Leistungsbereich sollte die Reichsbahn eine Maschine aus der Sowjetunion importieren. Diese zeigte sich jedoch nicht lieferfähig, weshalb Anfang der sechziger Jahre die Entscheidung fiel, eine eigene 1000-PS-Lok, die V 100, für den leichten Hauptbahn- und Nebenbahndienst zu entwickeln. Daneben sollte die Lokomotive auch Rangieraufgaben übernehmen, wovon der Rangiertritt und die Rangiererhandgriffe Zeugnis ablegen.

Die Fertigung der Baumuster übernahm der Lokomotivbau Babelsberg. Zur Leipziger Frühjahrsmesse 1964 stand die V 100 001, im Folgejahr die V 100 002 bereit. Eine dritte Vorserienlok kam vom Lokomotivbau Hennigsdorf (LEW), der dann die V 100 auch in Serie baute. Diese sollte eine Vielzahl noch aus Länderbahntagen stammende Dampflokomotiven ablösen, darunter die preußischen G 8, P 8 und T 18 oder die sächsischen XII H2 und XIV HT. Doch auch die Einheitslok der Baureihe 24 stand auf der Ausmusterungsliste. Willkommen aber nicht

Im Sommer 1987 bespannte die 202 302 einen RE auf der Strecke Greiz – Döhlau.

Oben: Bei Zwickau leistete die 110 833 der 50 3671 vor einem stattlichen Güterzug Vorspann.
Mitte: In Döhlau überholt der von der 202 531 bespannte RE von Gera nach Weischlitz eine CargoBedienfahrt mit der 298 150.
Seite 115: Vor dem eleganten Empfangsgebäude von Vacha machte am 2. Mai 1997 die 202 291 mit einer RegionalBahn Station.

geplant war, dass die V 100 auch der Einheitslok der Baureihe 86 sowie der Reichsbahn-Neubaulok der Baureihe 83.10 den Garaus machte. Selbstverständlich legte die Reichsbahn großen Wert auf die Übernahme möglichst vieler Bauteile, die schon in der V 60, der V 180 und im parallel zur V 100 entwickelten Triebzug der Baureihe SVT 18.16 arbeiteten. Alle Fahrzeuge trieb beispielsweise der 12 KVD des Motorenwerkes Berlin-Johannisthal an, der 20 Jahre später sogar in die „U-Boote" der Baureihe 119 eingebaute Standarddieselmotor für DDR-Lokomotiven. Das in der V 100 installierte Strömungsgetriebe entsprach dem in der V 180.1–2 verwendeten Aggregat. Auf diese Weise konnte

die Reichsbahn die Instandhaltung rationeller gestalten.

Hohe Stückzahl

Daneben schrieb die Reichsbahn die Achsfolge B'B', zwei Gänge mit 65 und 100 km/h Höchstgeschwindigkeit sowie maximal 16 Tonnen Achslast vor. Letzteres konnte LEW erst mit der zweiten Serie umsetzen, als zum einen der kaum genutzte Rangiergang, zum anderen der Fischbauch des Längsträgers entfiel. Die von der Reichsbahn erhoffte Radsatzlast von 15 Tonnen erreichte die V-100-Familie nie.
Anfang 1967 lieferte LEW die ersten Serienlokomotiven. Insgesamt sollte LEW, zumindest nach dem im No-

vember 1966 geschlossenen Vertrag, 205 Fahrzeuge herstellen. Als im März 1978 die Fertigung auslief, waren nicht weniger als 867 Exemplare entstanden. Daneben baute LEW Ausführungen für den Export nach China (V 100.2–3), für Industriebahnen (V 100.4) sowie für den Grabenräumungsdienst (V 100.5, teils in die CSSR exportiert). Insgesamt entstanden in Hennigsdorf mehr als 1150 Fahrzeuge des Universaltyps.

1972 erprobte die Reichsbahn in der 110 457 eine auf 900 statt 736 Kilowatt eingestellte Antriebsanlage. Im gleichen Jahr lieferte LEW zwei Neubauloks mit ebenfalls 900 Kilowatt Leistung. Obwohl sich die 900-Kilowatt-Aggregate bewährten, blieb es vorerst bei den drei Probemaschinen. LEW installierte sogar bis zum Schluss der Fertigung die 736-Kilowatt-Motoren.

Nachdem 1977 eine weitere Lokomotive den 900-Kilowatt-Test erfolgreich absolviert hatte,

begann das Ausbesserungswerk Stendal 1979 mit dem planmäßigen Umbau der 110 zur 112, so die neue Baureihennummer. Bis 1998 erhielten 531 Maschinen, zuletzt als Baureihe 202 bezeichnet, die stärkeren Bauteile. Eine von ihnen, die 202 353, stand nach dem Umbau exakt 29 Tage im Einsatz. Dann verfügte die DB ihre Ausmusterung.

Höhepunkt und Niedergang

900 Kilowatt Leistung genügten der Reichsbahn aber immer noch nicht. Schon bevor der planmäßige Umbau begann, hatte sie ab 1978 in der 110 203 eine auf 1050 Kilowatt eingestellte Anlage erfolgreich erprobt. 1981 erhielt die zwischenzeitlich zur 112 203 umgezeichnete Lok gar 1100-Kilowatt-Aggregate. Im Folgejahr zog die 112 358 nach. Gegenüber der Serienausführung war die Motorleistung somit um rund

Oben: In Doppeltraktion bespannen die 202 144 und 135 den Güterzug von Pirna nach Neustadt.
Links: Einfahrt in den Bahnhof Mehlteuer erhält die RegionalBahn aus Gera mit der 202 525.
Unten: Die 202 820 und 774 vor der CB Saalfeld – Lobenstein auf dem Saaleviadukt bei Ziegenrück.

50 Prozent gestiegen. Am Zughaken wirkte sich dies aber nur teilweise aus, da das Strömungsgetriebe eine Eingangsleistung von 1050 Kilowatt aufwies. Somit waren die 1100-Kilowatt-Lokomotiven der Baureihe 114 — ihre Zahl betrug 65 — im Grunde genommen 1050-Kilowatt-Maschinen.

Zu DDR-Zeiten waren die robusten und alles in allem pflegeleichten Maschinen aus dem leichten Hauptbahn- und Nebenbahndienst kaum wegzudenken. Ein kurioses Erlebnis anno 1990 belegt, mit welch einfachen Mitteln die Maschinen instand zu halten waren. In Sperenberg schaltete sich der Motor dreimal kurz nach dem Starten wieder ab. Der Lokführer stieg aus, öffnete eine der Vorbautüren, wischte mit einem Putzlappen im Inneren herum und riskierte einen neuen Start. Bis Jüterbog machte der Motor keine Zicken mehr. Zur V-100-Familie hätte demzufolge der schon anderweitig vergebene Name „Schienentrabi" gepasst.

Wie die Rennpappe verschwand sie nach der deutschen Vereinigung langsam von der Bildfläche. In erster Linie lag dies am starken Rückgang des Personenverkehrs durch die wachsende Motorisierung und durch den gezielten Abbau von Kapazitäten seitens der Reichsbahn. „Es gibt kaum einen erbärmlicheren Anblick, als

eine 202, die mit hohem ingenieurtechnischen Aufwand auf 900 kW Leistung gebracht wurde, mit einem leeren Bom-Wagen über eine verwahrloste Strecke zuckeln zu sehen", resümierte der bekannte Fachautor Manfred Weisbrod. Vor allem in Sachsen, dessen dichtes Streckennetz einst beispielhaft war, wurden zahllose Schienenstränge kurzerhand stillgelegt. Des Weiteren verdrängten moderne Dieseltriebwagen die altgedienten Lokomotiven. Im Güterverkehr fand die V 100 kein neues Aufkommen. Die Stammmutter der Familie, die Baureihe 201, und die Baureihe 202 sind bereits aus dem Bestand verschwunden. Einige wenige 204 arbeiten noch bei DB Cargo. Ihre Ausmusterung steht aber bevor.

Trotzdem verlässt die Lokfamilie noch lange nicht die deutschen Gleise. Zum einen bieten Alstom und die Deutsche Bahn, die seit Juli 2002 das Werk Stendal gemeinsam betreiben, Lokomotiven der Baureihe 202 unter der Bezeichnung 203 zur Miete an. Zum anderen hat sich auch eine Reihe Privatbahnen, beispielsweise die Augsburger Lokalbahn, in den vergangenen Jahren Maschinen der Lokfamilie gesichert. Vielfach wurden sie modernisiert und in bunten Farben gespritzt. Mit gut vierzig Jahren muss ein Lokleben noch lange nicht vorüber sein. ▲

Oben: Porträt der V 160 071 vor einem Eilzug.
Großes Bild: Um die Wagen beheizen zu können, bespannte die DB die InterRegio auf der Allgäubahn in Doppeltraktion.
Rechts: Sandwichgarnitur mit zwei 218 im Allgäu.
Rechte Seite unten: Schneeanhaftungen im Drehgestell einer 218.

Standarddiesel

Eine Reihe Varianten entstand im Laufe der Jahre von der V 160, der ersten einmotorigen Mittelklassediesellok der Bundesbahn. Die Vertreter der V-160-Familie begleiteten den Übergang von der Dampfheizung zur elektrischen Zugheizung.

Oben: Die neun, mit rundlicheren Stirnseiten gelieferten Vorserienmaschinen der V 160 hießen unter Eisenbahnfreunden in Anspielung auf eine Schauspielerin „Lollo".

Seite 121: Am 8. Februar 1969 brachte die 216 222 einen Wintersportzug nach Winterberg.

In den fünfziger Jahren waren die bahntauglichen Dieselmotoren so weit ausgereift, dass in Lokomotiven der Leistungsklasse 1400 Kilowatt nur ein Motor zu arbeiten brauchte. Folglich dachte die Bundesbahn an den Ersatz der Länderbahndampflokomotiven P 8, G 8 und G 10 sowie der Einheitsmaschinen der Baureihe 50 durch eine einmotorige Nebenbahnlok mit maximal 18,5 Tonnen Achslast. Auf Strecken mit dafür ungeeignetem Oberbau sollten die Maschinen mit verringerten Vorräten fahren. 1956 erhielt Krupp den Auftrag zur Entwicklung der als V 160 bezeichneten Lok.

Dank konsequenten Leichtbaus gelang es, bei den zehn Vorserienlokomotiven das Gewichtslimit einzuhal-

ten. Die Konstruktion war solide und einfach. Als Fahrdiesel standen zwei 16-Zylinder-Viertaktmotoren mit gleichen Anschlussmaßen zur Verfügung. Sie wirkten auf das hydrodynamische Getriebe mit zwei Wandlern und Flüssigkeitskupplung. Somit konnte der Lokführer zwischen einem Langsam- und einem Schnellfahrgang wählen. Über Gelenkwellen gelangte das Drehmoment zu den beiden Achsen der tief angelenkten Drehgestelle. Der Lokkasten und Rahmen entstanden im Stahlleichtbau. Die Aggregate in den Maschinenräumen konnten durch abnehmbare Dachklappen getauscht werden.

Bei den Serienmaschinen kam die Bundesbahn vom Leichtbau teilwei-

se ab. Die von Krupp vorgeschlagene Konstruktion war schlichtweg zu teuer. Deshalb durften die 214 bis 1969 gelieferten Lokomotiven auch eine Achslast von 20 Tonnen aufweisen; das schränkte allerdings das Einsatzspektrum ein. Für die Zugheizung verfügten sie über einen Dampferzeuger.

Zwei Provisorien

Die Dampfheizung sollte aber schnellstens von der elektrischen Heizung abgelöst werden. Internationale Vereinbarungen sahen dafür einen Termin Anfang der siebziger Jahre vor. Bahnfeste Dieselmotoren, die neben der Traktionsleistung auch die Antriebsleistung für den Generator erbringen konnten, standen aber nicht zur Verfügung. Deswegen musste die Bundesbahn wohl oder übel erneut eine zweimotorige Lokomotive beschaffen, wollte sie Reisezüge elek-

trisch beheizen. Die V 162, ab 1968 als 217 bezeichnet, erhielt neben dem Traktionsdiesel einen Hilfsdiesel, der den Generator antrieb. In der warmen Jahreszeit sollte die Leistung des Hilfsdiesels zur Traktion herangezogen werden. Zwischen 1965 und 1968 stellte die Bundesbahn 15 Maschinen in Dienst. Eine weitere Beschaffung erübrigte sich, da die Motorentechnik inzwischen weit genug vorangeschritten war, um den Hilfsdiesel überflüssig zu machen.

Bevor mit der Baureihe 218 die erste vollwertige Mittelklassediesellok mit nur einem Motor in die Bahnbetriebswerke rollte, orderte die Bundesbahn ein weiteres Provisorium, die Baureihe 215. Bei dieser handelte es sich um eine Mischung aus 216 — so die Bezeichnung der V 160 — und 218. Der Dieselmotor wies zwar eine deutlich höhere Leistung auf als in der 216. Der Lokkasten erreichte mit 16,4 Metern die Länge der 218. Statt der elektrischen Heizung spende-

Oben: Historisch ist diese Aufnahme mit dem Viadukt in Willingen. Als der ozeanblau/beige lackierte D 2338 mit einer 216 am 25. Oktober 1987 über die Brücke rumpelte, war von der Stilllegung des Abschnitts keine Rede.

Unten rechts: Die mit der 216 188 vom Betriebshof Gießen bespannte CargoBedienfahrt 58507 erreicht Dernbach.

te aber wiederum ein Dampfkessel Wärme. Konzeptionell war die Baureihe 215 zwar auf eine Umrüstung der Heizeinrichtung vorbereitet. Aus Kostengründen verzichtete die Bundesbahn aber darauf. Als erstes Mitglied der V-160-Familie erhielt die 215 die hydrodynamische Bremse. 1969 rollten die ersten zehn Maschinen aus den Hallen von Krupp. Nach eingehender Erprobung bestellte man 130 Lokomotiven, die mehr oder minder parallel zur Baureihe 218 geliefert wurden.

Deren zwölf Baumuster mussten sich ab 1968/69 den kritischen Blicken der Versuchsingenieure stellen. Die Motorleistung war auf 1840 Kilowatt gesteigert worden. Doch

dabei blieb es nicht. Während der Serienlieferung, die 399 Exemplare umfasste, gelang es zweimal, den Traktionsdiesel zu verbessern, sodass es von der 218 Varianten mit 2000 und sogar 2060 Kilowatt Motorleistung gibt. Mit elektrischer Heizung ausgestattet, waren die Maschinen freizügig im Reisezugverkehr einzusetzen, schleppten vom hochwertigen Intercity bis hin zum nur mit einer Nummer bezeichneten Nahverkehrszug alles. Mit der 218 499 beendete die Bundesbahn am 21. Juni 1979 das Beschaffungsprogramm von Diesellokomotiven. Erst dieser Tage denkt die Bahn wieder an die Modernisierung ihres Dieselfahrzeugparks.

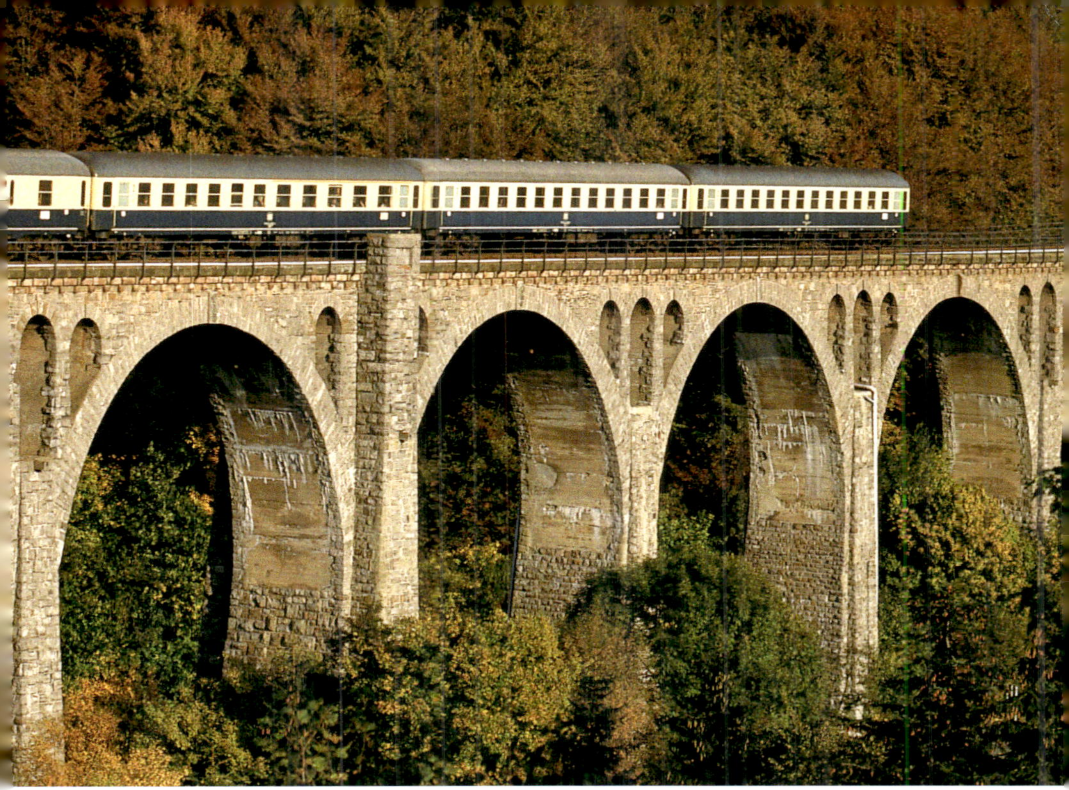

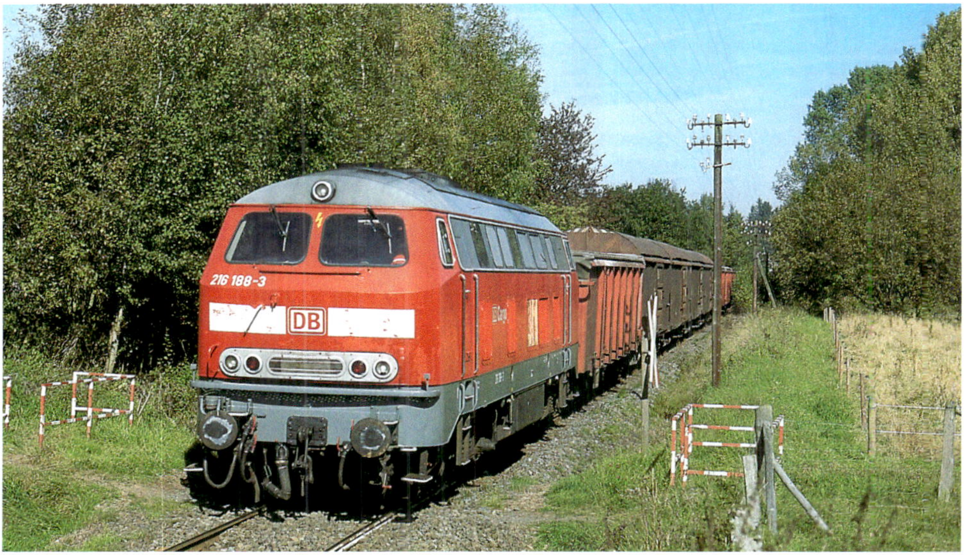
216 188-3
DB

Oben: Die 218 416 und 418 erhielten den bunten Lack des Touristikzuges.
Mitte: Landwirtschaftliches Gerät schleppte die 215 067 am 26. Mai 1989 bei Lauda.
Unten: Messfahrt mit der 210 002 auf der Strecke Münster – Rheine am 6. Februar 1971.
Seite 125 oben: Bei Hartmannshof entstand die Aufnahme der Übergabe von Amberg nach Nürnberg mit der 217 016.
Seite 125 unten: Eben verlässt diese 218 den Bahnhof Haldensleben samt der RB 36791 (Mai 2002).

Auch nach rund 40 Jahren Einsatzzeit sind sämtliche Baureihen noch im Betriebsdienst anzutreffen, wenn auch nicht unbedingt in dem Bereich, für den sie einst beschafft wurden. Die 218 schleppt heute vorzugsweise Nahverkehrszüge. Die 215, die heute in Diensten der Güterbahn steht, taucht in den Büchern gleich doppelt auf. Bei einigen Maschinen entfernte DB Cargo die Dampfheizung und bezeichnete die Lokomotiven fortan als Baureihe 225. Nicht mehr im Plandienst fährt die Baureihe 216. Sie hat an der Neubaustrecke Köln — Frankfurt am Main eine wichtige Aufgabe übernommen. Mit Scharfenberg-Kupplung ausgerüstet, schleppt sie liegen gebliebene InterCityExpress in den nächsten Bahnhof. Rund um Mühldorf gehört die 217 noch zu den Leistungsträgern im Güterzugdienst. Die in den Versuchsdienst abgewanderte 217 001, nunmehr als 753 001 bezeichnet, zeigt sich seit kurzem in einem besonderen Kleid. Aus unbekanntem Grunde erhielt sie im Ausbesserungswerk keinen verkehrsroten Lack, sondern einen Anstrich in den TEE-Farben Bordeauxrot und Beige. ▲

Oben: Fast fabrikneu wartet die V 200 027 vor einem Eilzug auf den Abfahrtsauftrag. Im Hintergrund steht eine etwa gleichaltrige V 60. Das Hinweisschild im Vordergrund stammt sicher nicht aus der Eisenbahnepoche III.

Seite 127: Hp 2, also Langsamfahrt, ordnet das zweiflügelige Formsignal in Rottweil dem Güterzug an, den die 221 127 bespannt. Die großen Ölflecken auf der unteren Seitenwand der Lok werfen Fragen nach dem Umweltschutz auf.

Aus eins mach zwei. Nach dieser Devise entwickelten die Lokkonstrukteure in den fünfziger Jahren die erste für den schweren Hauptbahndienst geeignete Diesellokomotive der Bundesbahn. 1952 war die Baureihe V 80 erschienen. In ihr wirkte ein 590-Kilowatt- oder 800-PS-Dieselmotor. Diesen konnte die Industrie für 1000 PS ertüchtigen. Eine zweimotorige Lokomotive wies demzufolge 2000 PS Maschinenleistung auf.

Rechtzeitig zur Internationalen Verkehrsausstellung 1953 in München stand das erste Baumuster der von Krauss-Maffei konstruierten V 200 bereit. Es bestach durch eine Reihe Entwicklungen, die man bis dahin vor allem aus dem Triebwagenbau kannte. So bewegten sich die Drehgestelle statt um einen Drehzapfen um einen ideellen Punkt. Die Aufbauten entstanden im konsequenten Leichtbau, sodass beispielsweise

die Langträger vollkommen entfielen und die nur 1,5 Millimeter starken Seitenwandbleche tragende Funktionen übernahmen. Neben dem Motor und dem Strömungsgetriebe waren auch die Achsgetriebe von in der V 80 erprobten Bauteilen abgeleitet. Sogar der äußerst spartanisch wirkende Führertisch erinnerte an die kleine Nebenbahnlok. Die Fachleute rieben sich die Augen: Konnte dies funktionieren?

Schon die Probefahrten zeigten, dass die Konstruktion sehr wohl ausgereift war. Die V 200 erwies sich als leistungsstark und robust, brauchte deswegen die Konkurrenz einer vom Maschinenbau Kiel und Klöckner-Humboldt-Deutz entwickelten Großdiesellok mit der Fabriknummer 2000 001 nicht zu fürchten. Als einziges Manko stellte sich die Platzierung der Antriebsaggregate heraus. Die beiden Dieselmotoren waren hinter den Endführerständen un-

Markantes V

Mit der ersten Mittelklassediesellok gelang der Bundesbahn
ein großer Wurf. Ihre Entwickler beschritten vielfach Neuland.

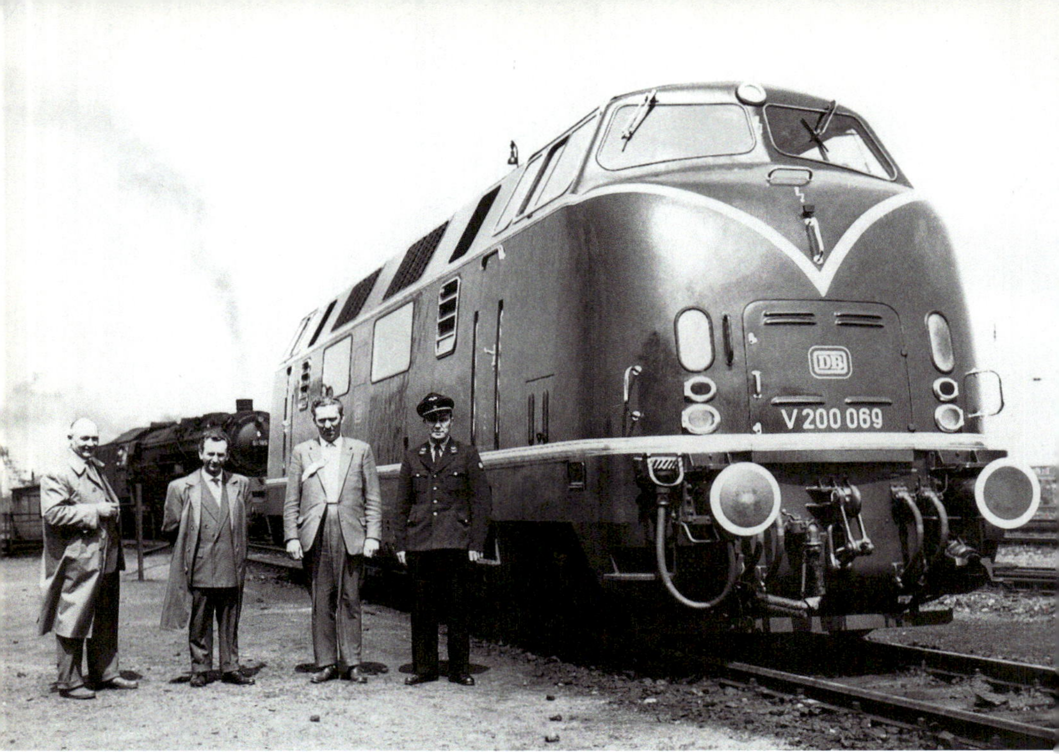

DB
V 200 069

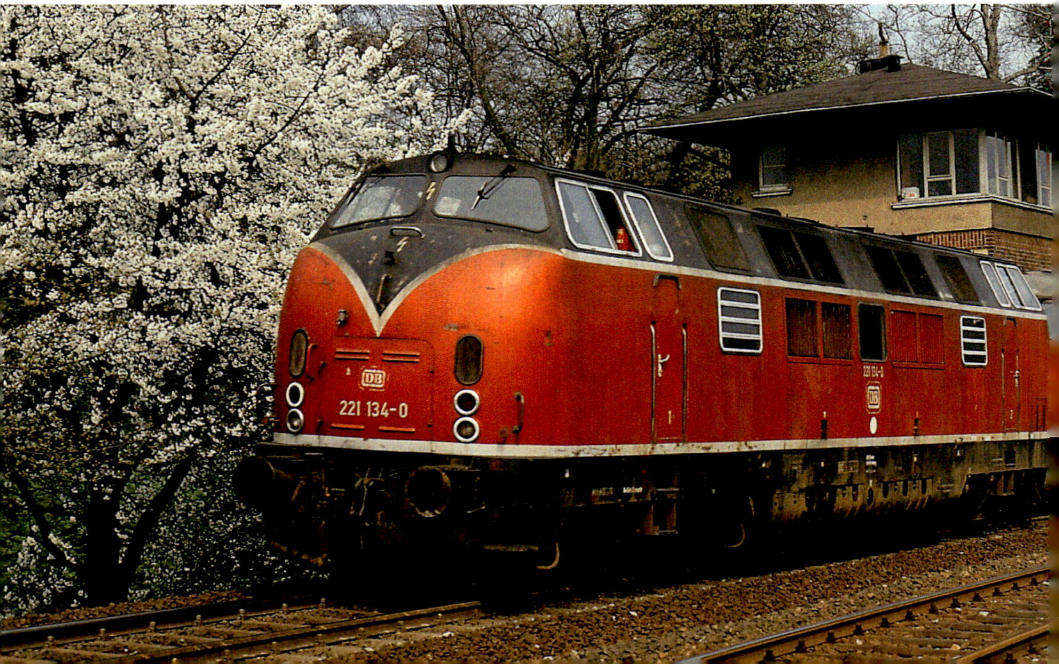

DB
221 134-0

Oben links: Sichtlich stolz ließen sich die Herren vom Bahnbetriebswerk Hamm P 1959 vor der V 200 067 ablichten.

Oben rechts: Am 17. April 1984 führte die 220 010 den E 3180. Im Hintergrund Eutin mit einer ansehnlichen Windmühle.

Links: Im Ruhrgebiet beschäftigte das Bahnbetriebswerk Gelsenkirchen-Bismarck die Maschinen der Baureihe 221. Gemeinsam mit den einmotorigen Lokomotiven der Baureihe V 160 schleppten sie unter anderem Güterzüge im Angertal. Das Bild zeigt die 221 134 und 216 011 vor einem langen Kalkganzzug am Abzweig Anger

Oben: Zwei 221 bespannen einen schweren Güterzug am Anschluss Mannesmann in Duisburg-Wannheimerort.
Seite 131 oben: Die 220 048 und 025 passieren mit einem Kombizug am Haken den Haltepunkt Rümpel.
Seite 131 unten: Ein weiteres Foto aus Eutin zeigt die 220 025 vor einem Nahverkehrszug mit einem Umbauwagen und einem Silberling.

tergebracht, die hydrodynamischen Getriebe in den bauchigen Vorbauten unter den Füßen von Lokführer und Beimann. In den Führerständen herrschte deshalb ein ohrenbetäubender Lärm, welcher die Bundesbahn in den siebziger Jahren veranlasste, den Gebrauch eines Gehörschutzes anzuordnen.

V-200-Krise

Während der Fünfziger spielte der Arbeitsschutz noch keine so wichtige Rolle. Typisch für die Wiederaufbau- und Aufbruchsstimmung war eher, dass sich noch innerhalb der Erprobungsphase der V 200 Euphorie breit machte. Keine andere Baureihe als die legendäre 01 sollte sie nun-

mehr ersetzen. Dass ihre Zugkraftkurve jener der 03, also der kleinen 01, entsprach, spielte in der Rhetorik keine Rolle.

Doch die Rhetorik prägte leider die Realität. Nachdem die Serienlokomotiven auf den Gleisen standen und die Erwartungen mehr als erfüllten, schien die Bundesbahn übermütig zu werden. Vom 1600 Tonnen schweren Güterzug bis zum fahrplanmäßig für die 01 ausgelegten Schnellzug schleppten die 86 Maschinen einfach alles, was die Bundesbahn auf die Strecke schickte. Vor Schnellzügen eingesetzte Lokomotiven arbeiteten fast ständig in der höchsten Fahrstufe. Die Strafe folgte auf dem Fuße. Bereits Ende der fünfziger Jahre sank die Pünkt-

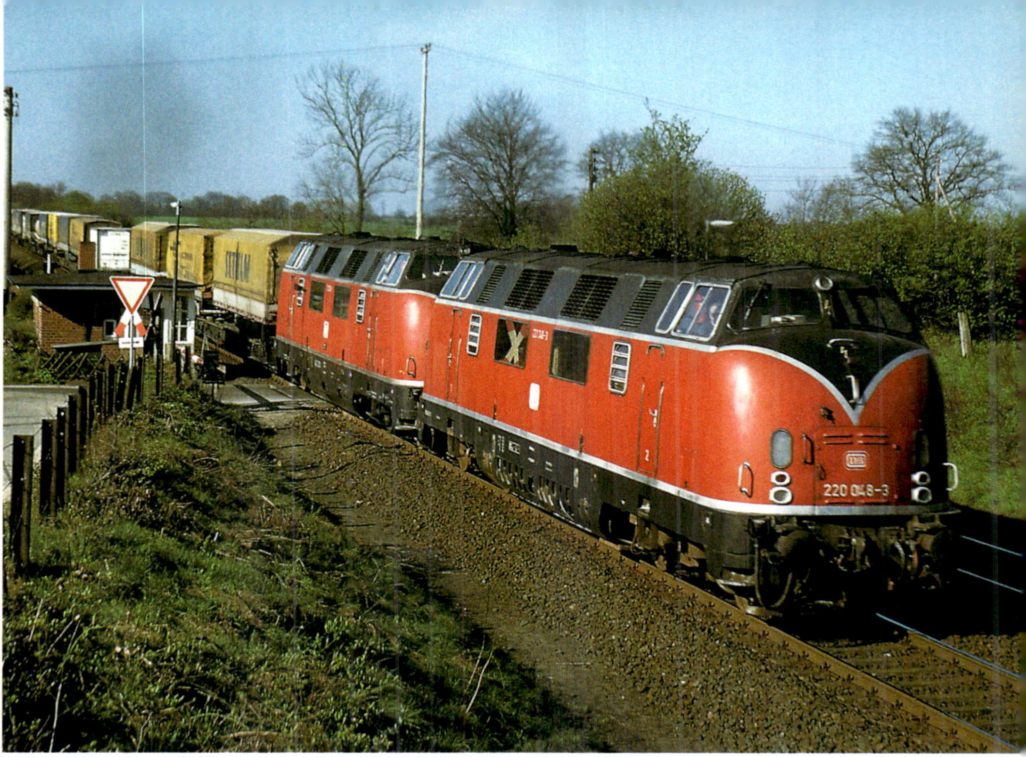
220 048-3

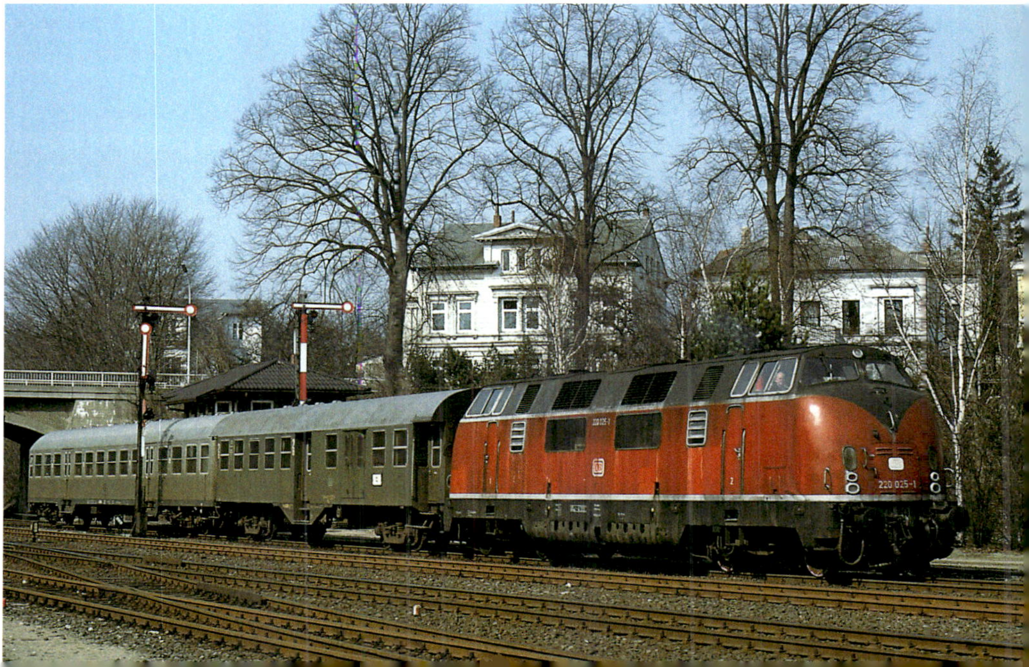
220 025-1

lichkeit V-200-bespannter Züge deutlich. Nachdem die Höchstgeschwindigkeit der Schnellzüge 1960 von 120 auf 140 km/h erhöht wurde, hatten die Ausbesserungswerke viel zu tun. Nicht weniger als 42 Lokomotiven standen im Sommer 1961 vornehmlich mit Getriebeschäden in den Werkshallen. Teilweise musste die Bundesbahn sogar Dampflokomotiven reaktivieren, um den Verkehr am Laufen zu halten. Danach kehrte wieder Vernunft ein und die V 200 bespannte ihren Leistungen angemessene Züge.

Leistungsstärkere Variante

Als die V-200-Krise ihren Höhepunkt erreichte, arbeitete Krauss-Maffei bereits an der Entwicklung einer leistungsstärkeren Variante mit 993-Kilowatt-Antrieb. Am 27. November 1962 stand die erste Maschine bereit. Fortan unterschied die Bundesbahn die Unterbaureihen V 200.0 und V 200.1. Letztere war aber mehr als eine bloß hochgerüstete V 200.0. Da die neuen Aggregate deutlich

schwerer waren und der Betriebsdienst empfahl, einige Bauteile zu verstärken, musste Krauss-Maffei an anderen Stellen Gewicht sparen, sodass letzten Endes eine neue Konstruktion entstand. Äußerlich ähnelten sich die Maschinen. Nur die Stirnseiten der V 200.1 ragten steiler nach oben. Die Lokomotiven wirkten bauchiger.

Nach der Lieferung von nur 50 Exemplaren endete die Beschaffung der V 200.1. Dies ist zum einen auf die Auslieferung der ersten Exemplare der einmotorigen V-160-Diesellokfamilie zurückzuführen, die sich schließlich auf Bundesbahn-Gleisen durchsetzen sollte. Zum anderen zeigte die Bundesbahn nie großes Interesse an den bei Eisenbahnfreunden beliebten Lokomotiven, da sie die wichtigen Hauptstrecken, also das Einsatzgebiet der V 200, vollständig zu elektrifizieren gedachte. Die Beschaffung beider V-200-Varianten erschien daher in den Köpfen der Frankfurter Planer mehr wie eine Zwischenlösung, für die man möglichst wenig Geld ausgeben sollte.

Seite 133: Vor einem gemischten Güterzug durcheilt die 220 052 eine frühlingshafte Landschaft.

Unten: Einen Eilzug schleppt die 220 073 im Sommer 1970 zwischen Osnabrück und Rheine bei Laggenbeck durch den Teutoburger Wald.

Betrieblich bereiteten die Lokomotiven beider Serien zwar keine Schwierigkeiten. Der Werkstättendienst hatte mit den Antriebsanlagen aber reichlich Arbeit, waren doch Motor, Getriebe und weitere Bauteile jeweils doppelt vorhanden. Im Alltag hatte dies natürlich Vorteile, wenn ein Motor oder Getriebe einmal ausfiel und die Lokomotive trotzdem die Strecke räumen konnte. Der Unterhaltungsaufwand war aber einfach zu hoch. Im Reisezugdienst machte sich zudem negativ bemerkbar, dass mehr und mehr Wagen nur noch elektrisch beheizt werden konnten, während die V 200 lediglich die Dampfheizung zu speisen in der Lage war. Zug um Zug wanderten die Maschinen daher in den Güterverkehr ab. Allerdings war die Bespannung schwerer Züge schon deswegen unwirtschaftlich, weil die Lokomotiven über keine Vielfachsteuerung für die Doppeltraktion verfügten, also beide Lokomotiven besetzt sein mussten. Folglich hatte die Bundesbahn kein Interesse am Erhalt der V 200, die relativ schnell von den Gleisen verschwand.

Als Erstes erwischte es natürlich die ältere, schwächere Variante, die seit 1968 als Baureihe 220 eingestuft war. 1977 begannen die Ausmusterungen. Sie zogen sich, trotz der geringen Stückzahl von 86 Lokomotiven, sieben Jahre hin.

Sehr viel schneller trennte sich die Bundesbahn von der Schwesterbaureihe 221. Zwischen dem 23. Mai 1987 und 29. Mai 1988 rollten alle 48 Maschinen — zwei Lokomotiven waren vorzeitig ausgeschieden — auf das Abstellgleis. Die offizielle Ausmusterung erfolgte wenig später. Erhalten blieben die 221 116 als offizielle DB-Museumslok und die an eine Lokführerin verkaufte 221 135. 20 Lokomotiven gelangten nach Griechenland, fünf nach Albanien. Daneben übernahm eine italienische Baufirma mehrere Maschinen.

Mit der Ausmusterung bei der Bundesbahn endete die Geschichte der V 200 auf deutschen Gleisen — das zumindest dachten die Eisenbahnfreunde anno 1988. 2002 aber tat sich Überraschendes. Die rührige Prignitzer Eisenbahn, einer der jungen Anbieter im Personen- und Güterverkehr, holte sämtliche nach Griechenland überführte 221 zurück. Das Unternehmen plant, mehrere Lokomotiven aufzuarbeiten und vor Güterzüge zu spannen. Der von der Bundesbahn nie allzu sehr geschätzten V-200-West steht somit eine ähnliche Renaissance bevor wie der in den neunziger Jahren von der Staatsbahn verschmähten V-200-Ost. ▲

Arbeitsimmigrantin

Urtümlich war sie schon, die erste Ukrainerin in Diensten der Deutschen Reichsbahn. Die soliden Maschinen fahren heute nur noch bei Privatbahnen.

Man schrieb das Jahr 1965. Das Politbüro der SED fasste einen folgenschweren Beschluss: Statt die Elektrifizierung des Bahnnetzes fortzuschreiben, legten die Diktatoren fest, den Traktionswechsel mit aus der Sowjetunion beschafften Diesellokomotiven zu beschleunigen. Dies geschah vor dem Hintergrund des immensen, für die Elektrifizierung vorhandener Strecken nötigen Bauaufwandes. Die Arbeitskraft gedachten die Apparatschiks eher in die Instandsetzung zu stecken. Zudem fehlte es der DDR an Kraftwerkskapazitäten, um für die damals noch wachsende Industrie genügend Strom bereitzustellen. Da sollte nicht noch die Reichsbahn nach mehr Elektroenergie verlangen. Diesel war dagegen billig, denn die Sowjetunion lieferte ihn zum so genannten „Freundschaftspreis". Dass die Sowjetunion die Maschinen liefern sollte, hing zum einen mit den geringen Kapazitäten des DDR-Schienenfahrzeugbaus zusammen. Zum anderen verstanden nicht wenige die Anregung, die einzelnen Ostblockstaaten sollten sich auf bestimmte Fahrzeugarten spezialisieren, in vorauseilendem Ge-

Großes Bild: Der Bahnhof Neumühle mit seinen Gebäuden lädt zum Nachbau ein. Die 220 274 führt am 20. September 1994 einen Güterzug.
Links: Die letzte aufgearbeitete Lok der Baureihe 120: Nach erfolgter Hauptuntersuchung präsentiert sich die 120 295 mit den Mitarbeitern der Endmontage des Raw Cottbus (30. Juli 1991).
Oben: Die V 200.06 der Rail Cargo Berlin (RCB).

Oben: Nach Übergabe einer bestimmten Menge bayerischen Nationalgetränkes arrangierten Eisenbahner in Greiz eine schöne Parade.
Mitte: Am 26. Juni 1991 wurde im Raw Cottbus bei der 120 295 der Motor wieder eingebaut.
Seite 137: Bei Seitschen dieselt die 220 336 mit dem Güterzug 62283 am 24. Juli 1992 über die Strecke 230.

horsam als Befehl und beabsichtigten gar nicht erst, eigene Lokomotiven der gewünschten Leistungsklasse zu entwickeln.

Zunächst kaufte die Reichsbahn Lokomotiven von der Stange. Die V 200, deren Baumuster im Dezember 1966 bereitstanden, war eine in zahlreiche Ostblockstaaten gelieferte Einheitskonstruktion. Bekannt wurde sie unter ihrer ungarischen Bezeichnung M 62. Schon äußerlich fielen die bulligen, mit ordentlich Chromzierrat versehenen Maschinen ins Auge. Die Stirnseiten erinnerten sofort an die Abstammung von Breitspurlokomotiven, ihre Frontschürze an die in der Sowjetunion übliche Mittelpufferkupplung. Der hochgezogene Rahmen gab den

Blick auf die dreiachsigen Drehgestelle ohne Umschweife frei. Das gewaltige obere Spitzenlicht schien mehr der Ausleuchtung der Tundra als der Signalisierung zu dienen. Die größten Irritationen riefen in Deutschland jedoch die Geräusche des Dieselmotors hervor, verfügte die V 200 doch über keinen Abgasschalldämpfer. „Taigatrommel" hieß die mit einem langsam laufenden Zweitakter ausgerüstete Lokomotive denn auch bald.

Das kleinere Problem konnte die Reichsbahn durch Entwicklung eines geeigneten Reflexionsscheinwerfers aber schnell lösen. Viel mehr Arbeit mussten die Techniker in die gründliche Untersuchung der neuen Lokomotive stecken. Wichtige Unterla-

gen und Beschreibungen gab es nur in russischer Sprache. Die Stromlaufpläne entsprachen keinesfalls den mitteleuropäischen Normen. Bei Bauelementen erfolgten die Typenangaben mit kyrillischen Buchstaben. Der einfache Austausch von Schadteilen scheiterte oftmals schlichtweg daran, dass die einzelnen Aggregate nicht passgenau montiert waren — umfangreiche Anpassungsarbeiten an anderen Bauteilen wären die Folge gewesen.

Da half auch die intensive Vorbereitung wenig, welche allein schon wegen des Antriebskonzeptes nötig wurde: Verfügten die Diesellokomotiven aus DDR-Produktion über hydrodynamische Getriebe, welche das Drehmoment des Traktionsdiesels zu den Rädern übertrugen, erzeugte in der V 200 ein an den Zweitaktmotor angeflanschter Generator Strom, der die sechs elektrischen Fahrmotoren — einer pro Achse — antrieb.

Robuste Konstruktion

Doch die Bewohner der DDR hatten infolge des steten Mangels sich zu helfen gelernt. Daher verwundert es kaum, dass die Reichsbahner schnell mit der ungewöhnlichen Lokomotive umzugehen lernten. Sogar das komplizierte Zusammenspiel von Traktionsdiesel und Generator, das maßgeblich die Leistungsfähigkeit der Maschinen beeinflusste, bekamen die Werkstätten in den Griff. Nachdem die vom Lieferanten verschuldeten Probleme ausgeräumt waren, erwies sich die Taigatrommel als robuste und zuverlässige Konstruktion. Die Lokführer schätzten die 378 Maschinen vor allem wegen des gut gegen Geräusche isolierten Führerstandes. Da fiel die eher spartanische Ausstattung weniger ins Gewicht. Schwierigkeiten bereitete nur noch die Ersatzteilversorgung, weshalb die Reichsbahn versuchte, mehr und mehr Kompo-

Oben: Mit dem Gag 56579 (Profen – Göschwitz) ist die 220 290 unterhalb der Dornburger Schlösser zu sehen (Strecke Saalfeld – Naumburg).

Rechte Seite oben: Kohlezüge gehörten wohl am häufigsten zu den Fuhren der Baureihe 120/220 (Zeitz, 1993).

Rechte Seite Mitte: Die 120 286 der EMB rangiert leere Güterwagen für die Beladung mit Stammholz in Losheim an der Eifel (Sommer 1999).

Unten: Ohne Zierstreifen am Lokkasten präsentierte sich die 120 297 im Juli 1983 in Wernigerode.

nenten aus heimischer Produktion einzubauen. In den siebziger Jahren rüstete die Reichsbahn die Lokomotiven für die Einmannbedienung um. Was bei der V 180 relativ problemlos vonstatten ging, erforderte bei der ukrainischen Arbeitsimmigrantin einiges an Aufwand, hatte der Beimann doch umfassende Kontrolltätigkeiten auszuüben. Zu seinen Aufgaben gehörte es beispielsweise, diverse Messungen im Leerlauf und bei Volllast durchzuführen. Bei den Arbeiten beseitigte die Reichsbahn nebenbei einen Mangel, der nur in Ländern ohne eigene Rohölvorkommen auffiel. Die ab Werk installierte Kühlwasserpumpe arbeitete nur bei laufendem Dieselmotor. In der Sowjetunion kümmerte dies niemanden. In der devisenarmen DDR aber waren die Lokführer gehalten, den Motor, wann immer möglich, auszuschalten. Die Wärmestaus führten zu Schäden. Der Einbau einer weiteren Kühlwasserpumpe schuf Abhilfe.

Mit dem Ende der DDR verloren die wegen fehlender Zugheizung vornehmlich für den Güterverkehr geeigneten Lokomotiven ihren Einsatzbereich. Folglich begann die Reichsbahn schon bald mit der Ausmusterung der seit 1970 als Baureihe 120, ab 1992 als Baureihe 220 bezeich-

neten Lokomotiven. Anfang 1994 endete der Einsatz der 220, im Folgejahr wurde die letzte Lok ausgemustert.

Trotzdem fährt bis heute eine Reihe Taigatrommeln über deutsche Gleise. Verschiedene private Eisenbahnen setzen die bewährte Baureihe ein, die in ganz Osteuropa verbreitet war. Folglich finden die jungen Anbieter ein ordentliches Angebot altgedienter Lokomotiven vor, die in Deutschland bereits zugelassen sind. Ausgetrommelt hat es in Deutschland daher noch lange nicht. ▲

Ukrainerin

Eine Reihe Varianten entstand im Laufe der Jahre von der V 300, einer diesel-elektrischen Maschine mit sechs ange-triebenen Achsen. Sie sind die leistungs-stärksten Dieselloks der Deutschen Bahn.

Zu den urtümlichsten Maschinen auf deutschen Gleisen zählen die Vertreterinnen der V-300-Familie. Anfang der siebziger Jahre begann die Reichsbahn mit der Beschaffung sechsachsiger, dieselelektrischer Lokomotiven aus der Ukraine. Trotz ihrer Herkunft, gefertigt wurden die Fahr-zeuge bei der Lokomotivfabrik „Oktoberrevoluti-on" in Woroschilowgrad (Lugansk), kann man die Konstruktion ohne weiteres dem deutschen Loko-motivbau zuschreiben, entstanden die Baureihen 130, 131, 132 und 142 doch nach den Vorgaben der Deutschen Reichsbahn. Folglich bestellten die übrigen Bahnen des Ostblocks nur wenige „Lud-millas", wie die Lokomotiven bald hießen.
Mit der Beschaffung der V 300 wollte die Reichs-bahn unwirtschaftliche Doppeltraktionen mit der Vorgängerbaureihe V 200 vermeiden. Für die ukrainischen Entwickler stellte dies in gewissem Rahmen Neuland dar, beschafften die Sowjeti-schen Eisenbahnen doch Maschinen der 3000-PS-Klasse (2200 Kilowatt) ausschließlich als Doppel-lokomotiven. Diese bestehen im Prinzip aus zwei parallel gesteuerten, fest gekuppelten Fahrzeu-gen, die jeweils nur auf einer Seite einen Führer-stand besitzen. Das ermöglichte den Einsatz der einfachen Gleichstrom-Gleichstrom-Leistungs-

Großes Bild: Die 234 075 wartet im Leipziger Hauptbahnhof auf den Abfahrtsbefehl.
Links: Das Baumuster, die V 300 001.

Oben: Mit einem langen Schnellzug am Haken verlässt diese 132 am 20. Mai 1988 den Bahnhof Berlin Zoologischer Garten.
Seite 143 oben: So schaute die Ursprungslackierung der Baureihe 130 aus.
Seite 143 Mitte: Kurz vor ihrer Ausmusterung stand die 231 158 im Juni 1992 im Bahnbetriebswerk Weißenfels.

übertragung, das heißt, der Generator erzeugt Gleichstrom, der für die Fahrmotoren nur noch geregelt zu werden braucht. Damals war dies nur bei einer Generatorleistung von bis zu 1800 Kilowatt technisch möglich. Für deutsche Verhältnisse waren Doppellokomotiven aber überdimensioniert, weshalb die Reichsbahn auf die Entwicklung einer leistungsstärkeren Einfachlokomotive drängte.

Moderne Drehstromtechnik

Um die geforderte Leistung zu erbringen, wagten sich die Ingenieure deswegen an die Drehstrom-Gleichstrom-Leistungsübertragung. Das bedeutet, dass der Generator Drehstrom erzeugt, der in modernen Halbleiterbauelementen für die Reihenschlussmotoren geglättet wird. Mit

dieser Technik konnte die Lokomotivfabrik den Sprung zur 3000-PS-Einfachmaschine wagen, einer äußerlich typisch sowjetischen Diesellokomotive mit deutschen inneren Werten.

Das Baumuster wurde auf der Leipziger Frühjahrsmesse 1970 der Öffentlichkeit vorgestellt. Diese Lokomotive kehrte in die Sowjetunion zurück, die 130 001, so die EDV-gerechte Bezeichnung, war mit ihr nicht identisch. Im Juli 1970 begann die Lieferung der Baureihe 130, einer 140 km/h schnellen Güterzuglok. Für den Einsatz vor Reisezügen eignete sie sich nicht, weil sie über keine Heizung verfügte. Ihre Geschwindigkeit konnte die Maschine nicht ausfahren, weil es in der DDR keine für mehr als 120 km/h zugelassenen Strecken gab. Die ausgereifte Konstruktion machte nur wenige Kinderkrankheiten durch. Zu den Kuriosa zählte, dass ausgerechnet eine sowjetische Lokfabrik die ersten Maschinen mit zu großen Fenstern ausstattete. Im Sommer heizte sich der Führerstand immens auf, im Winter waren die Scheiben kaum eisfrei zu bekommen. Die großen Seitenfenster erwiesen sich zudem als undicht. Ab der 37. Maschine baute die Lokfabrik kleinere Seitenfenster, ab der 54. auch kleinere Stirnscheiben ein.

Die 130 054 wurde zum Einzelgänger besonderer Art. Sie war die erste Lok mit kleineren Frontfenstern und die letzte mit Ursprungsdrehgestellen. Ab der 130 055 zeigten sich die Maschinen mit im Drehgestellrahmen angeordneten Sandkästen. Die Anfangslösung, die Sandkästen über Dachklappen zu füllen, hatte den Betriebseisenbahnern wegen der Abschaffung der Hochbunker in wachsendem Maße zusätzliche Arbeit beschert. Die 130 019, 020 und 037 bis 080 erhielten eine elektrische Bremse mit Dachwiderständen.

Heimliche Baumuster

Mit der 80. Lokomotive endete die Lieferung der Baureihe 130. Zwei weitere Maschinen erhielten die in die Irre führende Bezeichnungen 130 101 und 102. Es handelte sich um die ersten V 300 mit elektrischer Zugheizung. Sie entsprachen weitgehend der späteren 132. Als deren Baumuster erreichten sie jedoch 140 km/h Spitzentempo. Der Heizgenerator war aber noch nicht ausgereift, sodass die Reichsbahn weiter auf die ersehnte Universaldiesellok warten musste.

Statt ihrer erschien die Baureihe 131 auf den Schienen. Technisch entsprach sie weitgehend der 130, verfügte aber über keine E-Bremse. Das geänderte Achsgetriebe ließ nur eine Höchstgeschwindigkeit von 100 km/h zu. Nach der Lieferung von 76 Lokomotiven endete 1973 die Beschaffung reiner Güterzuglokomotiven.

Im zweiten Halbjahr 1973 war die elektrische Zugheizung endlich ausgereift. An der Kuppeldose mussten, unabhängig von der Drehzahl des Dieselmotors, 1000 Volt Spannung mit 16 2/3 Hertz Frequenz bereitgestellt werden – die dafür

nötige Technik stand auch in der westlichen Welt erst seit wenigen Jahren zur Verfügung. Diesbezüglich konnte die 132 durchaus als modern eingestuft werden. Weniger Weltniveau zeigte das Antriebskonzept mit Drehgestellen ohne Sekundärfederung, in denen zudem Tatzlagermotoren gelagert waren. Somit belasteten nicht nur 21,5 Tonnen Achsfahrmasse den oftmals nicht gerade taufrischen Oberbau der Reichsbahn-Strecken, sondern stampften fünf Tonnen unabgefederter Masse Gleis und Bettung in Grund und Boden. Besonders drastisch machte sich dies in Berlin bemerkbar; nach fünfzehn Jahren Ludmilla-Einsatz waren die Stadtbahnbögen endgültig sanierungsreif.

Die Reichsbahn legte Vorsicht an den Tag. Messungen hatten ergeben, dass der Heizumrichter Oberwellen erzeugte, welche die Sicherungsanlagen beeinflussten. Daher stellte die Reichsbahn die Heizstromfrequenz auf 22 Hertz um, einen für die induktive Zugsicherung ungefährlichen Wert. Dafür erwiesen sich die Thyristoren als störanfäl-

Oben: KC 62367 mit der 232 541 bei Horlecke.
Mitte: Vor typischer Ruhrgebietskulisse schleppt die 241 697 einen Coil-Ganzzug.
Seite 145: Am 15. Mai 1987 erreicht die 130 043 den Güterbahnhof Berlin-Moabit.

liger. Es entstanden für manche Bauteile schädliche, höhere Gleichstromanteile im Heizstrom. Ein Symmetrieüberwachungsgerät schaltete daher beim Auftreten von Gleichstrom die Zugheizung ab.

Im Winter 1973/74 bespannte die 132 planmäßig nur relativ wenige Reisezüge. Erst als ausreichend Erfahrungen mit den neuen Lokomotiven gesammelt waren, begann der Siegeszug der elektrischen Heizung

auch zwischen Kap Arkona und Erzgebirge. Mit Fug und Recht kann man daher sagen, dass die in nicht weniger als 709 Exemplaren in Dienst gestellte Baureihe 132 dem Traktionswandel bei der Reichsbahn zum endgültigen Durchbruch verholfen hat.

Überflüssige 4000-PS-Lok

Mit der 3000-PS-Einfachlok war die Entwicklung aber noch nicht abgeschlossen. Im Zuge der Arbeiten an der 132 hatten die Konstrukteure auch erste Pläne für eine 4000-PS-Maschine entworfen. Als die Reichsbahn Bedarf anmeldete, legte die Lokomotivfabrik die Unterlagen für eine weitgehend mit der 132 identische Baureihe 142 vor. Lediglich die für die gesteigerte Antriebsleistung nötigen Bauteile erfuhren starke Veränderungen. Dies waren die Fahrmotoren, der Hauptgenerator, der Kühler des Traktionsdiesels und der Abgasturbolader. Der Traktionsdiesel selbst brauchte nur geringfügig überarbeitet zu werden. Bereits zur Leipziger

Frühjahrsmesse 1975 präsentierte man das Baumuster. Nach weiteren Entwicklungsschritten und ausgiebigen Erprobungen erhielt die Reichsbahn 1977 vier Maschinen. Weitere zwei der für den Güter- wie Reisezugverkehr geeigneten Loks folgten 1978. Bei sechsen blieb es.

Nach dem Ölpreisschock hatte sich die DDR-Führung nämlich eines anderen besonnen und das Elektrifizierungsprogramm wieder aufgenommen. Somit brauchte die Reichsbahn keine leistungsstarke Hauptstrecken-Diesellokomotive mehr. Die sechs 142 nahmen vornehmlich schwere Güterzüge zwischen Rostock Überseehafen und dem Polychemischen Kombinat Schwedt an den Haken. Die Zuglast soll bis zu 3600 Tonnen betragen haben. Daneben schleppten sie Schnellzüge zwischen Berlin und Sassnitz.

Pflegebedürftige Maschinen

In den achtziger Jahren drückten die Maschinen der V-300-Familie der nicht-elektrischen Zugförderung bei der Reichsbahn ihren Stempel auf. Sie erwiesen sich als leistungsstark und grundsätzlich auch robust. Probleme bereitete vor allem der Dieselmotor, der mehr für kontinuierliche Leistungsabgabe ausgelegt war. Bei der Reichsbahn mussten die Loks dagegen häufig beschleunigen

und bremsen, einer Fahrt mit hoher Belastung folgte längerer Leerlauf oder gar Stillstand. Mit der Zeit gewann die Reichsbahn jedoch Erfahrungen mit den Motoren, sodass sich der Instanthaltungsaufwand zumindest kalkulieren ließ. Verglichen mit anderen Fahrzeugen waren die Ludmillas immer sehr pflegebedürftig. Nach der deutschen Vereinigung trieb dies den Verantwortlichen der Reichsbahn die Sorgenfalten auf die Stirn, mussten sie doch jetzt ein stetig wachsendes Defizit bei drastisch sinkender Verkehrsleistung vertreten. Bis 1995 wanderten daher die Baureihen 130, 131 und 142 auf den Schrott. Die 132, nunmehr als Baureihe 232 bezeichnet, blieb dagegen in geringerer Stückzahl erhalten und wurde im Zuge der Bahnreform DB Cargo zugeordnet. Im Laufe der Jahre eroberte sie auch die Gleise im Westen, da die Deutsche Bahn von der DB keine Maschine dieser Leistungsklasse geerbt hatte. Für den Verkehr mit den Niederlanden und Belgien sowie im Ruhrgebiet ließ DB Cargo sogar Maschinen mit leistungsstärkeren Aggregaten ausrüsten. Sie trugen die Bezeichnungen 241 und 233.

Nicht zu DB Cargo, sondern zu DB Regio gehört eine weitere Unterbaureihe der 232, die 234. Um Schnellzüge mit 140 km/h Höchstgeschwindigkeit bespannen zu können, baute die Reichsbahn

Oben: Unter Fahrdraht schleppt die 232 634 einen Ganzzug von Regensburg nach Nürnberg.

Seite 147 Mitte: Wegen Lokmangels hatten die ÖBB 2002 einige Ludmillas angemietet. Die 232 314 hat einen Holzzug unweit von Straßhof am Haken.

Seite 147 unten: Zwei 232 schleppen den privaten Klinkerzug von Schauffele bei Donauwörth.

Rechts: Das Auge der Ludmilla.

ab 1992 in 64 Maschinen die Antriebsritzel ausgemusterter 230 ein. Einige Loks erhielten zudem für den Einsatz mit IC- und IR-Steuerwagen die Zeitmultiplexe Wendezugsteuerung. Bei DB Regio stellt die Unterbaureihe eine Splittergattung dar, die dank der Indienststellung neuer Dieseltriebzüge immer weniger benötigt wird. Einen Einsatz der besonderen Art erlebt die Baureihe seit dem Fahrplanwechsel vom 15. Dezember 2002. Seitdem bespannt sie im Auftrag von DB Reise & Touristik die Wendzug-InterCity zwischen Ulm und Lindau. Im Gegensatz zur V 200 entwickelte sich die V 300 nicht zu einem Exportschlager. Die Konstruktion war zu deutsch für den Weltmarkt. Eine Standardlok wie die V 200 hatte es da sehr viel leichter. ▲

Universalgenie

Zwei Bauarten zweimotoriger Maschinen überdauerten den Zusammenbruch der DDR.

Etwas später als bei der Deutschen Bundesbahn lief der Traktionswandel bei der Deutschen Reichsbahn an. Das erste Beschaffungsprogramm umfasste die Baureihen V 15, V 60, V 180 und V 240. Die Lokomotiven sollten über eine hydrodynamische Leistungsübertragung verfügen und mit standardisierten Bauteilen ausgestattet sein.

Einen ersten Entwurf für eine Maschine mit 1800 PS (1314 Kilowatt) Leistung legte das Institut für Schienenfahrzeuge bereits 1955 vor. Das Projekt scheiterte allerdings an Gewichtsproblemen; Berechnungen ergaben, dass die B'B'-Lok den Oberbau mit rund 21 Tonnen pro Achse belasten würde. Das Projekt wurde 1958 wieder aufgenommen. Die

Strömungsgetriebe sollte Voith beisteuern, also ein westdeutscher Betrieb. Ebenfalls aus dem Westen kam die BBC-Mehrfachsteuerung.

Variantenreichtum

Am 31. Dezember 1959 stand die V 180 001 bereit. Wie auch das zweite Baumuster war sie trotz fehlenden Heizkessels zu schwer. Das Grundkonzept überzeugte aber, weshalb zwei weitere Probelokomotiven entstanden. Aus diesen leitete sich dann die erste, 1963 gelieferte Serie von 15 Maschinen ohne Heizkessel ab. Doch nicht nur deswegen erfolgte die Erprobung zwischen Berlin und Werder vor planmäßigen Dampfloks. Die Reichsbahn fürchtete ein Verkehrs-

chaos, wenn ein Zug wegen einer schadhaften Diesellok auf dem dicht befahrenen Ring liegenbleiben sollte. Doch schon bald durfte die V 180 im Alleingang Züge bespannen. Auch der Heizkessel wurde installiert. Bis 1965 erhielt die Reichsbahn die Lokomotiven V 180 020 bis 059. Letztere erhielt als Erste Motoren mit 735 Kilowatt Leistung. Für die weiteren leistungsstärkeren Maschinen vergab die Reichsbahn Ordnungsnummern ab 101. Das Problem der hohen Radsatzlast blieb aber. Selbst bei einer grundlegenden Überarbeitung der Konstruktion wäre die Achsfahrmasse kaum unter 18,5 Tonnen gesunken. Die Reichsbahn strebte aber 15 bis 16 Tonnen an und schlug vor, eine Variante mit der Achsfolge C'C' zu entwickeln. Dies erweiterte den Einsatzradius und ermöglichte, die Lokomotive mit etwas schwereren Strömungsgetrieben aus DDR-Produktion auszurüsten. Die Babelsberger Lokschmiede projektierte zwei Varianten

mit 660 und 876 Kilowatt Motorleistung. Im Januar 1964 erschien die erste Lok mit schwächerer Motorisierung. Zwischen 1966 und 1970 lieferte Babelsberg dann 205 Exemplare der C'C'-Variante, die endlich universell einsetzbar war. Die Serienmaschinen verfügten ab Werk über 736-Kilowatt-Motoren.

Schon bald standen zudem V 180 mit zweimal 876 Kilowatt Motorleistung zur Verfügung. Da sich die Lieferung sowjetischer Lokomotiven verzögerte, installierte die Reichsbahn ab 1971 in zunächst 17 Maschinen der Unterbaureihe 118.2 die stärkeren Aggregate. Ab 1979 fand der Umbau planmäßig statt. Die Lokomotiven gingen in der neuen Unterbaureihe 118.6 auf. Als 118.5 bezeichnete die Reichsbahn die mit 736 Kilowatt stärkere Ursprungsbaureihe 118.0.

Lange Zeit konnte die Reichsbahn trotz der Ende der siebziger Jahre wieder vorangetriebenen Elektrifizierung auf die V 180 nicht verzichten.

Oben: Die 219 169 ist mit ihrem Regionalzug in Quedlinburg angekommen.
Seite 151 oben: Die V 180 168 steht fabrikfrisch vor den Werkhallen. Noch scheinen die Reichsbahner die Sache nicht ganz im Griff zu haben.

Erst Ende der achtziger Jahre zeichnete sich ab, dass die Maschinen entbehrlich wurden. Als der marode Staat 1989 zusammenbrach, gehörten noch rund 300 der 375 Loks — hinzu kamen neun Werkloks — zum Einsatzbestand. Im vereinten Deutschland war die V 180 dann mehr oder weniger überflüssig. Die Leistungen der Reichsbahn gingen drastisch zurück, insbesondere im Güterverkehr. Für einen Großteil der Reisezüge eignete sich die mit Dampfheizung ausgerüstete Lokomotive nicht. Trotzdem stellte die Staatsbahn erst 1995 die zuletzt als Baureihe 228 bezeichneten Maschinen ab. Einige Exemplare wechselten zu privaten Anbietern, die sie bis heute einsetzen.

Das U-Boot

1970 musste der Babelsberger Lokomotivbau aufgeben. Dieselloks wurden nun importiert, da der Rat für gegenseitige Wirtschaftshilfe einen, wenn auch nur inoffiziellen, Beschluss zur Spezialisierung im Lokbau gefasst hatte. Die DDR importierte daraufhin unter anderem aus der V 180 abgeleitete Rumänendiesel. Die 119 unterschied sich vor allem durch den Einbau der elektrischen Zugheizung von der V 180. Technisch stellte sie einen gewaltigen Rückschritt dar, da in ihr zwei Traktionsdiesel arbeiteten, während die ukrainischen Importloks mit einem auskamen. Ab Werk erhielt die 119 in Rumänien gebaute Motoren west-

deutscher Konstruktion. Die Reichsbahn musste sie rasch auswechseln, weil sie schlampig zusammengesetzt waren. Überhaupt kamen bei der 119 Fragen zum Thema Serienbau auf, schien doch jede Lok eine Einzelanfertigung zu sein. Kaum ein Teil ließ sich tauschen. Die Reichsbahn modernisierte die frisch gelieferten Teile. Im Eisenbahnerdeutsch hieß das „Germanisierung".

Nachdem die Mitarbeiter des Werkes Karl-Marx-Stadt „aus der 119 eine brauchbare Gattung" gemacht hatten, wie der Fachpublizist Andreas M. Räntzsch vermerkte, zeigten die als „Karpatenschreck" titulierten Loks, dass sie konzeptionell gelungen waren. So schluckte z. B. der Vorraum den Großteil des Motorlärms. Nach dem Zusammenbruch der DDR gehörte die 119, die wegen der Bullaugen in den Seitenwänden auch den Spitznamen „U-Boot" erhielt, zu den Fahrzeugen, die dank elektrischer Heizung auch InterCity und InterRegio bespannen konnten.

Die ersten 30 Maschinen hatten zudem eine Wendezugsteuerung. Nur die Höchstgeschwindigkeit ließ mit 120 km/h Wünsche offen.

Diese erfüllte sich die Reichsbahn selbst. Wegen des hohen Schadparks bestand schon zu Zeiten der deutschen Teilung Kontakt mit Krupp. 1990 vereinbarte man, 20 Lokomotiven zu überarbeiten. Am 8. April 1992 stand die erste Maschine der Baureihe 229 bereit. Die leistungsstärkste, dieselhydraulische Maschine beider deutscher Staatsbahnen erreichte eine Höchstgeschwindigkeit von 140 km/h. Diese genügte vorerst. Bald aber gerieten die Renn-U-Boote ins Hintertreffen, da der Fahrdraht ihnen das Revier streitig machte und die Deutsche Bahn zudem mit der Baureihe 605 einen dieselgetriebenen Vertreter der ICE-Familie beschaffte. Die als 219 bezeichneten Ur-U-Boote mussten neben der elektrischen Konkurrenz auch modernen Dieseltriebzügen weichen. ▲

Dieselbrummer

Mit dem Schienenbus begann 1950 das Zeitalter der
Dieseltriebwagen bei der Bundesbahn. Im Laufe der
Jahre entstanden Fahrzeuge für alle Einsatzzwecke.

Oben: Ausfahrt frei in Bebra für den TEE Helvetica (1962).
Großes Bild: Zuletzt waren die VT 11.5 im Reisebürosonderverkehr eingesetzt. Als Alpen-Spree-Express fuhren sie in die Ferienregionen Süddeutschlands und Österreichs.

Oben: Im bayerischen Königsberg (Strecke Haßfurt – Hofheim) wartete dieser 996 auf Fahrgäste. Jürgen Sieger notierte den 10. Mai 1995.
Rechte Seite oben: Sechsteilige Garnituren fuhren noch 1988 von Tübingen aus im Schülerverkehr.
Rechte Seite Mitte: Auch die DR hatte ihren Schienenbus. Als Baureihe 772 verkehrte diese Garnitur bei Templin.

Schon die Reichsbahn der Vorkriegszeit wollte den Nebenbahnbetrieb rationeller gestalten. Dampfbespannte Züge benötigten mindestens drei Mann Personal: Lokführer, Heizer, Zugführer. Hinzu kamen die Mitarbeiter der Bws, denn Dampflokomotiven bedürfen einer Betreuung rund um die Uhr. Daher stellte die Reichsbahn eine Reihe Dieseltriebwagen in Dienst. Zur Beschaffung einer nennenswerten Stückzahl kam es nicht mehr.

Die Bundesbahn musste angesichts der sich abzeichnenden Massenmotorisierung rasch handeln und ein gewisses Risiko eingehen, da die einfach gestalteten Triebwagen, welche Duewag nach nicht einmal einem Jahr Entwicklungsarbeit anbot,

doch in zahlreichen Punkten vom bisher Üblichen im Triebwagenbau abwichen. Sie verfügten beispielsweise über Omnibusmotoren und selbsttragende Wagenkästen. Bereits 1950 standen die Baumuster des VT 95.9 auf den Schienen. Diese zeigten sich den Anforderungen gewachsen. Bis 1955 erhielt die Bundesbahn daher 569 Triebwagen und ebenso viele Beiwagen. Der VT 95.9 erwies sich als robust und trotz der bahnuntypischen Konstruktion doch bahntauglich. Der erwünschte Effekt, die Kosten zu senken, wurde erreicht. 1955 begann der Serienbau des stärkeren VT 98.9, der sich vom VT 95.9 durch ein weiteres Detail unterschied: Verfügte der VT 95.9 über eine Mittelpufferkupplung der

vereinfachten Bauart Scharfenberg, schleppte der VT 98.9 seine Bei- und Steuerwagen mit der altbewährten Schraubenkupplung. Dies lag aber nicht etwa daran, dass die Scharfenberg-kupplung für den rauen Nebenbahnalltag weniger geeignet war. Vielmehr gedachte die Bundesbahn, den zweimotorigen Schienenbus bei Bedarf auch Güterwagen und Reisezugwagen als Kurswagen schleppen zu lassen. Bis 1961 entstanden 329 Triebwagen, 320 Beiwagen und 310 Steuerwagen.

Lange Einsatzdauer

Schnell galten die Schienenbusse als „Retter der Nebenbahnen". Anfangs stimmte das auch. Dank geringerer Kosten konnte die Bundesbahn manche Strecke weiter betreiben, die unter Dampf dem Rotstift zum Opfer gefallen wäre. Langfristig konnte aber auch der Schienenbus

den Niedergang des Bahnnetzes nicht aufhalten. Das lag zum einen am geringen Komfort des einfach gefederten Fahrzeugs. Zum anderen machte die Bundesbahn kein Angebot das die mehr und mehr an die – oft scheinbare – Flexibilität des Automobils gewöhnte Kundschaft überzeugte. Auch die Fahrzeiten sprachen vielfach gegen die Bahn. Noch heute zuckeln die Züge nicht selten mit 50 oder 60 km/h dahin. Der Schienenbus zögerte die Stilllegung zahlreicher Strecken lediglich hinaus. Vielfach bediente er sie als Abschiedszug.

Seine Abstellung ging mit dem Niedergang des Streckennetzes einher. Zuerst erwischte es naturgemäß die einmotorigen Züge. Bereits Ende der sechziger Jahre gab es zwei Abstellwellen. In den siebziger Jahren musterte die Bundesbahn dann den Großteil der zuletzt als Baureihe 795 bezeichneten Fahrzeuge aus. Mit Inkrafttreten des Sommerfahrplans 1980 war die Zeit der Ein-

Oben: Zwischen Kitzingen und Buchbrunn-Mainstockheim an der Strecke Nürnberg – Würzburg gelang dieser Blick auf einen VT 08.5 mit dem DB-Flügelrad auf der Nase.

Rechte Seite oben: Eine eigenwillige Farbgebung wies der Tagzug des VT 10.5 auf. Aus heutiger Sicht lohnt ein Blick auf den DB-Keks …

motorigen vorüber. In den achtziger Jahren verfügte die Bundesbahn die Ausmusterung eines Großteils der zweimotorigen Fahrzeuge. Alle Spekulationen über das bevorstehende Ende des Schienenbusses bewahrheiteten sich jedoch nicht. Im Gegenteil: Ab 1988 modernisierte die Bundesbahn 47 Triebwagen, um sie im Einmannbetrieb einsetzen zu können. Erst kurz vor der Jahrtausendwende trennte sich die Bahn von den letzten Zweimotorigen.

Die Dieseleierköpfe

Nach dem erfolgreichen Start im Nahverkehr wollte die Bundesbahn auch im Fernverkehr neue Triebzüge einsetzen. Mit dem VT 08.5 gelang

ihr 1952 ein großer Wurf, verband er doch Komfort mit Schnelligkeit und günstigen Betriebskosten. Gedacht war der mit einem 736-Kilowatt-Motor ausgestattete Zug für den hochwertigen Fernverkehr. Deswegen führte er nur mit Edelholz verkleidete Abteile Erster Klasse. Etwas einfacher war der VT 12.5 ausgestattet, der den Bezirksverkehr bewältigen sollte. Äußerlich unterschied er sich vom Bruder durch die zusätzlichen Doppeltüren in der Wagenmitte. Diese sollten den Fahrgastwechsel beschleunigen. Im Inneren gab es statt Abteilen Großräume beider Klassen. Reisende der Ersten Klasse nahmen im Steuer- und Mittelwagen Platz. Die erste Serie stand 1953 auf den Schienen. Insgesamt

beschaffte die Bundesbahn von der Fernverkehrsversion 20 Motor- (VT), 22 Mittel- (VM) und 13 Steuerwagen (VS), von dem Bezirksverkehrszug zwölf VT, 13 VM und vier VS.

Konventionell fiel die Antriebstechnik aus. Der Motor und das Getriebe ruhten auf einem Tragrahmen im Drehgestell, sodass die Radsätze die Schwingungen auf den Oberbau übertrugen. Bei der Wahl der Aggregate legte die Bundesbahn Wert auf Tauschbarkeit. Drei verschiedene Motoren sowie zwei Getriebe standen zur Verfügung. Sie arbeiteten auch in den parallel entwickelten Lokomotiven der Baureihe V 200. Somit brauchten die Werkstätten weniger Ersatzteile bereitzuhalten, sodass die Instandhaltungskosten sanken.

Sofort nach der Lieferung gelangten die Züge in den Betrieb. Der Mangel an geeigneten Triebfahrzeugen verhinderte eine eingehende Erprobung. Kleinere Unzulänglichkeiten machten sich denn auch schnell unangenehm bemerkbar. Nachdem die Kinderkrankheiten auskuriert waren, erbrachten die VT 08.5 zuverlässig die von ihnen erwarteten Leistungen im F-Zugdienst. 1957 kamen sie sogar zu TEE-Ehren. Da sich der für den Trans-Europ-Express eigens entwickelte VT 11.5 etwas verspätete, bestimmte die Bundesbahn den VT 08.5 als Ersatz. Stolz trugen die keineswegs betagten und dennoch bereits von der nächsten Generation in den Schatten gestellten Züge das kleine TEE-Zeichen auf den Schnauzen. Die Einsätze währten aber nur kurz und der Abstieg folgte sobald.

Umbau für Nahverkehr

Kein besserer Dieseltriebzug, sondern die elektrische Traktion machte dem VT 08.5 den Garaus. Da die Bundesbahn ihre wichtigsten Strecken unter Strom stellte, brauchte sie im

Oben: Zwischen Zwiesel und Gemünden verkehrten die Züge Bodenmais – Dortmund und Grafenau – Hamburg gekuppelt. Am 17. Juli 1985 überquerte dieses Doppelpack die Brücke bei Regen.

Fernzugdienst weniger Dieseltriebzüge. Somit suchte sie in den sechziger Jahren für den VT 08.5 neue Einsatzgebiete und fand sie, wie kaum anders zu erwarten, im Nahverkehr. Rein erstklassige Züge waren dort aber nicht gefragt. Zudem lagen die Mittelpufferkupplungen des VT 12.5 um fünf Zentimeter höher als bei seinem Bruder. Daher schickte die Bundesbahn die Fernverkehrszüge zum Umbau in das Ausbesserungswerk Nürnberg und wies ihnen die Bezeichnung VT 12.6 zu.

Die Unterscheidung zum VT 12.5 war schon wegen der unterschiedlichen Heizungssysteme nötig. Der VT 12.5 hatte eine Zentralheizung mit Leitungen durch alle Wagen. Beim VT 12.6 besaß jeder Wagen seine eigene Heizung. Ab 1968 galten die Züge als Baureihen 612 und 613.

Interessanterweise dauerte es bis 1969, ehe die wegen ihrer Stirnseiten als „Eierköpfe" titulierten Züge ihren letzten Fernverkehrseinsatz leisteten. Auch erbrachten sie im Fernverkehr bis zuletzt Spitzenleistungen von 1290 Kilometern je Betriebstag. Doch auch der VT 12.5 fuhr zeitweise im Fernverkehr. Von Hamburg aus gelangte er über den Fehmarnsund nach Rødby und weiter nach Kopenhagen. Ende der siebziger Jahre begann die Ausmusterung beider Bauarten. Trotz der geringen Stückzahl zog sie sich über Jahre hin. Erst 1985 quittierten die letzten Züge den Dienst.

Der lachende Zug

Zu den luxuriösesten Zügen auf deutschen Gleisen gehörte der VT 11.5. Er wurde eigens für den 1957 eingeführten Trans-Europ-Express (TEE) beschafft. Im Innenraum herrschte ein an die Salonwagen erinnerndes Ambiente. Polstersessel, Holztäfelungen und Messingbeschläge kannte man zuvor nur von Einzelanfertigungen. Da die Mittelwagen relativ kurz ausfielen, konnte die Bahn in die Breite gehen. In den Abteilen und Großräumen herrschte somit nicht nur eine ordentliche Bein-, sondern auch viel Armfreiheit. Die perfekte Geräuschdämmung in Verbindung mit sorgfältigster Dämpfung der Schwingungen machte das Reisen zum Genuss. Mancher Fahrgast dürfte die Abfahrt versäumt und sich der schieren Pracht des Zuges hingegeben haben. Auch technisch vermochten die leistungsstarken Triebzüge zu überzeugen. Erstmals brachte die Bundesbahn bei einem Triebwagen den Traktionsdiesel und die hydrodynamische Leistungsübertragung im Fahrzeugrahmen statt im Triebdrehgestell unter. Der Oberbau wurde somit vom VT 11.5 weitaus weniger belastet als von herkömmlichen Triebwagen. Die Versorgung des Zuges mit elektrischer Energie geschah über einen Dieselgenerator in jedem Triebkopf. Beide Stromerzeuger waren synchron geschaltet. Beim Ausfall eines Aggregates konnte das verbliebene zumindest die Klimatisierung in Gang halten. Triebköpfe und Wagen entstanden im konsequenten Leichtbau. Oberhalb der bulligen Vorbauten saßen Lokführer und Maschinenwart in einer der Brücke eines Schiffes nicht unähnlichen Kabine.

Neben TEE bedienten die Triebzüge auch Fernschnellzüge und Intercity. Ab Anfang der siebziger Jahre setzte die DB sie zudem im Turnusverkehr ein. Nach dem Ausscheiden aus dem hoch-

Oben: Im Gegensatz zu lokbespannten Zügen können Triebwagen nicht beliebig um einen Wagen verlängert werden. Dadurch ergeben sich oft Doppelführungen, um das Sitzplatzangebot zu erreichen.

Mitte: Inzwischen in Brandenburg heimisch geworden sind die Dieseltriebwagen der Baureihe 624. Unter anderem sind sie auf der Strecke Forst – Cottbus anzutreffen. Der 624 641 lief Frank Heilmann bei Klinge vor die Linse.

Seite 161 oben: Gemischtes Doppel: 628.0 und 628.2 auf dem Weg nach Füssen bei Seeg.

wertigen Dienst wechselten die Züge vollends in den Touristikverkehr. Mitte der achtziger Jahre wurden sie ausgemustert. Für den Reisezugverkehr insgesamt bedeuteten sie wenig; das Ansehen der Bahn steigerten sie erheblich.

Zwischenschritte

Für den Nah- und Fernverkehr auf Haupt- und Nebenbahnen beschaffte die DB ab 1961 Dieseltriebzüge der Baureihe VT 24.6. Diese entstanden nach einem Konzept der MAN für einen zweiteiligen Zug.

Obwohl sich die DB dann für die dreiteilige Variante entschied, änderte sie den Grundriss der Züge nicht, sodass die Abteile Erster Klasse im Trieb- statt im Mittelwagen untergebracht waren. In einem Teil der Triebzüge arbeitete ein hydrodynamisches, im anderen ein hydromechanisches Getriebe. Die ersten gelieferten Fahrzeuge erhielten herkömmliche Schrauben- und Gummihohlfedern, die späteren eine Luftfederung. In einem Teil der luftgefederten Züge erprobte die Bundesbahn eine gleisbogenabhängige Wagenkastensteuerung. Die luftge-

federten Züge trugen ab 1968 die Bezeichnung 634, die Übrigen die 624. Ihr Haupteinsatzgebiet lag im Nahverkehr, doch fuhren die 64 Züge rund zehn Jahre auch im Schnellzugdienst. Fast alle Züge stehen noch im Dienst.

Aus dem 624/634 entwickelte die Bundesbahn den 614, einen ebenfalls dreiteiligen Triebzug für den Nahverkehr, von dem 42 beschafft wurden. Sie waren für den Einmannbetrieb konzipiert. Die Baumuster verfügten ab Werk über die gleisbogenabhängige Wagenkastensteuerung.

Neue Hoffnungsträger

Kurze Zeit nach dem 614 standen die Baumuster der Baureihen 627 und 628 auf den Gleisen. Während die 628 aus zwei fest gekuppelten Triebwagen bestand, fuhr der 627 als Einzelgänger mit Führerständen an beiden Enden durch das Land. Konzipiert war vor allem der 628 für den Einsatz auf längeren Distanzen im Nahverkehr, also im Eilzugdienst. Mit 120 km/h Höchstgeschwindigkeit konnte er problemlos Hauptstrecken befahren. Für diese Aufgaben war die Antriebstechnik bestens geeignet, konnten Motoren und Getriebe doch lange in höchster Leistungsstufe arbeiten. Der Nachteil lag im geringeren Beschleunigungsvermögen. Damit konnten die Züge zwar die Schienenbusse ersetzen, bessere Angebote mit kürzeren Fahrzeiten waren aber kaum möglich. Nachdem die Baumus-

ter den Plandienst aufgenommen hatten, wurde es still um die neuen Züge. Erst 1981 konnte sich die Bundesbahn durchringen, weitere zweiteilige Züge zu beschaffen. Da ein leistungsstärkerer Dieselmotor zur Verfügung stand, orderte sie die Unterbaureihe 628.1, bestehend aus einem Trieb- und einem Steuerwagen. Exakt drei Züge stellte die Bundesbahn in Dienst. Hinzu kamen fünf Triebwagen der Baureihe 627. Zu mehr reichte das Geld nicht.

Aus dem 628.1 leitete die Bundesbahn den 628.2 ab, von dem ab 1986 ingesamt 150 Garnituren entstanden. Endlich hatte die Staatsbahn somit einen modernen Dieseltriebzug, der in allen Gegenden Deutschlands eingesetzt werden konnte. Robust und unverwüstlich bewältigte er den unspektakulären, für das System Schiene höchst wichtigen Nahverkehr auf dem Land. Vielfach ersetzte er lokbespannte Züge, konnte die Bundesbahn doch mit dem 628 auf den Zugführer verzichten. Genügte die Kapazität eines Triebzuges nicht, ließen sich bis zu drei gekuppelte Einheiten vom vorderen Führerstand aus steuern. Auch die Bildung gemischter Doppel aus 627 und 628 war möglich. Ab 1992 lieferte die Industrie 189 Garnituren des geringfügig weiterentwickelten 628.4.

Äußerlich unterschied er sich durch die Doppelschwenkschiebetüren am Kurzkupplungsende. Der knappe Längenzuwachs gegenüber dem 628.2 fiel dagegen nicht in das Auge. Mit dem

Oben: Im Pegnitz-
tal bei Ranna konnte
Michael Hubrich im
Juni 2000 diese bei-
den 611 in flotter
Kurvenfahrt be-
obachten.
Seite 163 oben:
Seit Dezember 2002
fahren 612 vom
Betriebshof Kempten
als Ersatz für die IR
zwischen Oberstdorf
und München. Im
winterlichen Allgäu
fuhr dieser Zug im
Januar 2003 nach
München.

628.4 endete die Beschaffung einer
Baureihe, die einst ein Hoffnungs-
träger für den Nahverkehr in der
Fläche war.

Neigezüge im Nahverkehr

Nach der Bahnreform und der Regionalisierung des Nahverkehrs konnten die Länder bei der Beschaffung
neuer Züge mitbestimmen. Daher
scheiterte das Vorhaben des DB-
Vorstandes, künftig auf eine Einheitsbauart zu setzen. Im Gegenteil:
Es entstand eine Vielzahl technisch
nur selten zusammenpassender Züge. Mal überzeugte die Konzeption
eines Zuges die Vertreter der Länder,
mal die Tatsache, dass ihn die heimi-
sche Industrie fertigte, mitunter

machten auch schlichtweg geringere Kosten einen Zug zum Hoff-
nungsträger für den Regionalverkehr. Von einigen Baureihen, zum
Beispiel dem 646, gab es sogar von
Beginn an Unterbaureihen. Gleiche
oder gleichartige Züge traten in die
Dienste der Privatbahnen. Manchmal unterscheiden sie sich nur im
Detail von ihren DB-Geschwistern.
Nur bei DB Regio fahren die Neige-
züge der Baureihen 610, 611 und 612.
Der 610, in dem die bewährte „Pendolino"-Technik von Fiat arbeitet,
stand Anfang der neunziger Jahre
bereit und bewältigt seitdem sehr
zuverlässig den Nahverkehr auf den
bogenreichen Strecken östlich von
Nürnberg. Nach rund zehn Jahren
Einsatz unter Volllast machten sich

allerdings Verschleißerscheinungen bemerkbar. Für eine Weile verschwanden die Züge im Ausbesserungswerk, zeitweise durften sie nur mit abgeschalteter Neigetechnik fahren. Seit dem Fahrplanwechsel vom 15. Dezember 2002 gehört der 610 wieder zu den Zügen, auf die DB Regio bauen kann.

Als „Pannolino" schrieb der 611 Schlagzeilen. Seine Wagenkastensteuerung entstammte der Rüstungstechnik. Dem Bahnalltag, der offenbar rauer ist als der Betrieb bei der Bundeswehr, zeigte sie sich nicht immer gewachsen. Diese Probleme hätten den Bahnalltag aber eher geringfügig beeinflusst. Schwerwiegender wirkten sich Konstruktionsfehler im Antrieb aus. Wenn Gelenkwellen und Koppelstangen brechen, zeugt dies nicht von solider Durchbildung der Bauteile. Auch die Motoren erwiesen sich als störanfälliger, als man es von einer Konstruktion aus dem bahnerfahrenen Hause MTU vermutet

hätte. DB Regio wäre es am liebsten, wenn Bombardier die Züge zurücknehmen und in das Ausland exportieren würde.

Der Nachfolger des 611, der 612, erwies sich als sorgfältiger durchkonstruiert. Mit Dieselmotoren von Cummins und verstärkten Koppelstangen an den Drehgestellen ausgestattet, fahren die Züge zuverlässig. Die elektronische Leittechnik wurde überarbeitet. Drehstromgeneratoren besserer Güte übernahmen die Stromversorgung. Im Alltag neigen die Züge aber zu heftigem Pendeln. Nicht wenigen Fahrgästen wird zwischen Nürnberg und Hof übel. Andere haben beim Gang durch den Zug Schwierigkeiten, das Gleichgewicht zu halten. Da zudem DB Regio nach zehn Jahren Einsatzes der Neigetechnik und drei in Dienst gestellten Baureihen die Erkenntnis kam, dass sich alles nicht so recht rentiere, steht die Frage im Raum, ob diese Technik eine Zukunft in Deutschland hat. ▲

Links: Führerstand einer E 44.
Großes Bild: Die 1020 026 und 012 führen im August 1994 den Güterzug 44813 von Innsbruck zum Brenner. Die modernisierten E 94 der ÖBB fuhren bis 1995.

Neben einer Vielzahl Dampfloks übernahm die Deutsche Reichsbahn von den Länderbahnen auch einige Elektroloks. Die Maschinen waren robust und leistungsfähig, repräsentierten aber nicht mehr den technischen Stand der Zeit. Zur Mutter der modernen Elektrotraktion avancierte die E 04. Von der 1'Co1'-Maschine entstanden zehn Baumuster bei AEC, die zwischen Ende 1932 und Mitte 1933 den Betrieb aufnahmen. Acht Maschinen kamen zum Bw Leipzig West, zwei zum Bw München Hauptbahnhof. Anfangs wurden sie für 110 km/h Höchstgeschwindigkeit zugelassen. Dann aber erreichte eine der Münchener Maschinen am 28. Juni 1933 vor einem Versuchszug zwischen München und Stuttgart 151,5 km/h Spitzentempo. Daraufhin änderte die Reichsbahn in den E 04 09 und 10 die Getriebeübersetzung, sodass die Maschinen regulär Tempo 130 fahren konnten. Bei den Probefahrten stellte sich heraus, dass bei dieser Geschwindigkeit der Lokführer von manuellen Tätigkeiten entlastet werden sollte. Darunter fielen damals nicht nur die Betätigung des Handrades zur Steuerung der Fahrgeschwindigkeit. Auch die Scheibenwischer arbeiteten noch längst nicht elektrisch. Für die Serienbeschaffung der Baureihe E 04 hatte diese Erkenntnis aber keine Folgen. Nur in den E 18 und E 19 konnten sich die Lokführer mit voller Konzentration der Streckenbesichtigung widmen.

Ab 1933 lieferte AEG weitere 13 Loks. Ihre wichtigsten Leistungen erbrachten sie in Süddeutsch-

Lokgeschichten

Die deutsche und österreichische Eisenbahngeschichte ist bei den Elektrolokomotiven eng verzahnt. Baureihen wie die E 18 und E 94 fuhren in beiden Ländern. Ebenso interessant liest sich die Geschichte so mancher Schweizer E-Lok.

Oben: Eine E 04 und eine E 18 der DR in mustergültigem Pflegezustand als Exponate einer Parade in Riesa.
Rechte Seite oben: Hervorragend passte der blutorange Lack zur E 18. Die ÖBB modernisierten, anders als die deutschen Bahnen, ihre E 18. Dies fällt vor allem an den zweifenstrigen Stirnseiten der Lok auf. Bis in die 90er Jahre war die 1018/1118 im Einsatz.

land. Dort hatte die Elektrifizierung dank der reichlich vorhandenen Wasserkraft frühzeitig begonnen. Vor allem der Verkehr über die berüchtigte Geislinger Steige profitierte vom technischen Fortschritt. Die Reichsbahn wollte noch mehr. Sie plante, einen Schnellverkehr mit Wendezügen einzurichten, für den unter anderem elektrische Triebfahrzeuge benötigt wurden. Anfang 1939 rüstete sie daher die E 04 23 mit der motorbetriebenen Fahrsteuerung der E 18 aus.

Grand-Prix-Siegerin E 18

Schon kurz nach Indienststellung der E 04 beschaffte die Reichsbahn die ersten Exemplare einer noch leistungsstärkeren Baureihe, der E 18.

Diese sollte 700 Tonnen schwere Schnellzüge in der Ebene mit Tempo 140 befördern. Konstruiert waren sie für 150 km/h Höchstgeschwindigkeit. Doch schon die E 18 01, die am 11. Mai 1935 bereitstand, erreichte in Versuchsfahrten 165 km/h. Im Plandienst schleppten die Loks Schnellzüge mit bis zu 935 Tonnen Gewicht mit 140 km/h. Auf 5 ‰ Steigung konnten sie einen 900-Tonnen-Zug auf 100 km/h beschleunigen. Dabei zeigten die Maschinen in der Gerade eine exzellente Laufkultur, während sie Bögen etwas ruckartig durcheilten. Dies war auf den Kleinow-Federtopfantrieb und die Druckplatten des Antriebs zurückzuführen, welche das Seitenspiel der Reibachsen erschwerten. Auf der Pariser Welt-

ausstellung 1937 erhielt die Baureihe drei Grand Prix für den Gesamtaufbau und die Leistungsfähigkeit, den Führerstand und den Fahrmotor. Insgesamt stellte die Reichsbahn 53 Maschinen in Dienst. Geplant waren ursprünglich zwar 92 Stück, doch brauchte Deutschland nach dem von Hitler entfesselten Krieg keine schnellen Renner mehr. Bei Kriegsende standen auf dem Gebiet der späteren Bundesbahn 36 Loks. Mit weiteren Zugängen aus dem Osten waren sie vornehmlich in Süddeutschland unterwegs. Erst mit Indienststellung der Baureihe 111 konnte die DB auf die leistungsfähigen, aber wartungsaufwändigen Maschinen verzichten. Am 3. Juni 1984 schleppten sie letztmals Planzüge. Wenige Wochen später, am 21. und 22. Juli, fand in Würzburg der offizielle Abschied statt.

Zwei E 18 gelangten zu den ÖBB, die bereits 1937 acht bauartähnliche Maschinen bestellt hatten. Nach der Annektion Österreichs passte die Reichsbahn die österreichischen E 18 den deutschen an, sodass die ab 1940 gelieferten Loks als rein deutsche Konstruktion einzuordnen sind. Sieben Maschinen überstanden den Krieg. Die achte wurde nach dem Motto „Aus zwei mach eins" gemeinsam mit der deutschstämmigen E 18 046 wieder aufgebaut. Von der E 18 046 stammte der mechanische, von der E 18 206 der elektrische Teil. Somit hatten die ÖBB drei Unterbaureihen: die echten Österreicher 1018.01 bis 08, die Zwitterlok 1018.101 und die deutsche 1118.01. Bis 1992 setzten die ÖBB die Maschinen im Plandienst ein.

Kurze Vierachser

Etwas später musterten sie die Maschinen der Familie 1045, 1145 und 1245 aus. Die Bo'Bo'-Maschinen bestachen durch ihre voll abgefederten Fahrmotoren und ihre geringe Achslast. Um

Oben: Abschieds-parade mit den 118 des Bw Würzburg. Selbst die Puffer-teller hatten aus die-sem Anlass nochmals den weißen Warn-anstrich erhalten.
Rechte Seite unten: Bei Siemens wurde die E 19 12 gefertigt. Sie war dem Bw Nürnberg zugeteilt worden.

diese zu erreichen, fiel die Technik äußerst kompakt aus. Die Loks wirk-ten daher ungewöhnlich gedrungen. Die 1045, anfangs als 1170 bezeich-net, stand 1927 auf den Gleisen. Mit 1140 Kilowatt ist sie die schwächste Vertreterin ihrer Familie. Zwei Jahre später beschafften die Bundesbah-nen die mit 1308 Kilowatt leistungs-fähigere 1170.100, die spätere 1145, für den leichten Reisezugdienst auf der Westbahn. Die mit 41 Exempla-ren größte Stückzahl entstand von der 1170.200 alias 1245. Sie wiesen 20,9 Tonnen Achslast und 1840 Kilo-watt Motorleistung auf. Erst sehr spät konnten die ÖBB auf die Vete-raninnen verzichten. 1990 erwischte es die 1145, vier Jahre darauf die 1045 und 1995 die 1245.

Schnelle E 19

Nach der E 18 beschaffte die Reichs-bahn vier Exemplare einer leistungs-stärkeren 1'Do1'-Bauart, der E 19. Je zwei Maschinen fertigten AEG und Siemens. Bestimmt waren sie für die Strecke Berlin – München, deren Elektrifizierung angelaufen war. Sie sollten 180 km/h im Plan- und bis zu 225 km/h im Versuchsdienst errei-chen. 1939 standen die AEG-, 1940 die Siemens-Fahrzeuge bereit. Kriegsbedingt fanden nur wenige Versuche statt. Planmäßig schlepp-ten die Loks Schnellzüge zwischen München und Saalfeld. Alle vier E 19 verblieben bei der DB, die sie bis in die siebziger Jahre einsetzte. 1977 endete ihre Zeit.

Oben: Ab Saalfelden wird den Güterzügen zur Fahrt über den Pass Grießen eine zweite Lok beigegeben, falls das Zuggewicht 550 Tonnen übersteigt. Bis 1988 wurde mit Vorspann gefahren. Die 1245 001 half im Oktober 1987 einer 1110 über den Berg.
Seite 171 oben: Eine E 44 der Reichsbahn rangiert einen langen Containerzug in Gaschwitz (Juli 1989).

Die Eisenschweine

Neben dem Schnellzugdienst wollte die Reichsbahn auch den Güter- und den leichten Reisezugverkehr elektrifizieren. Für diese Zwecke erschienen ihr laufachslose Maschinen der Achsfolge Bo'Bo' am geeignetsten. 1933 stellte sie ein von Siemens gefertigtes Baumuster in Dienst. Da sich die Konstruktion bewährte, bestellte die Reichsbahn 1933 zunächst weitere 20 Exemplare. Bis 1939 wuchs der Bestand auf 100 Lokomotiven. Da die E 44 als kriegswichtig eingestuft wurde, setzte die Reichsbahn die Beschaffung fort. Letzten Endes erhielt sie 177 Exemplare. Die leistungsfähigen Loks bestachen durch ihre Robustheit und erreichten Laufleistungen von mehr als 20.000 Kilometern im Monat. Dafür verlangten sie allerdings nach einem guten Oberbau, da harte Stöße den Tatzlagerfahrmotoren schadeten. Ein Teil der Lokomotiven erhielt für den Einsatz im Gebirge eine elektrische Widerstandsbremse. Die Bundesbahn übernahm 118 Lokomotiven, von denen sie fünf wegen Kriegsschäden sofort ausmusterte. Daneben ließ sie vier bei Kriegsende unfertige Loks zusammenbauen. 1955 kamen vier Nachbauten hinzu. In den sechziger Jahren erweiterten drei einst auf der Höllental- und Dreiseenbahn eingesetzten 25-Kilovolt-Maschinen der Baureihe E 244 den Bestand an E 44. Sämtliche Maschinen gehörten aus-

schließlich zu Bahnbetriebswerken in Bayern und Baden-Württemberg. Sie schleppten vor allem Güter- und Personenzüge. Erst mit wachsendem Bestand an Maschinen der Baureihe 111 konnte die Bundesbahn auf die Loks verzichten. 1983 rollte die letzte auf das Abstellgleis.

In der Sowjetischen Zone verblieben 49 Loks, von denen drei gleich ausgemustert wurden. Die Übrigen nahmen 1955 und 1956 den Betrieb wieder auf. Auf dem anfangs kleinen elektrischen Netz im Süden der DDR waren die E 44 lange Zeit unersetzlich. So blieben die Maschinen unverändert bis 1989 im Dienst, teilweise sogar im Rangierbetrieb.

Dafür waren die größeren „Eisenschweine", wie manch einer in der DDR die beiden Vorkriegsbaureihen E 44 und E 94 nannte, kaum geeignet. Die Geschichte des „deutschen Krokodils" begann 1933 mit der E 93. Nach Versuchen mit der E 44 ließ die Reichsbahn zwei Co'Co'-Maschinen

mit Tatzlagerantrieb für den schweren Güterzugdienst bauen. Auf 10 ‰ Steigung sollten sie einen 1600-Tonnen-Zug mit 50 km/h, auf 22,5 ‰ einen 720-Tonnen-Zug mit 40 km/h bewältigen. Die Drehgestellloks mit den beweglichen Vorbauten und dem zwischen den Drehgestellen aufgehängten Lokkasten mit Haupttransformator und Führerständen hielten, was sich die Reichsbahn von ihnen versprach. Bis 1939 stellte sie 18 Exemplare in Dienst.

Die kleine Stückzahl ist ausschließlich darauf zurückzuführen, dass schon bald eine noch leistungsfähigere Bauart konzipiert wurde, die E 94. Am 22. April 1940 übergab AEG das erste Exemplar der Maschine an die Reichsbahn. Da die Baureihe in der Lage war, den schweren Güterzugverkehr zu beschleunigen, galt sie als kriegswichtig und durfte weitergebaut werden. Auf Wunsch österreichischer Stellen erhielten sie eine Widerstandsbremse. Bis Kriegsende

Oben: Bis zu ihrer Ausmusterung waren die Güterzugloks der Baureihe 194 täglich an Donau und Naab zu sehen. Auf dem hohen Damm bei Etterzhausen fährt die 194 562 in Richtung Nürnberg (20. August 1985).
Seite 173 oben: Die Deutsche Reichsbahn setzte ihre E 94 noch lange ein. Im Mai 1989 passierte die 254 052 Oschatz.

entstanden 145 Fahrzeuge. 21 baugleiche Loks übernahm die Bundesbahn in der Nachkriegszeit. Daneben ließ sie 23 E 94 mit verstärkter elektrischer Ausrüstung nachbauen. Wie die E 44 gehörte auch die E 94 ausschließlich zu Bahnbetriebswerken in Baden-Württemberg und Bayern. Die Einsätze führten sie zum Brenner und nach Bingerbrück. Zuletzt arbeiteten sie auch im Schiebedienst auf der Geislinger Steige. Etwa zeitgleich mit der E 93 begann die Ausmusterung. Rollte die letzte E 93 1985 auf das Abstellgleis, folgte die stärkere Schwester bis 1988.

Die Reichsbahn übernahm 30 Loks, von denen 25 als Reparation in die Sowjetunion gingen und mehr oder minder demoliert Anfang der fünfzi-

ger Jahre zurückkehrten. 23 Maschinen arbeitete die Reichsbahn auf, vier verkaufte sie an die Bundesbahn. Im Süden der DDR waren sie vor schweren Güterzügen unentbehrlich. Die letzten DR-E-94 erlebten die deutsche Vereinigung, wenn auch großenteils nur buchmäßig.

Auch die ÖBB, die 47 Exemplare der E 94 geerbt und als Baureihe 1020 eingeordnet hatten, ließen aus vorhandenen Teilen drei Exemplare nachbauen. Vor allem auf den Gebirgsstrecken bildete die 1020 das Rückgrat des Güterverkehrs. Bei Hauptausbesserungen veränderten die Lokomotiven stark ihr Gesicht. Die drei Führerstandsfenster wichen zweien, die österreichischen Einheitslaternen wurden montiert und

Schneeräumer fest installiert. Erst 1994 stellte die Zugförderungsstelle Bludenz keinen Umlaufplan mehr für die Altbaumaschinen auf. Danach fuhren die Loks noch vereinzelt in Umlaufplänen jüngerer Baureihen.

Laufachsloser Bergfex

Im Jahr 1944 wagte sich die Schweizer BLS Lötschbergbahn mit der Ae 4/4 an eine Konstruktion mit der Achsfolge Bo'Bo'. SLM fertigte den mechanischen Teil, BBC die Elektrik. Letzterer Hersteller verwendete für die Ae 4/4 erstmals den neu entwickelten Scheibenantrieb. Das Drehmoment der fest im Drehgestell gelagerten Motoren wurde elastisch auf die gefedert gelagerten Achsen übertragen. Das schonte die Gleise. Denn die Fahrmotoren saßen nicht, wie beim Tatzlagerantrieb, kaum gefedert auf den Achsen auf. Die Dienstmasse der Ae 4/4 betrug 80 Tonnen, ihre Leistung 2940 Kilowatt. Die Höchstgeschwindigkeit lag bei 125 km/h. Dank Vielfachsteuerung war die Doppeltraktion mit zwei Ae 4/4 möglich. Insgesamt beschaffte die BLS zwischen 1944 und 1955 acht Maschinen.

Die Doppeltraktion wurde ab 1959 bei der BLS zu einem Konstruktionsprinzip. Bis 1966 erhielt sie fünf Ae 8/8, die im Grunde genommen aus je zwei Ae 4/4 bestanden, die jeweils nur einen Führerstand besaßen und Rücken an Rücken gekuppelt waren. Die Leistung dieser Kraftpakete betrug 6480 Kilowatt. Sowohl von den Ae 4/4 als auch Ae 8/8 sind noch einige Exemplare im BLS-Eisenbahnalltag aktiv.

Schweizer Reptil

Am Gotthard begann 1920 die Zeit der „Krokodile". Mit der Ce 6/8 II, deren Achsfolge (1'C)(C1') lautete, ließen die Schweizer Bundes-

Oben: Die Doppel-lok Ae 8/8 271 entstand aus zwei Ae 4/4 der BLS.
Mitte: Eine De 6/6 auf ihrer Stammstrecke, der Seetallinie der SBB.
Linke Seite: Ab und an darf das Erstfelder Krokodil einen Ausflug auf die Gotthardnordrampe unternehmen (Februar 2000).

bahnen (SBB) die Dampfloks am Gotthard überflüssig werden. Zwischen 1920 und 1922 entstanden 33 Krokodile für den Güterzugdienst. Die erfolgreichen Maschinen erhielten in den Jahren 1926 und 1927 Zuwachs. Diese 18 Maschinen mit der Bezeichnung Ce 6/8 III waren um 60 Zentimeter länger und besaßen stärkere Motoren, die eine Leistung von 1800 Kilowatt erbrachten. Konstruktiv gab es kaum Unterschiede. Der mittlere Teil der Lok mit den beiden Führerständen und dem Haupttrafo samt Stufenschaltwerk stützte sich auf den beiden fest untereinander gekuppelten Treibradgruppen ab, ohne Zug- und Stoßkräfte übertragen zu müssen. Unter den beiden Vorbauten waren die insgesamt vier Fahrmotoren und Hilfsaggregate untergebracht. Die Ausmusterung der 75 km/h

schnellen Krokodile war 1982 abgeschlossen. Einige Museumsexemplare, so auch die 14253, sind erhalten geblieben. Ab und an darf die 14253 aus ihrem Heimatdepot Erstfeld zu einem Sonderdienst auf die Gotthardbahn ausrücken.

Das Krokodilchen

Mit der De 6/6 entstand 1925 maßgeschneidert für die Seetalbahn ein verkleinertes Ebenbild des berühmten Gotthard-Krokodils mit einer um circa ein Drittel reduzierten Leistung, ohne Laufachsen und mit nur einem Motor pro Triebgestell. Auch nach der Umstellung ihrer Stammstrecke auf die landesübliche Stromart (15 Kilovolt, 16 2/3 Hertz) im Jahr 1930 konnte sie problemlos in ihrem Einsatzgebiet verbleiben, da sie

Oben: Bei Uzwil führte diese Ae 4/7 einen kurzen Güterzug (20. Juli 1992).

Rechte Seite oben: Die Einsätze der Ae 6/8 der BLS sind Geschichte. Unvergessen sind die in Doppeltraktion geführten Güterzüge über die Rampen am Lötschberg. Eben befährt ein solches Gespann mit einem Güterzug von Spiez nach Brig den Finnengrabenviadukt (Juli 1998). Einzig die 205 blieb der Nachwelt erhalten.

als eine der ersten Mehrstromloks beide Spannungen zu verarbeiten vermochte. Neben anfänglichen Rangier- und leichten Güterzugdiensten im südlichen Tessin sowie gelegentlichen Aushilfseinsätzen bei Hochbetrieb auf der Südostbahn blieben die Krokodilchen über mehr als 50 Jahre bis 1983 ihrer Stammstrecke treu. Sie bewältigten dort den gesamten Güterverkehr und machten sich trotz ihrer geringen Höchstgeschwindigkeit von 50 km/h in der Hauptverkehrszeit auch vor Reisezügen nützlich.

Sprinterin Ae 4/7

1921 erschien mit der Ae 3/6 I eine Schnellzuglok für das Schweizer Flachland. Sie verfügte über den da-

mals neuartigen Buchli-Einzelachsantrieb. Der schwere Transformator der Maschinen erforderte einen asymmetrischen Achsstand. Nachdem sich die Ae 3/6 I etabliert hatte, dachten die SBB daran, ein Pendant für die Bergstrecken zu schaffen. Die Konstrukteure verlängerten dazu die Ae 3/6 I um eine Treibachse zur Ae 4/7 mit der Achsfolge 2'D1'. Dank eines zusätzlichen Fahrmotors und des größeren Trafos stieg die Traktionsleistung auf 2000 Kilowatt. Spätere Serien erbrachten 2300 Kilowatt. Zwischen 1927 und 1934 fertigte die Schweizerische Lokomotiv- und Maschinenfabrik (SLM) in Winterthur 127 Exemplare. Deren Höchstgeschwindigkeit betrug 100 km/h. In den fünfziger Jahren begannen die 125 km/h schnellen Ae 6/6 in die

Domäne der Ae 4/7 einzubrechen. Nach und nach wanderten die ehemaligen Schnellzugloks ins Flachland zum Güterzugdienst ab. Die letzten der robusten Maschinen fuhren bis 1996, ehe auch sie abgestellt wurden.

Die legendäre Ae 6/8

Für die schweren Frachtzüge am Lötschberg stellte die BLS 1926 zwei und 1931 nochmals zwei Loks der Bauart Be 6/8 mit Sécheron-Antrieb in Dienst. Diese vier Loks erbrachten jeweils eine Stundenleistung von 3300 Kilowatt. Nachdem sie sich auf den Rampenstrecken bewährt hatten, beschaffte die BLS bei SLM Winterthur zwischen 1939 und 1943 vier weitere Loks, die technisch und optisch von der Ursprungsserie abwichen. Die neuen Maschinen zeichneten sich durch eine höhere Geschwindigkeit aus. Gegenüber den Be 6/8 wiesen sie gerundete Kopfformen an beiden Enden auf. Die Motorleistung betrug 3900 Kilowatt. Daher sprach die BLS bei der neuen Serie nun von der Bauart Ae 6/8.

Mit Auslieferung der Ae 6/8 begann die BLS, die vier Be 6/8 so umzubauen, dass sie ebenfalls als Ae 6/8 eingeordnet werden konnten. Ab 1955 passte man die älteren Maschinen auch optisch der zweiten Serie an. Die eleganten Kopfformen ersetzten die kantigen Führerstände, welche die italienische Firma Breda gebaut hatte.

Ein erneuter größerer Umbau fand 1961 statt. Die Ae 6/8 erhielten dieselben Fahrmotoren wie die Ae 6/6 und neue Trafos mit zeitgemäßer Hochspannungssteuerung. Die Traktionsleistung stieg dadurch auf rund 4400 Kilowatt.

Bis Mitte der neunziger Jahre versahen die legendären Loks auf den Lötschbergrampen ihren Dienst. Verdrängt wurden sie letztendlich von den modernen Lokomotiven der Reihe 465. Ein Exemplar aus der zweiten Serie, die Ae 6/8 mit der Nummer 205, blieb als betriebsfähige Museumslokomotive erhalten.

DB-Einheitstypen

In den dreißiger Jahren standen deutsche Elektrolokomotiven an der Weltspitze. Der Vorsprung ging während des Krieges verloren. Mit ihren Einheitsmaschinen schuf die Bundesbahn ein solides Fundament für die weitere Entwicklung.

Oben: Im Ablieferungszustand an die Deutsche Bundesbahn präsentierte sich die E 50 061.

Linke Seite: Nach wie vor lässt der Anblick dieser eleganten Schnellzugmaschine die Herzen der Kenner höher schlagen. Im klassischen blau/beigen Anstrich präsentiert sich die fabrikfrische E 10 1266.

Links: Die Baureihe E 10 rollte zunächst in fünf Baumusterlokomotiven auf die Gleise. Sie hatten mit den späteren Serienloks in optischer Sicht nicht allzu viel gemeinsam. Hier glänzt die E 10 001 im Sonnenlicht.

Oben: Abfahrtsauftrag für die E 41 005 mit ihrem Eilzug von Garmisch-Partenkirchen nach Mittenwald.
Rechte Seite oben: Auf der Nebenbahn nach Oberammergau fuhr bis 2002 die Baureihe141.
Rechte Seite Mitte: Die E 41 001 ist als Museumslok auserkoren.
Rechte Seite unten: Die 141 248 erhielt einen besonderen Anstrich verpasst.

Nach dem Zweiten Weltkrieg begann die Bundesbahn mit der zielstrebigen Elektrifizierung der wichtigen Hauptstrecken. Aus Geldmangel — der Staat stellte als Eigentümer der Bahn die nötigen Mittel nur zögerlich bereit — dauerte es zwar sehr lange, bis beispielsweise der Fahrdraht die Seehäfen Bremen, 1964, und Hamburg, 1965, erreichte. Mitte der sechziger Jahre konnten elektrische Lokomotiven aber praktisch alle wichtigen Reise- und Güterzüge bespannen. Die Bundesbahn stellte zu diesem Zweck eine ganze Lokfamilie in Dienst.
Schon 1952 erhielt die Bundesbahn fünf Baumuster der Baureihe E 10, um verschiedene Komponenten erproben zu können. Die Loks sollten

Schnellzüge und mittelschwere Güterzüge bespannen können. Neben Messfahrten absolvierten die Maschinen auch Planleistungen. Vor allem die E 10 005 stand im direkten Wettbewerb zur E 18. Aus den Erfahrungen heraus entwickelte die Bundesbahn ihr Typenprogramm mit vier Varianten.
Es begann 1956 mit der E 41. Diese war für den leichten Zugverkehr vorgesehen. Dank ihrer Höchstgeschwindigkeit von 120 km/h konnte sie aber anfangs auch Schnellzüge schleppen. Erst 1960 setzte die Bundesbahn das Tempo der Schnellzüge auf 140 km/h herauf. Folglich spritzte sie die E 41 ab der Betriebsnummer 072 nicht mehr blau, sondern grün. Bei ihrer Entwicklung legte die

Bundesbahn großen Wert auf eine geringe Achslast. Schließlich sollte die Lok auch auf Nebenstrecken fahren können. Sehr viel mehr als 16 Tonnen Achsfahrmasse waren deshalb nicht drin. Zugleich musste die Lok aber auch eine hauptbahntaugliche Höchstgeschwindigkeit vorweisen können, um kein Verkehrshindernis zu bilden. Des Weiteren wollte die Bundesbahn möglichst viele Bauteile installieren, die auch in anderen Einheitselektroloks arbeiteten. Die E 41 stellte somit einen Kompromiss dar: Sie war leicht, preiswert und gehörte zur Familie.

Die wichtigste Abweichung betraf das Schaltwerk. Für die geforderte Leistung benötigte die E 41 kein teures und schweres Hochspannungsschaltwerk. Stattdessen baute die Bundesbahn ein Niederspannungsschaltwerk ein. Die Geräusche, die beim Löschen von Funken mit Druckluft entstanden, verliehen der Lok den Spitznamen „Knallfrosch". Auch die Fahrmoto-

Oben: Silbernes Dach, blauer Kasten und schwarzer Rahmen: Das sind die Zutaten, aus denen eine wunderschöne Lok wird. (E 10 225, fotografiert am 29. März 1969.

Rechte Seite oben und unten: Neben Schnellzügen standen natürlich auch Personenzüge in den Dienstplänen der E 10. So fahren sie an der Mosel, genauso wie über die berühmte Geislinger Steige.

ren der E 41 wichen von der Einheitsbauart ab. Auf eine Widerstandsbremse verzichtete sie, obwohl sie für den Nahverkehr sinnvoll gewesen wäre. Selbstverständlich erhielt die E 41 eine Wendezugsteuerung. Der Lokkasten fiel um rund 80 Zentimeter kürzer aus als bei den anderen Familienmitgliedern.

Große Übereinstimmung

1957 erhielt die Bundesbahn die ersten Exemplare der anderen Baureihen: Die E 10 war für den Schnellzugdienst gedacht, die weitgehend baugleiche E 40 sollte Güterzüge im Flachland, aber auch den einen oder anderen Reisezug schleppen. Mit der sechsachsigen E 50 übernahm die

Bundesbahn zudem eine schwere Güterzuglok. In ihr verwirklichte die DB ihr Vorhaben, weitgehend gleiche Bauteile zu installieren.

Das begann beim Stromabnehmer und ging über den Hauptschalter, den Transformator, das Hochspannungsschaltwerk und die Fahrmotoren bis hin zum Gummiringfederantrieb. Der Stromabnehmer vom Typ DBS 54 mit Doppelschleifstück war eigens für die Einheitslokomotiven entwickelt worden. Erstmals konnten deutsche Elektrolokomotiven den nötigen Fahrstrom mit einem Pantographen abnehmen — bei den Vorkriegsbaureihen mussten immer beide Stromabnehmer anliegen. Das Doppelschleifstück des DBS 54 war nämlich als Wippe konstruiert, so-

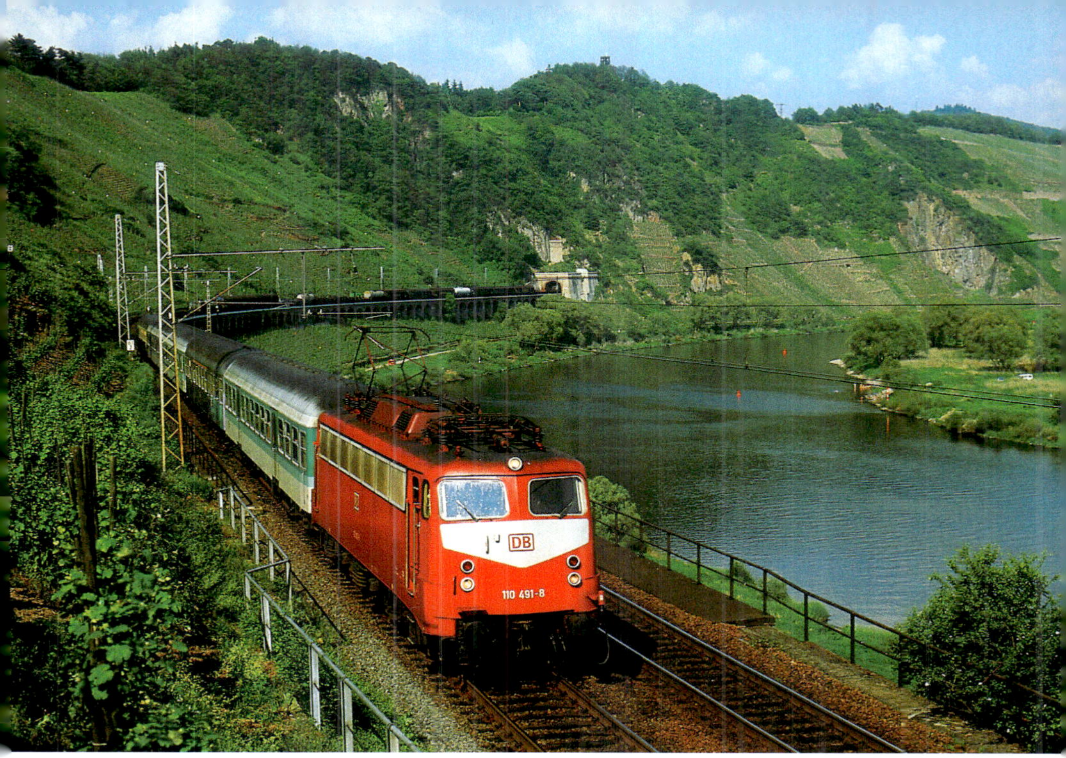
DB
110 491-8

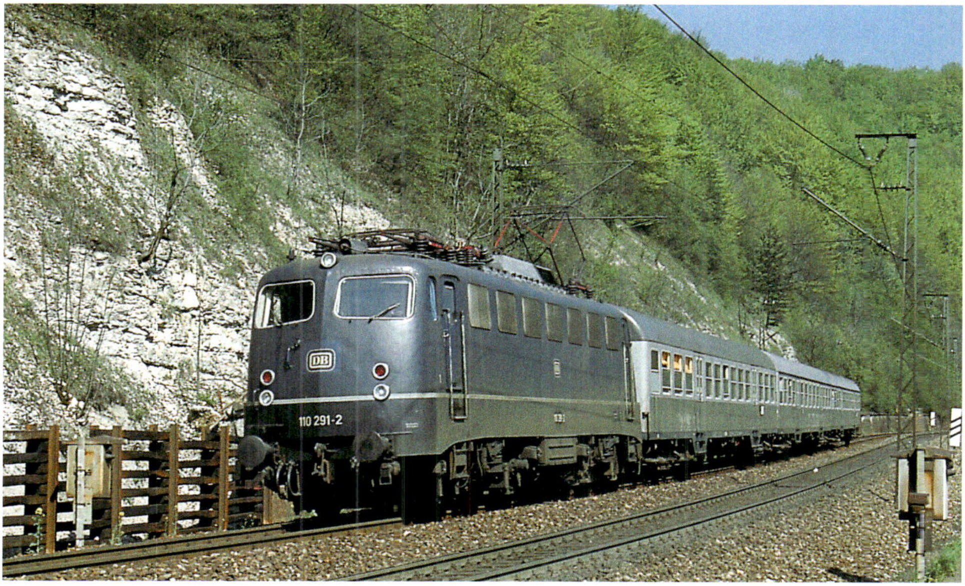
DB
110 291-2

Oben: Noch immer unentbehrlich sind die Loks der Baureihe 140 bei DB Cargo. Mit einem Containerzug von Maschen nach Linz ist diese Lok am Main unterwegs (Mai 2002).

Rechte Seite: Dank ihrer Vielfachsteuerung können die 140 auch schwere Kesselwagenzüge von und nach Ingolstadt bespannen. Fotografiert wurde bei Dollnstein.

dass immer mindestens eine Kohlenleiste am Fahrdraht anlag. Das verhinderte die für die Motoren gefährlichen Kontaktunterbrechungen, die bei den zuvor eingesetzten Stromabnehmern mit Einfachschleifstück immer wieder auftraten. Der BBC-Druckluftschnellschalter hatte bereits im Triebzug der Baureihe ET 56 seine Zuverlässigkeit unter Beweis gestellt. Transformator, Schaltwerk und Fahrmotoren waren konventionell ausgeführt. Der Gummiringfederantrieb wirkte erstmals in Elektrolokomotiven. Sechs Mitnehmer greifen dabei in sechs Hohlräume zwischen den Speichen der Räder. die zwischen Mitnehmern und Speichen angebrachten Gummielemente dämpfen die Kräfte.

Abweichungen gab es vor allem bei Bauteilen, die für den Einsatzzweck der jeweiligen Lok entscheidend waren. Selbstverständlich konnte die E 50 nicht die gleichen Drehgestelle erhalten wie die übrigen Maschinen. Die erste und zweite Achse wiesen einen Abstand von 2500, die zweite und dritte von 1950 Millimetern auf. Der Drehzapfen befindet sich zwischen der ersten und zweiten Achse. Die Fahrmotoren sind in Richtung Lokmitte gelagert. Kurioserweise ließ die Bundesbahn in den ersten 25 Maschinen Tatzlagermotoren einbauen. Erst von der E 50 026 an waren die Motoren vollständig im Drehgestell gelagert.

Die E 10 erhielt, ebenso wie die E 50, ab Werk eine Widerstandsbremse.

Oben: Von Nürnberg nach Plattling ging die Reise dieser 150 mit einem langen Güterzug. Eben hat der fotogene Zug die Laberbrücke bei Beratzhausen erreicht.

Bei der E 40 glaubte man, darauf verzichten zu können. Als die Lok 1960 den Verkehr auf der Höllental- und Dreiseenbahn übernehmen sollte, kam die Bundesbahn um den Einbau der Widerstandsbremse aber nicht herum, wollte sie doch vermeiden, dass in starkem Gefälle die Radreifen sich übermäßig erwärmen und die Bremsklötze über Gebühr verschleißen. Damit war die Unterbaureihe E 40.11 geboren, die später auch andere Steilstrecken bediente, zudem die Züge der „Rollenden Landstraße" über den Brenner bespannte. Technisch glich die E 40.11

der E 10 mehr als die E 40 selbst, denn die Widerstandsbremse war gleicher Bauart.

Renner für „Rheingold"

Auch von der E 10 entstand eine Variante. Für die Bespannung des zum Trans-Europ-Express aufgewerteten „Rheingold" brauchte die Bundesbahn Maschinen mit 160 km/h Höchstgeschwindigkeit. Die E 10 brachte es aber nur auf 150 km/h. Andere Renner standen nur auf dem Reißbrett. Daher baute die Bundesbahn zunächst einige Maschinen für

das höhere Tempo um, bis die Industrie die ab Werk beschleunigten Neubaumaschinen der Unterbaureihe E 10.12 lieferte. Ihre äußere Form mit einem markanten senkrechten Knick in den Schnauzen wurde für die Serien-E-10 übernommen. Ab der Ordnungsnummer 288 fuhren alle E 10 mit „Bügelfalte".

Trotzdem gibt es E 10 mit höherer Nummer und altem Lokkasten. Das liegt einfach daran, dass die Bundesbahn die Chance nutzte, die sich durch die enge Verwandtschaft von E 10 und E 40 ergab. Nach einer einfachen Änderung der Getriebeübersetzung wurde beispielsweise aus der 139 134 die 110 511. Umgekehrt verwandelte sich die 110 139 in die 139 139. Zudem erhielten ältere Lokomotiven der Baureihe E 10 nach Un-

fallschäden den neuen Lokkasten. Die 110 107 fährt zum Beispiel mit „Bügelfalte".

Eine Vielzahl weiterer Änderungen verliehen den Einheitslokomotiven ein kunterbuntes Aussehen. Am stärksten fielen die unterschiedlichen Signalleuchten in das Auge. Anfangs erhielten alle Einheitslokomotiven oberhalb der Pufferbohle zwei Lampen, die das Spitzen- und das Schlusssignal darstellen konnten. Später ließ die Bundesbahn getrennte Lampen für das Spitzen- und Schlusssignal einbauen. Um die Wartung zu erleichtern, entfielen Griffstangen an den Stirnseiten sowie die Regenrinne oberhalb der Führerstandsfenster. Für den Fahrbetrieb sehr nützlich war der Einbau einer Scheibenwaschanlage. Als wahre Renn-E-10 erwiesen sich die Maschi-

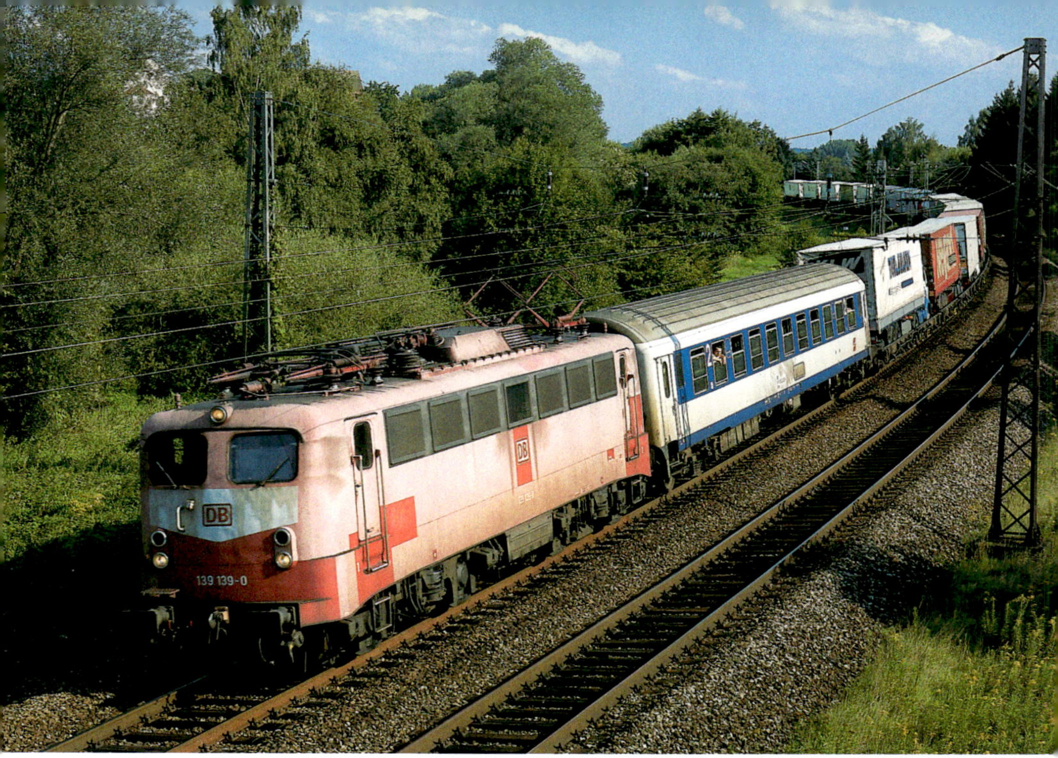
DB
139 139-0
DB

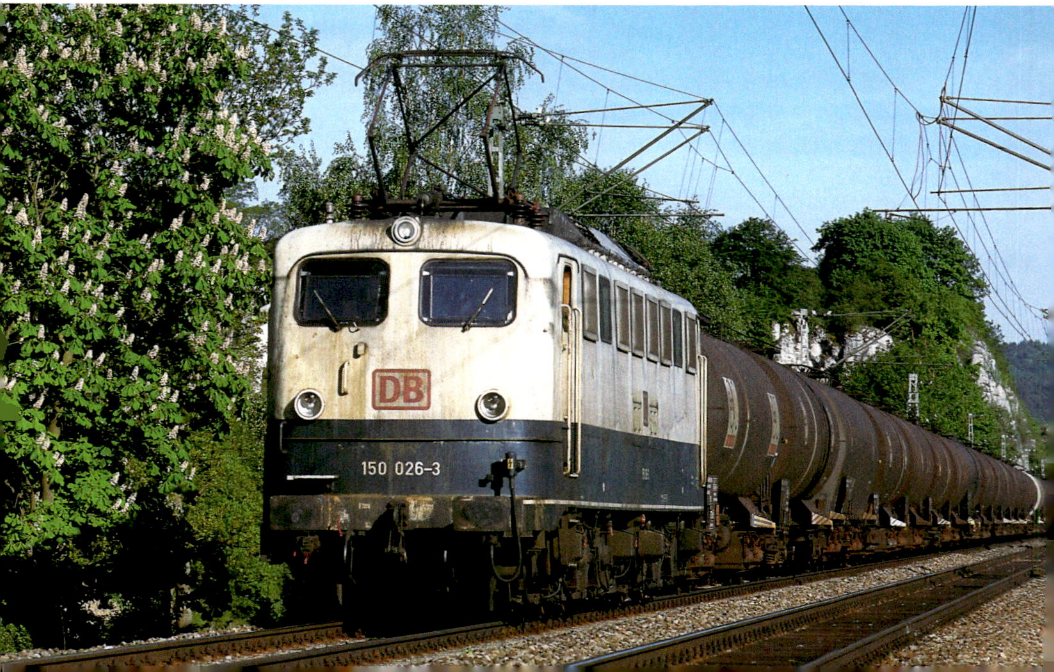
DB
150 026-3

Oben: Im Februar 2003 endeten die Schiebedienste der 150 an der Geislinger Steige (August 2001).
Linke Seite oben: In einem erbärmlichen Zustand zeigt sich die 139 139. Sie führt einen Zug der Rollenden Landstraße vom Brenner nach Ingolstadt/Manching, das bald erreicht ist.
Linke Seite unten: Vor Bedarfszügen mit Öl werden die 150 wohl noch bis Ende 2003 fahren dürfen.

nen 299 und 300. In ihnen erprobte man zwei unterschiedliche Antriebssysteme für 200 km/h Spitzengeschwindigkeit. In der E 10 299 wirkte ein Henschel-Alsthom-Antrieb, in der E 10 300 der später in der Baureihe 103 verwendete Gummiring-Kardanantrieb von Siemens.

Sämtliche Bauarten kamen im ganzen Bundesgebiet herum. Nach dem Zusammenbruch der DDR gelangten auch einige Einheitselektrolokomotiven in die neuen Länder. Die Wanderung von Ost nach West fiel allerdings bei weitem deutlicher aus. Parallel zur Bahnreform 1994 musste die Staatsbahn an den Ersatz der in die Jahre gekommenen Maschinen denken. Die Baureihe 145 soll die 139 und 140, die Baureihe 152 die 150 im Güterzugdienst ersetzen. Im Nahverkehr lösen die Baureihe 146 sowie verschiedene Elektro- und Dieseltriebzüge die 110 und 141 ab. Die 110 als Nahverkehrslok? War sie nicht eine Schnellzuglok? Gewiss. Doch schon in den siebziger Jahren bespannte sie mehr und mehr Nahverkehrszüge, da neben der zur 112 mutierten E 10.12 mit den Baureihen 103 und 111 schnellere Fahrzeuge für den Fernverkehr zur Verfügung standen. Im Zuge der Bahnreform wurden sie folgerichtig dem Geschäftsbereich Nahverkehr zugeteilt. Noch fahren, abgesehen von den 141 und 150, von sämtlicher Baureihen zahlreiche Maschinen. Ihr Stündchen dürfte aber in absehbarer Zeit geschlagen haben. ▲

Oben: Für das Musical „Starlight Express" warb die 101 001, hier aufge-
nommen in Stuttgart Hauptbahnhof.
Großes Bild: Vor einem InterCity macht sich die 101 069 bei
Beimerstetten nützlich.

Werbeträger

Mit der Baureihe 101 stellte die Deutsche Bahn eine Lokomotive in Dienst, die sie eigentlich gar nicht mehr haben wollte. Die als Schnellzuglok bezeichnete Maschine ist, technisch betrachtet, mehr eine Universallok.

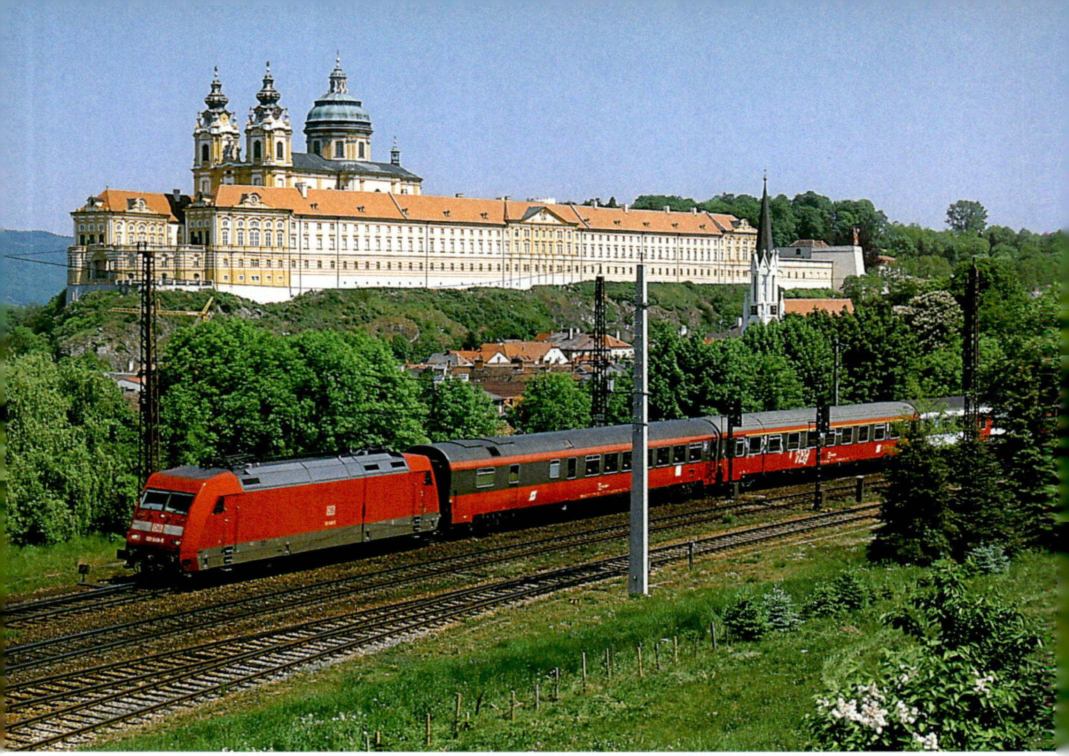

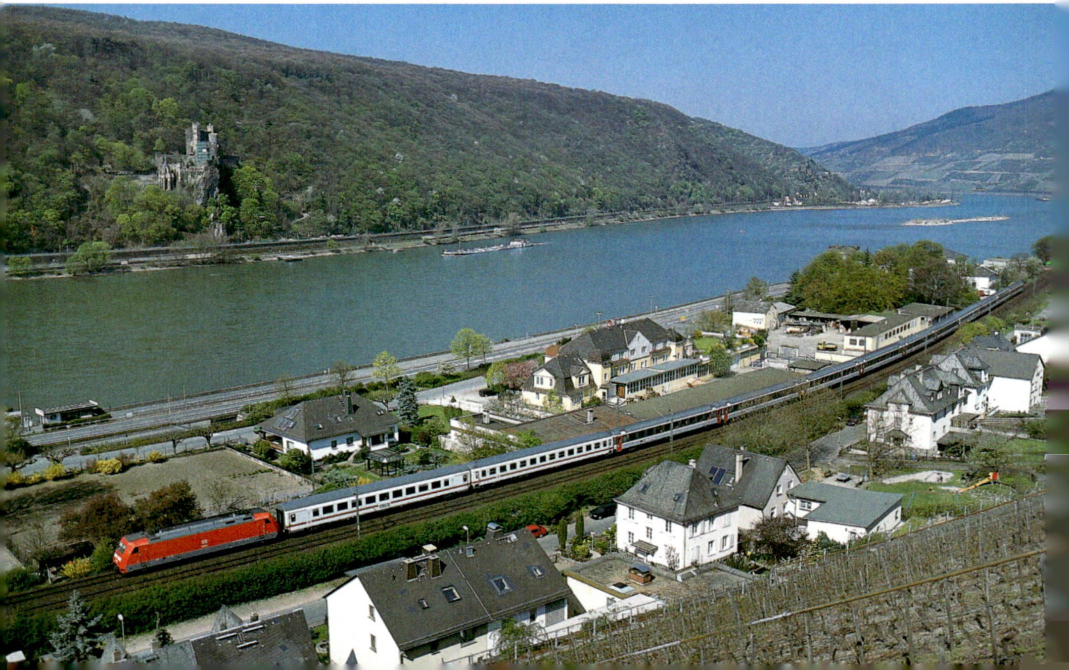

Oben: Einsätze vor InterRegio wie hier auf der Schwarzwaldbahn sind leider schon wieder passé.
Seite 192 oben: Planmäßig kommt die 101 auf die österreichische Westbahn und passiert Stift Melk.
Seite 192 unten: Rhein-Romantik pur zeigt diese Aufnahme aus Assmannshausen mit einem 101-bespannten EuroCity mit deutschen und schweizerischen Reisezugwagen.

Oben: Die Nacht-
züge Deutschland –
Österreich werden
vorwiegend mit
101 bespannt. Im
Mai 2000 fuhr eine
Aspirin-101 nach
Wien.
Seite 195: Regel-
mäßig schleppen
die Universalloks
Güterzüge, zum
Beispiel über die
Geislinger Steige.
Für diese Leistungen
mietet DB Cargo die
Loks bei DB Reise &
Touristik an.

Am 18. Juni 1999 übergab AD-
tranz die 33.333. Lokomotive
des traditionsreichen Kasseler Hen-
schel-Werks. Eine gewöhnliche Maschine kam angesichts dieser Fabriknummer natürlich nicht infrage. Daher vergab man die Nummer an die
101 145, das letzte Exemplar der neu-
en Schnellfahrlok der Deutschen
Bahn. Nach dem Willen des DB-Vor-
standes sollte sie eine reine Schnellzugmaschine sein. In Wirklichkeit
entstand aber eine Universallok.
Damit trat sie die Nachfolge der
Baureihe 120 an, die nach der Lieferung von 60 Serienmaschinen nicht
mehr gefertigt wurde. Eine ebenfalls

als Universallok konzipierte Baureihe 121 existierte schon auf den
Reißbrettern. Da sie etwas teurer
war als auf ein Aufgabengebiet spezialisierte Maschinen und im Zuge
der Dürr'schen Bahnreform der ver-
kehrswirtschaftlich sinnlosen Trennung von Reisezug- und Güterverkehr das Wort geredet wurde, musste die Bundesbahn die bereits
getätigte Ausschreibung für die 121
annulieren. Stattdessen schrieb sie
einen Schönheitswettbewerb für die
neuen, auf einheitlichen Konstruk-
tionsprinzipien basierenden Spezia-
listinnen aus. ABB Henschel gewann
den Wettbewerb mit der Eco 2000.

194

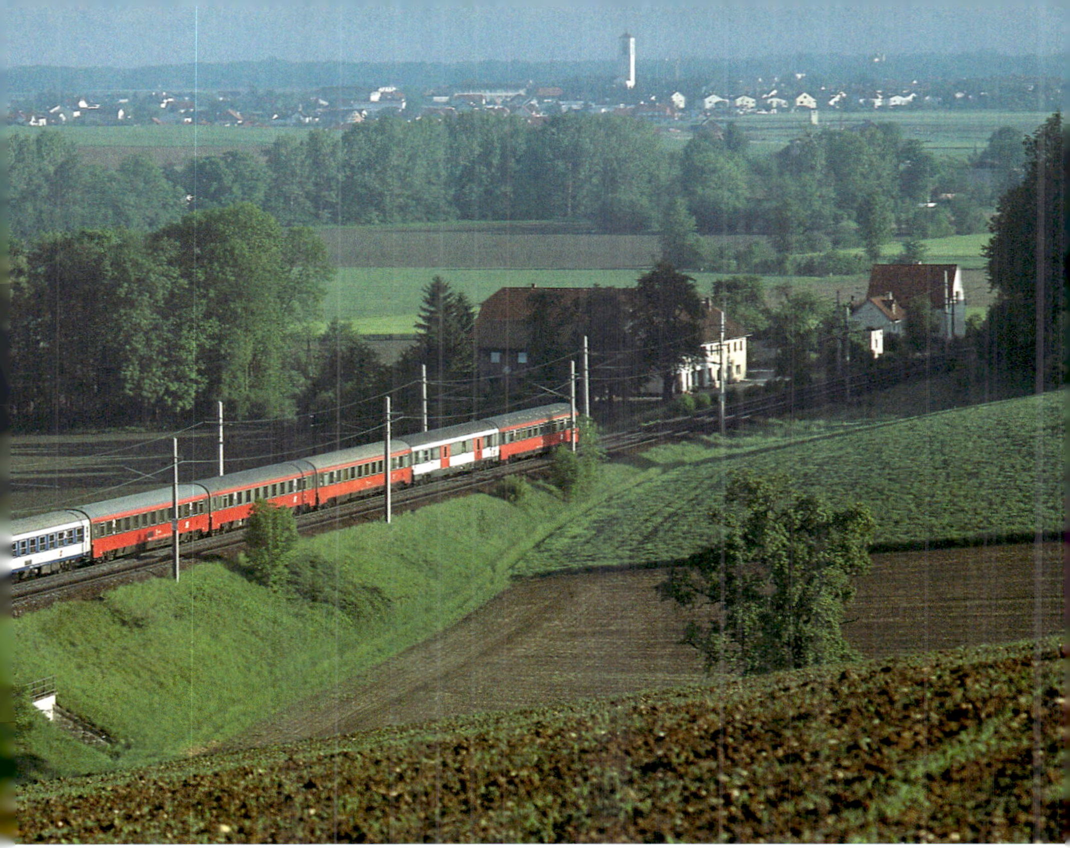

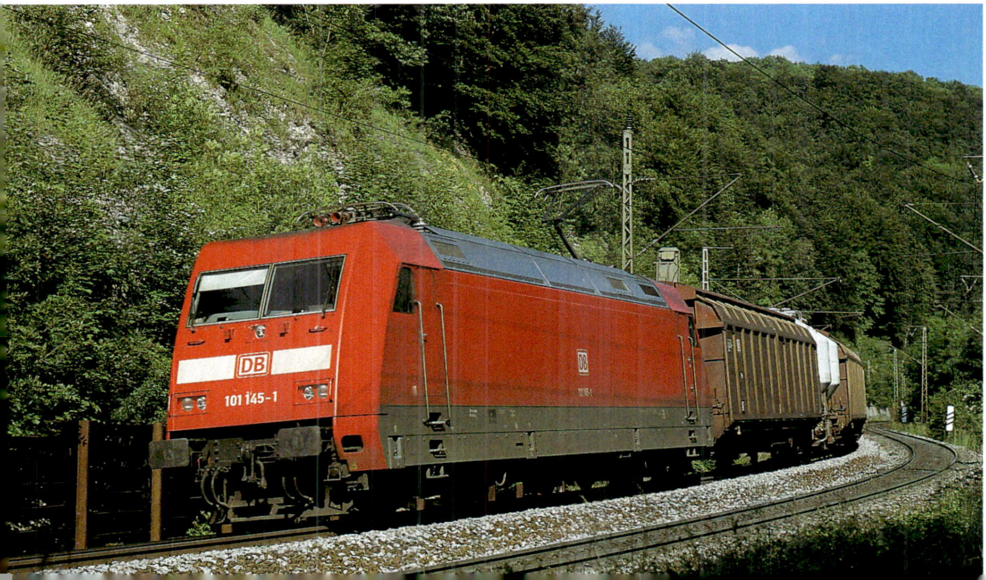
DB
101 145-1

Oben: Aus welchem Material bestehen die weltweit beliebten Legosteine? Eisenbahnfreunde wissen Bescheid, können sie doch auf der 101 100 nachschauen.
Unten: Für chemische Produkte zur Gartenpflege fährt die farbenfroh gestaltete 101 089 Reklame. Sie wurde wie die 101 100 vom Chemiekonzern Bayer gemietet.

Bei der Eco 2000 handelte es sich um eine Plattform für Lokomotiven verschiedener Leistungsklassen. Die Erprobung wichtiger Komponenten erfolgte in Maschinen der Baureihe 120.1. Eine Baumusterlok, wie sie die AEG und Siemens vorstellten, gab es nicht. ABB Henschel ging Anfang 1996 in ADtranz auf. Nach der Fusion ihrer Schienenfahrzeughersteller arbeiteten ABB und Daimler-Benz noch drei Jahre zusammen, ehe Daimler-Benz ADtranz komplett übernahm. Inzwischen haben die Stuttgarter nach Verlusten in Milliardenhöhe ADtranz an Bombardier verkauft.

Umweltfreundliche Lok

Die Baureihe 101 stellt den Spitzenvertreter der Eco-2000-Familie dar. 6400 Megawatt Dauerleistung erreichte vor ihr keine vierachsige Lokomotive in Deutschland. Ihre Zulassungsurkunde weist 220 km/h Höchstgeschwindigkeit aus. Dieses Tempo kann sie aber bestenfalls als Lokzug erreichen, da die schnellsten Wagen von DB Reise & Touristik maximal Tempo 200 vertragen. Dabei geht sie mit dem Strom sparsam um, was nicht zuletzt dem strömungsgünstig geformten Lokkasten geschuldet ist. Überhaupt zeigt sich die Lok sehr umweltfreundlich. Die zur Spurkranzschmierung eingesetzten Fette lassen sich ebenso biologisch abbauen wie das Polyolester, das Haupttransformator und Stromrichter kühlt. Motoren und Lüfter arbeiten deutlich leiser als in frühern Lokomotiven. Nach dem Ende ihrer Dienstfahrten muss ADtranz die Lokomotiven zurücknehmen, sortenrein zerlegen und die Materialien wiederverwerten.

Trotz des großen Spitzentempos kann die mit hochwertiger Elektronik vollgestopfte Lok auch schwere Lasten problemlos beschleunigen. Bis zu einem Tempo von 140 km/h stimmen die Zugkraftkurven der Baureihen 101 und 152 annähernd überein. Letztere ist eine Güterspezialistin, der bei 140 km/h die Puste ausgeht. In den Anfangstagen spielte die Elektronik der Deutschen Bahn manchen bösen Streich. We-

Oben: Für Bella Italia macht sie diese 101 stark.
Mitte: Sonderlack-101 für den Metropolitan.

gen einer nicht ausreichend abgeschirmten Schaltungsdrossel beeinträchtigte die 101 beispielsweise den Rangierfunk — ein nicht ganz ungefährlicher Fehler. Auch das nicht schwingungsfrei gelagerte Drehzahlgebersystem bereitete anfangs Schwierigkeiten. In jüngster Zeit machte die 101 Schlagzeilen wegen Haarrssen im Drehgestell. Betriebsgefährdend waren diese zwar nicht. Die Medien hatten an dieser Panne der Bahn aber ein gefundenes Fressen.

Nichtsdestoweniger leisten die Maschinen ihren anstrengenden Dienst vergleichsweise problemlos. Dank der Zuverlässigkeit konnte die Deutsche Bahn die Schnellzuglokomotiven sogar zweckentfremden. Als rollende Litfaßsäulen werben sie für eine Vielzahl Produkte und Ereignisse, beispielsweise für Modellbahnfahrzeuge von Märklin, für das Musical „Starlight Express" oder für die Fußball-Weltmeisterschaft, die 2006 in Deutschland stattfinden. ▲

Oben: Noch immer im Museumseinsatz ist die E 03 001. Hier aufgenommen in Wien-West.

Rechts: Die 103 166 zu nächtlicher Stunde in der Halle des Kölner Hauptbahnhofes.

Unten: Die 1970 frisch abgelieferte 103 111. Die Lok hatte neben der Schürze noch die typischen Pufferverkleidungen nebst Scherenstromabnehmer.

Die legendäre Schnell-fahrlok der Baureihe 103 beeindruckte durch ihre Eleganz und Zuver-lässigkeit.

Loklegende

Oben: Auf dem Weg nach Würzburg ist die 103 220 mit dem IR Spessart, den sie seit München am Haken hat. Die Lok ist dank der für den Touristikzug eingeführten Lackierung besonders beliebt gewesen (Mai 2001).

Rechte Seite oben: Auf der Nord-Süd-Strecke bei Jossa entstand diese Aufnahme eines klassischen IC.

Unten: In den Wintern 1988 und 1989 zogen Frankfurter 103 den FD 264 zwischen Salzburg und München. Auch damals gab es schneefreie Tage (103 124 am 3. Januar 1988 bei Traunstein).

Mit einer Fälschung begann 1965 die Geschichte einer unter Eisenbahnfreunden und gewöhnlichen Reisenden gleichermaßen beliebten Lokomotive, der Baureihe 103. Am 11. Februar 1965 übergaben Henschel und Siemens feierlich die E 03 002 an die Deutsche Bundesbahn. Die Lokschilder wiesen sie aber als E 03 001 aus. Diese war nicht rechtzeitig fertig geworden, weshalb die Verantwortlichen kurzerhand die falschen Schilder anbrachten. Später tauschten die Lokomotiven ihre Schilder, sodass alles wieder seine Ordnung hatte. Insgesamt vier Baumuster entstanden von der für 200 km/h Höchstgeschwindigkeit zugelassenen Schnellfahrlokomotive.

Sie unterschieden sich im Antrieb – Bundesbahn und Industrie experimentierten mit dem Verzweigerantrieb und dem Cummiring-Kardan-Antrieb – und in den Stromabnehmern. Zwei Maschinen trugen den klassischen Sche-

Oben: Die 103 184 zeigt sich noch im maßgeschneiderten Traditionskleid. Bei Beimerstetten lief die fotogene Maschine mit einem AutoZug München – Narbonne in Richtung Stuttgart.

Rechte Seite: Im EC-Dienst zwischen Köln und Wien kamen die 103 zu ihren einzigen Auslandseinsätzen. Seit wenigen Kilometern hat dieser Zug österreichische Gleise unter den Rädern.

renstromabnehmer der mit neuer Wanisch-Wippe ausgestatteten Bauart DBS 54 auf dem Dach, zwei Maschinen den modernen Einholmstromabnehmer der Bauart SBS 65. Der Gummiring-Kardan-Antrieb und der Einholmstromabnehmer setzten sich durch.

Die vier Vorserienlokomotiven gehörten zu den wichtigsten Exponaten der Internationalen Verkehrsausstellung, die 1965 in München stattfand. Mit drei Fahrzeugen veranstaltete die Bundesbahn Sonderfahrten nach Augsburg, wobei die damals magische Marke von 200 km/h erreicht wurde. Die vierte Lokomotive ließ sich derweil als Ausstellungsstück bewundern. Nach dem erfolgreich absolvierten Son-

derdienst setzte die Bundesbahn die Vorserienlokomotiven im Winterfahrplan 1965/66 erstmals vor Planzügen ein. Der dreitägige Umlaufplan umfasste unter anderem das TEE-Zugpaar „Blauer Enzian" München – Hamburg-Altona und das F-Zugpaar „Gambrinus" München – Nürnberg. Spätere Umlaufpläne wiesen neben dem Einsatz vor hochwertigen Zügen auch Füllleistungen im Nahverkehr aus.

Überarbeitete Serienversion

Nach eingehender Erprobung beschaffte die Bundesbahn ab 1970 die Serienlokomotiven. Da die Bundesbahn nunmehr höhere Zugkräfte im

mittleren Geschwindigkeitsbereich forderte, mussten die Hersteller stärkere Fahrmotoren und einen Haupttransformator mit höherer Leistung einbauen. Um die nötige Kühlung zu gewährleisten, erhielten die Maschinen eine zweite Reihe Lüftergitter. Dank dieser sank zudem die Geschwindigkeit der angesaugten Frischluft. Die Bundesbahn reihte daher die 145 Serienlokomotiven unter der Betriebsnummer 101 und folgende ein.

Bei der Inbetriebnahme ging die Bundesbahn ein hohes Risiko ein. Trotz der grundlegenden Überarbeitung des elektrischen Teils verzichtete sie weitgehend auf die gewöhnlich nötige ausgiebige Untersuchung der Maschinen. Nach der Überprüfung der mechanischen und konventionellen elektrischen Komponenten erteilte sie den Fahrzeugen eine vorläufige Betriebserlaubnis. Ob die erstmals in einer Bundesbahn-Lok installierten elektronischen Bauteile die Erwar-

tungen erfüllten, sollte sich im Betrieb zeigen — eine Erprobung im Fahrgasteinsatz, also.

Das Experiment glückte. Die Baureihe 103.1 zeigte sich von Beginn an den Anforderungen im hochwertigen Schnellzugdienst gewachsen. Ihre Domäne wurde das zum Winterfahrplan 1971/72 aus der Taufe gehobene Intercity-Netz. Alle zwei Stunden verbanden auf festen Linien verkehrende Züge die großen Städte der Bundesrepublik. Einige Züge fuhren noch unter der Bezeichnung Trans-Europ-Express, da die Bundesbahn diesen teilweise in das Intercity-System integriert hatte. Auf Schnellfahrten mit Tempo 200 musste die Bundesbahn aber verzichten. Das Bundesverkehrsministerium genehmigte zwar 1967 eine Streckenhöchstgeschwindigkeit von 180 km/h auf mit Linienzugbeeinflussung (LZB) ausgestatteten Abschnitten. 200 km/h lagen aber außerhalb des Ermessensspielraums der Beamten. Im Gegen-

Oben: Im September 1990 gelang dieses Foto der 103 168 mit einem IC auf der Nord-Süd-Strecke zwischen Eichenberg und Oberrieden.

teil: Nachdem bereits am 21. Juli 1971 die 103 106 wegen überhöhter Geschwindigkeit bei Rheinweiler schwer verunglückte, herrschte auch auf den LZB-Strecken fortan ein Tempolimit von 160. Die genaue Unglücksursache konnte nie geklärt werden. Also gab man – bei der Bahn ist das, im Gegensatz zum Straßenverkehr, selbstverständlich – der Betriebssicherheit den Vorrang. Erst 1977 konnte die Bundesbahn die 200-km/h-Hürde nehmen, als zwischen München-Lochhausen und Augsburg-Hochzoll die Stre-

ckengeschwindigkeit entsprechend angehoben wurde.

Jede Stunde, jede Klasse

Damals stand im Intercity-Netz eine Zeitenwende auf dem Plan. Wie schon im TEE-System fuhren anfangs auch im IC-Netz Züge, die ausschließlich Wagen der Ersten Klasse führten. Nach erfolgreichen Versuchen in den Vorjahren fielen mit Inkrafttreten des Sommerfahrplans 1979 die Klassenschranken, wenn auch nicht ganz. Der Speisewagen

trennte die Wagen Erster von den Wagen Zweiter Klasse und die Bundesbahn erfand den an die politische Lage in Europa gemahnenden Begriff „Blockzugbildung". Daneben galt auf allen vier IC-Linien fortan der Stundentakt.

Für die Baureihe 103 hatte dies einschneidende Folgen. Konzipiert waren die Loks einst für leichte Züge mit Tempo 200. Durch das geänderte Betriebskonzept konnten sie auch schwere Reisezüge mit 160 km/h befördern. Beides, 200 km/h mit zwölf oder gar dreizehn Wagen am Haken, belastete die Maschinen über Gebühr. Erschwerend kam hinzu, dass der Reservebestand klein war, was die planmäßige Instandhaltung und Bedarfsausbesserungen erschwerte.

1982/83 und 1983/84 brauchte man tagtäglich nicht weniger als 121 der verbliebenen 143 Serienlokomotiven im Plandienst. Entlastung brachten erst die ab 1987 in Dienst gestellten Serienloks der Baureihe 120. Es spricht für die außerordentliche Qualität der 103, dass sie dieser Belastung ohne hohe Ausfallquoten standhielt.

Aufbruch Ost

Die 120.1 ergänzte die 103.1, zu einer Bedrohung wurde sie nicht. Der Bundesbahn gelang es, den Reservebestand der 103.1 aufzufüllen und somit Probleme zu meistern, die der durch die Überlastung bedingte Verschleiß nunmehr mit sich

Oben: Die 103 101 fuhr von 1982 bis 1993 im Design des Airport-Express.
Linke Seite: Als Ersatz für eine 101 durfte diese 103 im April 2002 einige IC/EC zwischen Dortmund und Stuttgart bespannen. Eben hat sie den Ort Wellmich am Rhein durchfahren.

brachte. Ende der achtziger Jahre gab es in der Frankfurter DB-Zentrale Stimmen, die mit Einführung des InterCityExpress der baldigen Ausmusterung der Schnellfahrlok das Wort redeten. Nach dem Zusammenbruch der DDR wuchsen aber gerade im Bereich des hochwertigen Fernverkehrs die Anforderungen immens, hatte die Reichsbahn doch keine Lok dieser Leistungsklasse zu bieten. Neben Intercity und Schnellzügen in die neuen Länder bespannte die 103 in wachsendem Maße eine Zuggattung, die späteren Bahnchefs als fernverkehrsunwürdig galt, sich bei den Reisenden aber größter Beliebtheit erfreute, den InterRegio. Diesen durften auch Loks schleppen, die wegen Drehgestellproblemen nur noch 160 statt 200 km/h fahren durf-

ten, also für den IC-Einsatz unbrauchbar waren. Die Bahnreform von 1994 änderte nichts an der Aufgabenstellung der Baureihe 103, die selbstverständlich dem Fernverkehr, heute DB Reise & Touristik, zugeteilt wurde. Allerdings hatte bereits die Bahn die Weichen in die Zukunft gestellt und mit der Baureihe 101 eine neue Schnellfahrlok geordert. Diese verdrängte Zug um Zug die Baureihe 103. Seit Inkrafttreten des Fahrplans 2002/2003 am 15. Dezember 2002 gibt es keinen Umlaufplan mehr für die 103. Bei Redaktionsschluss dieses Buches bespannten die verbliebenen Loks noch vereinzelt Sonderzüge und standen als Reserve bereit. Die 103 245 schleppte am 3. Februar 2003 sogar eine RegionalBahn nach Regensburg. ▲

Oben: Pendlerzug von München nach Augsburg. Am Haken der 111 hängen die klassischen Silberlinge (1988).
Großes Foto: Zwischen Stuttgart und Ulm fahren Nahverkehrszüge mit Doppelstockwagen im Stundentakt. 2001 wurden sie von Maschinen der Baureihe 111 geschleppt.
Unten: Die 111 030 wirbt für das Musical „Tanz der Vampire".

Nachfolgerin

Als Schnellzuglok und Ersatz für die 110 konzipiert, schleppte die 111 im Laufe der Jahre Züge aller Kategorien. Ihre Stückzahl verdankt sie unter anderem der Arbeitsbeschaffung.

Oben: Für den S-Bahnverkehr an Rhein und Ruhr erhielten zahlreiche 111 das für diese Züge typische Farbkleid in Grau/Orange. Inzwischen sind die wenigen noch in diesem, meist ausgeblichenen Design fahrenden 111 in anderen Diensten anzutreffen.

Um in Süddeutschland die Vorkriegs-Elektrolokomotiven endlich abstellen zu können, wollte die Deutsche Bundesbahn Anfang der siebziger Jahre weitere Maschinen der Baureihe 110 beschaffen. Konzeptionell war sie zwar veraltet; angesichts der geplanten Stückzahl von weniger als 50 lohnte sich eine Neuentwicklung jedoch nicht. Da sich aber in der Technik einiges tat, zögerte die DB die Bestellung hinaus. 1973 kam sie dann um eine gründliche Überarbeitung der 110 nicht mehr herum. Krauss-Maffei und Siemens erhielten den Auftrag, den Nachfolger zu entwickeln.

Wichtige Komponenten, beispielsweise der Gummiring-Federantrieb, wurden für die 111 unverändert über-

nommen, andere überarbeitet. Die Fahrmotoren und der Haupttransformator fielen darunter. Auf wegweisende Technik, die beispielsweise in der 181.2 arbeitete, verzichtete man. Insofern gehört die Baureihe 111 eher zu den Provisorien denn zu den zeitgemäßen Entwicklungen.

Am 16. Dezember 1974 stand die erste Maschine auf den Gleisen. 1975 lieferte die Industrie weitere vier Vorserienlokomotiven, an die sich beinahe übergangslos die erste Serie von 65 Exemplaren anschloss. Mit den für 150 km/h zugelassenen Schnellzuglokomotiven gedachte die Bundesbahn, die Zeit bis zur Lieferung der Universalisten der Baureihe 120 überbrücken zu können. Doch schon 1977 musste sie weite-

Oben: Der FD 264 bei Haspelmoor. Drei Bahnverwaltungen stellten den bunt zusammengewürfelten Wagensatz: DB, SNCF, und ÖBB. Zuglok war die 111 079.

Mitte: Auf Abnahmefahrt befand sich die 111 226 und spannte der 1044 101 vor. An der Zugspitze läuft der Kurswagen Salzburg – Port Bou, ein ABm der DB (bei Traunstein, 3. August 1983).

ren Bedarf eingestehen und nochmals 40 Stück bestellen. Alle Lokomotiven gehörten zum Bahnbetriebswerk München Hauptbahnhof.

Die nächste Serie von 36 Maschinen kam dann nach Düsseldorf. Dort galt es nicht etwa, Altbaufahrzeuge abzulösen, sondern das S-Bahnnetz auszubauen. Fachleute rauften sich die Haare, als sie von der Entscheidung erfuhren, eine Schnellzuglok vor S-Bahnwagen zu spannen. Die Baureihe 141 eignete sich für den Schnellverkehr im Ruhrgebiet aber nicht, erreichten sie doch statt der geforderten 140 nur 120 km/h Höchstgeschwindigkeit. Mit den Triebzügen der Baureihe 420 war auf den langen Strecken an Rhein und Ruhr kein Staat zu machen, verfügten sie doch über keine Toiletten. Daher musste die 111 einspringen, deren für den S-Bahndienst abgestellten Exemplare anstelle der herkömmlichen fortan die Zeitmultiplexe Wendezugsteuerung erhielten. Ziellaufschilder und Türschließeinrich-

tungen ergänzten die Ausstattung. Äußerlich zeigten sich die Maschinen in der S-Bahn-Farbe, trugen eine orange Bauchbinde.

Allerdings setzte die Bundesbahn neu gelieferte Lokomotiven nicht sofort für die Bespannung von S-Bahnzügen ein. Zum einen wuchs das Netz langsamer als geplant, zum anderen verzögerte sich die Auslieferung der x-Wagen. Die 111 schleppte fortan Züge aller Kategorien vom Nahverkehrzug bis hin zum Intercity, später auch den InterRegio und Exoten wie den Airport-Express. Ihr Bestand wuchs langsam weiter, da die Lokindustrie dringend Aufträge brauchte. Bis 1984 erhielt die Bundesbahn 227 Lokomotiven. In den neunziger Jahren überließen sie den S-Bahndienst der von der Reichsbahn übernommenen Baureihe 143. Inzwischen haben sie auch den Schnellzugdienst weitgehend quittiert und bespannen vornehmlich Regionalzüge.

▲

Eine schöne Stahlfachwerkträgerbrücke überquert
bei Deining die Laaber. Der 111-bespannte Regional-
Express fährt von Nürnberg nach Regensburg.

Oben: Die Vorauslokomotiven der Baureihe 120 trugen noch den TEE-Look, ähnlich der Baureihe 103. **Rechts:** Nur vier Wagen hatte der IC Adler, der Nürnberg über Ingolstadt mit München verband. Unweit von Treuchtlingen überquert die 120 115 die Altmühl auf einer Kastenbrücke.

Einfach zu gut

Mit der Baureihe 120 wollte die Bundesbahn
den Sprung in das 21. Jahrhundert wagen.
Tagsüber sollte die Lok Reisezüge, nachts
Güterzüge schleppen.

Oben: Im IC/EC-Dienst fahren 120 in ganz Deutschland. Wegen Bauarbeiten war im Frühjahr 2002 die linke Rheinstrecke nur eingleisig befahrbar. Einige Schnellzüge wurden deshalb auf die rechte Seite umgeleitet.
Seite 217 oben: Der Güterzug 51605 von Mannheim nach München Nord wurde planmäßig mit einer 120 bespannt. Im Hintergrund die Burg Staufeneck.

Dank moderner Halbleitertechnik konnte die Bahn von den siebziger Jahren an jenen Motor einsetzen, mit dem die Techniker schon zu Beginn des 20. Jahrhunderts erfolgreich experimentiert hatten: den leichten, kleinen und einfach gebauten Drehstrom-Asynchronmotor. Nach erfolgreichen Versuchen mit einer dieselelektrischen Maschine stellte die Bundesbahn 1976 BBC die Aufgabe, eine Elektrolok zu entwickeln, die in allen Drehzahlbereichen eine hohe Dauerleistung abgibt und über eine Rekuperationsbremse verfügt.
Ab 1979 lieferte die Industrie die ersten fünf Lokomotiven der Baureihe 120. Die 84 Tonnen schwere, vierachsige Hochleistungslokomotive eignete sich für den Güterzug- und

Schnellzugdienst gleichermaßen. Zwar nur für Tempo 160 zugelassen, war sie für 200 km/h Höchstgeschwindigkeit konzipiert. Trotz der guten Erfahrungen mit den Baumustern konnte die Bundesbahn erst 1984 die Serienmaschinen bestellen, da zuvor das Geld fehlte.
1987 standen die ersten von 60 Serienlokomotiven bereit. Sie unterschieden sich technisch deutlich von den älteren Schwestern. Vor allem die gewaltigen Fortschritte in der Halbleiterelektronik machten sich deutlich bemerkbar. Die Bundesbahn bezeichnete die 200 km/h schnellen Maschinen denn auch als Unterbaureihe 120.1.
Anfangs bespannten sie in erster Linie Güterzüge. Erst zum Sommer-

fahrplan 1989 nahmen sie auch hochwertige Reisezüge an den Haken. Der Güterverkehr geriet in den folgenden Jahren in das Hintertreffen. Nach der Bahnreform mit der Aufteilung der Bahn in unabhängige Geschäftsbereiche gehörte die Baureihe 120 zu DB Reise & Touristik, also zum Fernverkehr. Leistungen für die Güterbahn waren fortan selten, musste DB Cargo doch DB Reise & Touristik teuer dafür zahlen.

Die Bahnreform machte auch dem grundsätzlich bewährten Konzept der Universallok den Garaus. Diese war einfach zu gut für die jeweiligen Geschäftsbereiche, die lieber auf ihr Angebot zugeschnittene Maschinen einsetzen wollten. Die Nachfolgerin der Baureihe 120, die 121, entstand noch auf dem Papier. In Dienst gestellt wurden aber eine Vielzahl spezialisierter Lokomotiven. Dass die Baureihe 101 technisch trotzdem eine Universallok ist, steht auf einem anderen Blatt.

Mitte: Den Geburtstag von Micky Maus feierte die 120 119.

Unten: Für das ZDF warb die 120 151.

Oben: Erst vor kurzem erhielt die „Weiße Lady", wie Eisenbahnfreunde die 143 001 nannten, das aktuelle Farbschema der DB.

Großes Foto: Auf der elektrifizierten Berliner Stadtbahn bestimmen143 und 112 das Bild der Regionalzüge. Am 14. Dezember 2002 fuhr eine „114" über die Michaelbrücke. Dabei handelt es sich um ein Exemplar der 112.0, die wegen des allgemeinen Nummernchaos bei der DB jetzt so heißen. Schließlich fahren sie ja auch im Nah- und nicht im Fernverkehr. Wer soll das alles jemals kapieren?

Schienentrabi

Mit den Lokomotiven der Baureihen 212 und 243 bewies der Lokomotivbau Hennigsdorf, dass die DDR wenigstens im Schienenfahrzeugbau mithalten konnte. Auch im Westen Deutschlands sind die Loks nicht wegzudenken.

Oben: Auf der rechten Rheinstrecke sind die 143 in allen Ausführungen tagtäglich mit Wendezügen beschäftigt. Noch im klassischen DR-Lack zeigt sich am 21. April 2002 die 143 269 bei Lorchhausen.

Eine Reichsbahn-Lok? Nein Danke!" Nicht wenige überzeugte Bundesbahner, Lokführer wie Werkstattmitarbeiter, standen der kastenförmigen Lok mit den gesickten Seitenwänden kritisch bis ablehnend gegenüber, als diese im Zuge der Wiedervereinigung auch die westlichen Schienenstränge zu erobern begann. Was konnte man aus der DDR auch anderes erwarten als Plaste und Elaste, Sinnbilder des Rückstandes? Doch die Baureihe 243, gesamtdeutsch 143 genannt, überzeugte bald auch jene, die insgeheim die deutsche Teilung auf dem Triebfahrzeugsektor beibehalten wollten, mit guten Leistungen. Die in 646 Exemplaren gebaute 243 wurde für die von Triebfahrzeugmangel geplagte

Bundesbahn zum „Retter in der Not", wie es der Fachautor Andreas M. Räntzsch treffend ausdrückte. Ihre Geschichte begann auf der Leipziger Frühjahrsmesse 1982.

Zu den besonderen Objekten der Schau gehörte eine Elektrolok mit schneeweißem Kasten, den rote Kontrastbänder zierten, die 212 001. Sie war die erste als Schnellfahrlok konzipierte Maschine der DR. Eine Thyristorsteuerung versorgte die konventionellen Reihenschlussmotoren mit Strom. Sie arbeiteten auf den in der 250 bewährten LEW-Kegelringfederantrieb. Mit Tempo 160 drang die Reichsbahn in einen Bereich vor, den bis dahin nur Versuchslokomotiven wie die 18 201, die 18 316 und die E 211 01 erreicht hatten.

Oben: Die 143 651 beförderte am 30. Juni 1993 den IR 2254, als sie in Berlin-Lichtenberg im Bild festgehalten wurde.
Mitte: Am 9. April 2002 bespannte die 143 025 eine RegionalBahn, gesehen von Heiko Heisig in Gundelsheim.

Für die Reichsbahn war die 212 aber zu schnell. Das Tempolimit auf DDR-Gleisen lag bei maximal 120 km/h, ein verkehrstechnisch durchaus sinnvoller Wert. Mit 120 km/h unterschied sich die Spitzengeschwindigkeit der Schnell- und Nahverkehrszüge im Personenverkehr vergleichsweise geringfügig von den Werten, welche die zwischen 80 und 100 km/h schnellen Güterzüge erreichten. Auf die Kapazität der Strecken wirkte sich dies positiv aus, da sich schneller Reisezug- und langsamerer Güterverkehr nicht im Wege standen.

Von der 212 zur 243

Folglich zeigte die Reichsbahn wenig Interesse an der offiziell nur bis Tempo 140 erprobten Baureihe 212, doch der Lokomotivbau Hennigsdorf (LEW) hatte vorgesorgt. Mit geänderter Übersetzung erreichte die Lok netzkompatible 120

km/h Höchstgeschwindigkeit. Zugleich avancierte die nunmehr als Baureihe 243 bezeichnete Lok zu einer universell einsetzbaren Maschine, die vom Schnellzug über den S-Bahnzug bis hin zum mittelschweren Güterzug alles schleppte, was die Schienen des Landes tragen konnten.
Im August 1984 begann der Serienbau. Die Fertigung der Lokomotiven genoss, da die Reichsbahn die Hauptlast des Güterverkehrs in der DDR trug, höchste Priorität, ein in der Zentralverwaltungswirtschaft äußerst wichtiger Faktor. Deshalb verwundert es nicht, dass die Reichsbahn schon zur Leipziger Frühjahrsmesse 1985, also sieben Monate später, die 243 033 zeigen konnte, im folgenden Jahr die 243 119. Bis Mitte 1988 entstanden 370 Maschinen der ersten Serie. Aus ihr ging die zweite Serie hervor, die mit Doppeltraktionssteuerung ausgestattet und als Unterbaureihe 243.8 eingeordnet wurde. LEW fertigte bis Ende 1989 von dieser Variante

Seit Mai 2001 bespannen Maschinen der Baureihe 112.1 Autozüge in Richtung München. Die Aufnahme zeigt einen dieser Züge bei Urspring, den die 112 159 schleppte.

168 Stück. Am 8. Dezember 1989 begann der Bau der letzten Serie, die weitgehend der ersten entsprach und Ordnungsnummern ab 551 erhielt. Mit der 243 662 lief am 16. November die Produktion der 243 aus. Zu dem Zeitpunkt lief bereits die Fertigung der schnelleren 212.

Nach dem Zusammenbruch der DDR musste sich auch die Reichsbahn neu orientieren. Auch diesseits des hoch-

gezogenen Eisernen Vorhangs war nunmehr Tempo angesagt. Auf den Autobahnen und Landstraßen fielen die Geschwindigkeitsbegrenzungen mit der Folge eines gewaltigen Blutzolls zwar schneller als bei der Bahn. Um die Loks aber durchfahren zu lassen, beschaffte die Reichsbahn noch 1990 die ersten vier Maschinen der bald als „Renntrabi" bezeichneten Baureihe 112 — so die gesamtdeut-

ren Bundesbahn-Einheitslampen. Spötter behaupten, DB-Chef Heinz Dürr habe sich persönlich für diese Reform eingesetzt.

Mit den Jahren stiegen die Trabis zu in Ost und West gern gesehenen Fahrzeugen auf. Insbesondere die Anwohner der Nürnberger S-Bahn freuten sich über die Immigrantinnen, konnten sie nunmehr ruhiger schlafen. Bis zu ihrem Einsatz bespannten die mit lautstark arbeiter dem Schaltwerk ausgestatteten „Knallfrösche" der Baureihe 141 die Züge. Die 143 fuhr vornehmlich im Nahverkehr, bespannte aber auch nach der Bahnreform von 1994 noch vereinzelt Güterzüge. Die 112 war im Fern- und Nahverkehr gleichermaßen zu Hause, was 1998, als die Loks auf die einzelnen Geschäftsbereiche aufgeteilt wurden, zu dem Kuriosum führte, dass sämtliche 112 zwar dem Geschäftsbereich Fernverkehr gehörten, dieser aber die 112.0 dem Nahverkehr vermietete. Um dem Nummernwirrwarr ein Ende zu machen, zeichnete die DB die Nahverkehr-112 in 114 um, sodass es drei Trabi-Baureihen gibt.

Kiste auf Rahmen?

Unverwüstlich und leistungsstark, beherrschen die Lokomotiven einen guten Teil des Schienenverkehrs in allen Teilen Deutschlands. In Stuttgart sind sie ebenso zu Hause wie im Ruhrgebiet, in Franken ebenso wie in Mecklenburg und Anhalt. Mit ihrem schlichten Kasten fallen sie zwischen den aufwändig durchgestalteten und trotzdem schon nach kurzer Gewöhnungszeit altbacken wirkenden Neubauloks angenehm ins Auge. Auch technisch vermag der Lokkasten zu überzeugen. Entgegen vielfach geäußerter Vermutung setzten die Entwickler von LEW keineswegs bloß eine Kiste auf den Rahmen, sondern schufen eine strömungstechnisch sehr gut gestaltete Lok. Sie wussten, dass weniger die Stirnseite als vielmehr die Dachpartie mit den Stromabnehmern die Aerodynamik beeinflusst. Das Ergebnis kann sich sehen lassen. Windkanalversuche ergaben, dass die 143 der 103 strömungstechnisch kaum unterlegen ist.

sche Bezeichnung. 1991/92 folgten 35 Loks. Ein Teil der Maschinen wurde, wie auch zahlreiche langsamere Schwestern, an die Bundesbahn vermietet, die ihre Zufriedenheit mit einem weiteren Auftrag an die inzwischen an die AEG zurückgegebene Hennigsdorfer Lokschmiede dokumentierte. Die Unterbaureihe 112.1 unterschied sich unter anderem durch den Einbau der zeitmultiplexen Wendezug- und Doppeltraktionssteuerung von der 112.0. Statt der großen Reichsbahn-Signalleuchten erhielt sie die kleine-

Oben: Vor einem Ganzzug macht sich die 181 001 an der Obermosel nützlich. Die Lok verdaut deutschen wie französischen Strom, kann daher an der Grenze durchfahren.
Großes Bild: Auch Nahverkehrszüge gehören zum Einsatzbereich der Baureihe 181.2.

Grenzverkehr

Trotz der zunehmenden europäischen Verflechtungen gelang es bis heute nicht, die Bahnsysteme der einzelnen Länder zu vereinheitlichen. Jedes Land hat sein eigenes Sicherungssystem und sein eigenes Stromsystem.

Oben: 145 007 macht sich als Vorspannlok bei Bottrop am 7. November 1999 nützlich.

Seite 227: Eine Reihe Maschinen der Baureihe 145 gelangte zu Privatbahnen. Sechs blau gespritzte Fahrzeuge stellte die Ruhrkohle in Dienst.

Gegenüber der Dieseltraktion, erst recht gegenüber König Dampf hat der elektrische Betrieb eine Vielzahl Vorzüge: Er ist leise, sauber, effizient und leistungsfähig. Sein wichtigster Nachteil zeigt sich an den Grenzen. Während Dampf- und Diesellokomotiven schon immer einfach weiterfahren konnten — vorausgesetzt, die andere Bahnverwaltung ließ sie herein —, mussten elektrische Maschinen am Grenzbahnhof anderen Elektrolokomotiven den Vortritt lassen. Dies liegt an den unterschiedlichen Stromsystemen in Europa. Deutschland, Norwegen, Österreich, Schweden und die Schweiz setzen auf Wechselstrom mit 15 Kilovolt Spannung und 16,7 Hertz Frequenz. In Dänemark, Ungarn und Teilen Frankreichs führen die Fahrleitungen dagegen Wechselstrom mit 25 Kilovolt Spannung und 50 Hertz Frequenz. Belgien, Italien, die Niederlande und Polen bevorzugen Gleichstrom, teils mit 1500, teils mit 3000 Volt Spannung.

Über Jahrzehnte bereitete das babylonische Stromgewirr den Bahnen erhebliche betriebliche Probleme. Erst in den sechziger Jahren gelang, parallel zu den Fortschritten in der Halbleitertechnik der Durchbruch hin zu Lokomotiven, die verschiedene Stromarten verdauen. Die Bundesbahn experimentierte zunächst mit zwei verschiedenen Bauarten, den E 310 und E 410. Anfang der siebziger Jahre orderte sie dann die Baureihe 181.2.

Bei dieser handelte es sich um eine Zweisystem-
lokomotive, die in Deutschland, Frankreich und
Luxemburg fahren konnte. Die Umstellung der
Spannungsversorgung erfolgte dabei während
der Fahrt. Der Lokführer musste lediglich den
Hauptschalter ausschalten, den einen Stromabnehmer senken, den anderen dafür anlegen und
den Hauptschalter wieder einschalten. Einfacher geht's nimmer.

Insgesamt 25 Lokomotiven leisten seit Juli 1974,
als die erste Maschine das Bahnbetriebswerk
Saarbrücken erreichte, vor Reise- und Güterzügen Dienst. Im Schnellzugbetrieb erreichen sie
mit 500 Tonnen Last am Haken 140 km/h
Höchstgeschwindigkeit. 2000 Tonnen schwere
Güterzüge beschleunigen sie auf Tempo 80.
Auch wenn dieser Begriff für die Maschinen nie
offiziell verwendet wurde, kann man sie mit Fug
und Recht als Universallokomotiven bezeich-
nen.

Nachfolger stehen bereit

Inzwischen sind die ersten Mehrsystemlokomo-
tiven der Bundesbahn aber in die Jahre gekom-
men. Auch muss insbesondere die Güterbahn
den grenzüberschreitenden Verkehr deutlich beschleunigen, um gegenüber dem staatlich ge-
förderten Lastwagen wettbewerbsfähig zu bleiben. Die Nachfolgerinnen der 181.2 sollten, so
weit wie es technisch möglich ist, mit den Neubaulokomotiven für den Güterzugdienst identisch sein, um die Wartungskosten zu minimie-
ren. Folglich entstand die Baureihe 189 auf der
Basis der 152 (siehe Seite 243), während die
Baureihe 185 die 145 zur Mutter hat.

Bei der 145 handelt es sich im Prinzip um eine
abgespeckte 101. Leichte und mittelschwere Güterzüge zu schleppen, lautete der Auftrag von
DB Cargo. Dafür musste die Güterbahn natürlich keine Maschine mit sechs Megawatt Leis-

Oben links: Auf der Spessartrampe bei Laufach rollte die 185-CL 006 der Rail4Chem talwärts.
Oben rechts: Mit dem RE 24072 nach Bremen steht die 145 034 in Braunschweig Hbf zur Abfahrt bereit.
Seite 229: Lokparade der Baureihe 482. Ein Foto wie dieses, das alle 482 der SBB nebeneinander zeigt, wird es wohl nicht mehr geben.

tung in Dienst stellen. 4,2 Megawatt genügten vollends. Mit 140 km/h erreicht die 145 die gleiche Höchstgeschwindigkeit wie die Baureihe 152. Auch das Antriebskonzept beider Güterzuglokomotiven ähnelt sich, setzte DB Cargo doch in beiden Fällen auf den einfachen, den Oberbau allerdings stark belastenden Tatzlagerantrieb. Größere Verwandtschaft als mit der bei Siemens gebauten 152 weist die 145 aber mit der 101 auf, beides Entwicklungen von ADtranz. Eine Reihe in der Schnellzuglok bewährter Komponenten wurde unverändert übernommen. Bei anderen Bauteilen installierte ADtranz auf die geringere Leistung abgestimmte, angepasste Ableitungen. So genügte es beispielsweise, in der 4,2-Megawatt-Lok beide Motoren eines Drehgestells gemeinsam zu steuern, während in der 101 jeder Motor einzeln mit Strom versorgt wird. Trotz der einfacheren Steuerung und der geringeren Motorleistung liegt die Anfahrzugkraft wie bei der Baureihe 101 bei 300 Kilonewton. Angesichts der Ähnlichkeit der Bauarten verwundert es nicht, dass die 145 von Beginn an zu überzeugen vermochte.
Am 10. Juli 1997 übernahm die Deutsche Bahn die erste Maschine. Nach ausgiebigen Messfahrten erhielt die

neue Baureihe am 15. Januar 1998 die Zulassung durch das Eisenbahn-Bundesamt. Bis 2000 lieferte ADtranz 80 Lokomotiven der Baureihe 145. Eine Option über weitere Fahrzeuge löste die Deutsche Bahn in veränderter Form ein.
Schließlich benötigte auch der Nahverkehr neue Elektroloks dieser Leistungsklasse. Zwar setzt DB Regio stark auf Triebwagen, doch kann das Unternehmen auf lokbespannte Züge in absehbarer Zeit nicht verzichten. Für den Einsatz vor RegionalExpress' sollen die Lokomotiven ein Spitzentempo von 160 km/h erreichen, weshalb ADtranz einen besser geeigneten Antrieb installierte. Daneben erhielten die Loks für den Nahverkehr unverzichtbare Accessoires wie Zugzielanzeiger an beiden Stirnseiten. Die ersten Maschinen fuhren in Rheinland-Pfalz und im Ruhrgebiet. Doch auch in anderen Landesteilen will DB Regio die Lokomotiven einsetzen, vorausgesetzt, das Unternehmen gewinnt die langsam, aber sicher in allen Bundesländern üblichen Ausschreibungen der Nahverkehrsleistungen. Das war in der Vergangenheit wegen der hohen Kosten bei DB Regio eher selten der Fall. Trotzdem braucht einem um die Baureihen 145 und 146 nicht ban-

ge zu sein. Verschiedene Privatbahnen beschafften die Güterzugvariante, um DB Cargo vor allem mit Ganzzügen Konkurrenz zu machen. Die 146 soll in Niedersachsen aus Doppelstockwagen gebildete RegionalExpress' schleppen, welche die Landesnahverkehrsgesellschaft freihändig vergeben hat.

Schweiz zieht nach

Den Großteil der Neubaulokomotiven der Mittelklasse machen aber die mit Zweisystemausrüstung beschafften Maschinen der Baureihe 185 aus. Sie vertragen Wechselstrom beider europäischer Spannungen und Frequenzen, können also überaus freizügig beispielsweise nach Dänemark, Frankreich und Ungarn eingesetzt werden. Das gilt zumindest in der Theorie. Praktisch schaut es wegen der teils grundverschiedenen Sicherungssysteme schon wieder anders aus. Deshalb beabsichtigt die Deutsche Bahn, die 400 bestellten Maschinen in Unterbaureihen zu teilen, die mit den Bauteilen für die im jeweiligen Einsatzbereich verwendeten Systeme ausgerüstet werden. Somit kann eine für den Verkehr mit Dänemark ausgerüstete Lokomotive zwar nicht nach Frankreich fahren, schleppt aber auch nicht allerlei unnötigen Ballast mit sich herum. Die Normung der europäischen Zugsicherungssysteme steht zwar in den Plänen der EU-Kommission. Bis zur vollständigen Umsetzung wird man aber nach Einschätzung von Experten mindestens das Jahr 2030 schreiben. Immerhin basiert die in der 185 installierte Technik auf dem Europasystem ERTMS/ETCS. Technisch entsprechen die Lokomotiven der Baureihe 185 weitgehend der 145. Die Zweisystemausrüstung findet problemlos im Lokkasten Platz. Natürlich geht es im Maschinenraum der 185 etwas beengter zu als im Maschinenraum der 145. Über aden wirkt er aber trotz der zusätzlichen Bauteile nicht. Auffälligstes äußeres Merkmal der 185 sind die vier Stromabnehmer auf dem Dach — jeweils zwei für den Betrieb mit 15 und 25 Kilovolt. Im Bereich der Stromabnehmer fällt das Dach um 105 Millimeter niedriger aus, damit die Lokomotiven das etwas kleinere französische Lichtraumprofil einhalten. Ihre Serienlieferung begann 2001. Jahr für Jahr liefert Bombardier — inzwischen Eigentümer von ADtranz — 50 Maschinen, sodass 2008 sämtliche Lokomotiven bereitstehen werden. Seit Februar 2003 fahren die 185 mit Schweizpaket im Langlauf bis ins italienische Domodossola durch.

Weitere zehn Maschinen der Baureihe 185 gelangten in die Schweiz. Für den Verkehr mit Frankreich orderten die Schweizerischen Bundesbahnen (SBB) zehn Lokomotiven, die 2002 ihren Dienst antraten. Technisch gleichen sie der Baureihe 185, tragen aber, gemäß dem Schweizer Nummernschema, die Bezeichnung 482. Dank der engen Kooperation der SBB mit Häfen und Güterverkehr Köln kommen die Fahrzeuge auch nach Deutschland. Mit ihren dunkelblau gespritzten, mit dem Schriftzug „cargo" versehenen Seitenwänden heben sie sich deutlich von den deutschen Schwestern ab, deren familiäre Zugehörigkeit jedem in das Auge springt. ▲

Starker Kasten

Die Baureihe 151 ist für ihre Zuverlässigkeit und ihr Leistungsvermögen bekannt. Nicht selten erbrachte sie zwischen zwei Hauptuntersuchungen Laufleistungen von mehr als einer Million Kilometern. Konzipiert wurde sie für den schweren Güterverkehr.

Seite 230/231:
151-bespannter Güterzug auf der Nord-Süd-Strecke bei Eichenberg.
Oben und Seite 233 unten: Nur wenige 151 tragen das grüne Farbkleid. Die Aufnahmen zeigen die 053 (vor Geislingen) und die 008 (Übersee).
Rechte Seite oben: Bei Hatzenport an der Mosel rollt ein entladener Erzzug in Richtung Koblenz.

Ab 1969 versuchte die DB mehr Güter auf die Schiene zu locken, indem sie die Geschwindigkeit der Frachtzüge erhöhte. Umsetzen ließ sich dieses Vorhaben nur mit geeigneten Triebfahrzeugen. Daher beschaffte sie ab 1972 eine neue sechsachsige Güterzuglok mit der Achsfolge Co'Co', die bis zu 140 km/h schnell sein sollte. Bei Bedarf wollte man die Maschine auch im Reisezugdienst einsetzen. Die neue Lok erhielt die Baureihenbezeichnung 151.

Gerne hätte die Deutsche Bundesbahn das Konzept der Einheits-Elektroloks beibehalten, wie es durch die Reihe 150 repräsentiert wurde. Bei der 151 musste sie jedoch davon abweichen. Was ihre elektrische Ausrüstung anbelangt, so orientierten sich die Konstrukteure am Innenleben der Baureihen 110, 139 und 140. Die Fahrmotoren entsprechen denen der Baureihe 110. Gegenüber der 150 verfügt die 151 über eine um 30 Prozent erhöhte Leistung des Haupttrafos. Er befindet sich samt Schaltwerk im mittleren Teil der Lok und ist im Brückenrahmen verschraubt.

Kastenweise aufgebaut

Der durchgehende Brückenrahmen ist als selbsttragende Schweißkonstruktion aus Ober- und Untergurt gefertigt. Diese besteht aus gewalzten, dickwandigen Vierkantrohren mit dazwischenliegenden Längs- und Querblechen. Einem ähnlichen Bauprinzip folgen auch die Querträger

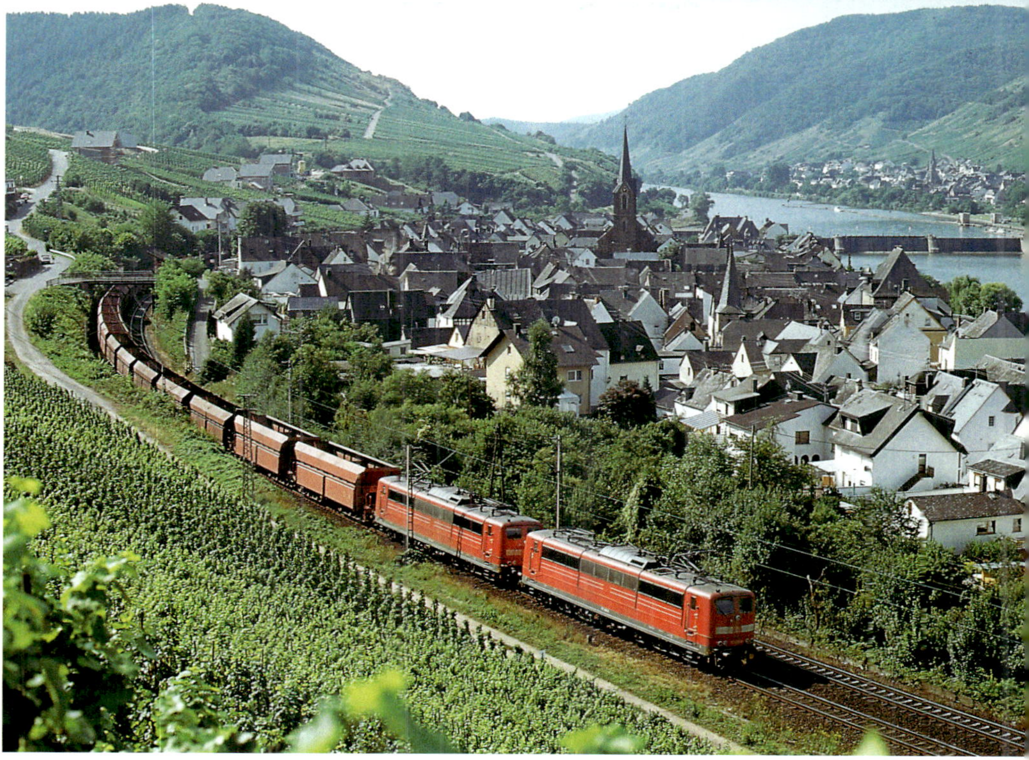

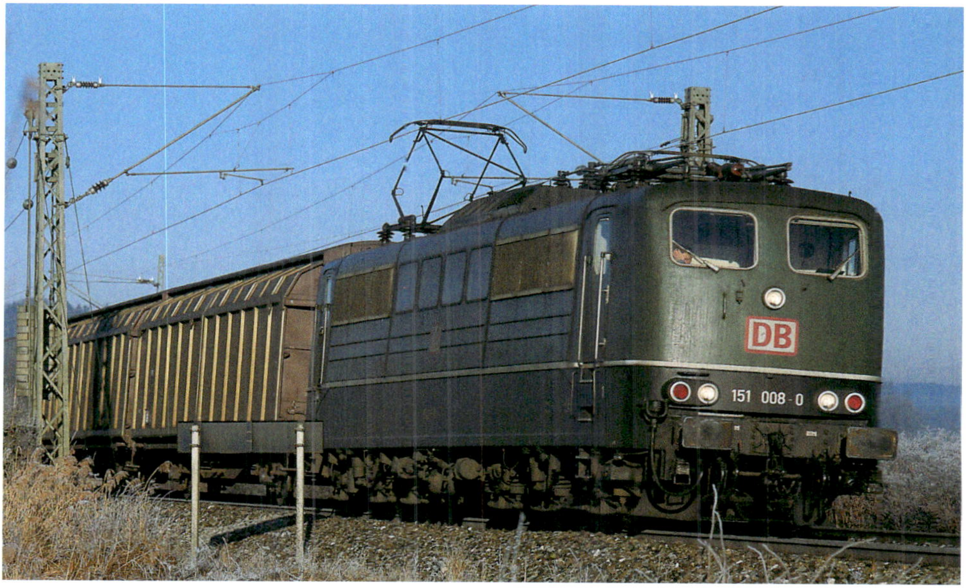
DB
151 008-0

Oben: Farblich harmoniert die 151 073 ausgezeichnet mit ihrem Kesselwagenganzzug. Zwischen Beratzhausen und Regensburg rollt sie mit ihrer Fracht durch einen weiten Bogen (Juni 2000).

des Trafos. Die Drehzapfen sind über Träger mit der Brücke verschweißt. Die Zug- und Stoßeinrichtung ist über abnehmbare Verschleißkupplungsträger mit der Brücke verschraubt. Sie kann gegen eine automatische Mittelpufferkupplung ausgewechselt werden.

Der Lokkasten setzt sich aus mehreren Segmenten zusammen. Die von außen deutlich sichtbare Gliederung

des Gehäuses stellt eines der 151-Charakteristika dar. Die drei mittleren Kastenhauben dienen dem Maschinenraum und sind aufgeschraubt.

Dadurch erleichtert sich die Zugänglichkeit bei Wartungsarbeiten. Die beiden anderen, verschweißten beherbergen die Führerstände. Letztere sind mittels zweier Seitengänge durch den Maschinenraum miteinan-

motoren geleitet, die in den Drehgestellen angebracht sind. Auf der Kommutatorseite tritt die Luft wieder aus.

Gewichtseinsparung

Als weiteres Erkennungszeichen der 151 kann der turmartige Dachaufsatz dienen, in welchem die Widerstände der thyristorgesteuerten Bremse untergebracht sind. Der Aufbau sitzt auf dem zugehörigen Axiallüfter. Die Kühlluft wird an den Drehgestellen angesaugt und über die Widerstände aus dem Dachaufbau wieder abgegeben. Die Forderung der DB nach einer elektrischen Widerstandsbremse hat das Gewicht der 151 nicht unerheblich erhöht. Die elektrische Ausrüstung der 151 wiegt fünf Tonnen mehr als die der Baureihe 150. Dieses Ungleichgewicht galt es durch Reduzierungen im mechanischer Teil auszugleichen, was natürlich zu Lasten der Tauschbarkeit zwischen Komponenten der 150 und 151 ging. Der Drehgestellrahmen besteht bei der 151 aus jeweils zwei Längs-, Kopf- und Querträgern, die kastenförmig aus Blechen zusammengeschweißt wurden. Diese Hohlträger zeichnen sich sowohl durch ein geringes Gewicht als auch durch große Verwindungssteifheit aus. Die Lagerung des Brückenrahmens erfolgt beiderseits der Drehzapfen auf jeweils vier waagerecht auslenkbaren Flexicoil-Schraubenfedern, die auf dem Obergurt des Drehgestellträgers angeordnet sind. Der Drehgestellrahmen stützt sich mittels beiderseits der Radsatzlager angebrachte Schraubenfedern mit Gummischeibenfedern gegen die Radsätze ab.

Mit einem Gummiringfederantrieb übertragen die Fahrmotoren die Zugkraft auf den jeweiligen Radsatz. Die 151 wird von sechs Einphasen-Reihenschlusskommutatormotoren angetrieben. Die Fahrmotoren sind parallel geschaltet und werden über die Motortrennschütze gespeist. Für die drei Fahrmotoren eines Drehgestells ist jeweils ein Richtungswender zuständig der die Erregerwicklungen entsprechend der Fahrtrichtung umpolt. Am Fahrschalter kann der Lokführ-

der verbunden. Die Führerstände bieten viel Raum. Zur Ausstattung gehört unter anderem eine Warmluftheizung, die zur Klimaanlage umgebaut werden kann.

Markant wirken die Lüftungsgitter, die an den Seiten links und rechts neben den Maschinenraumfenstern eine Reihe bilden. Um die Fahrmotoren zu kühlen, wird von außen Luft durch die Doppeldüsenlüftungsgitter in den Maschinenraum gesaugt. Von sechs Axialfahrmotorlüftern wird die Kühlluft über Lederbälge zu den Fahr-

rer sämtliche Fahrstufen einzeln durch eine elektrische Nachlaufsteuerung anwählen.

151 vor Erzzügen

Insgesamt entstanden in vier Serien 170 Exemplare der Reihe 151. Im November 1972 wurde die erste Maschine vorgestellt. Es handelte sich um eine Gemeinschaftskonstruktion des Bundesbahn-Zentralamtes, der Firmen Krupp und AEG. Beteiligt waren Krauss-Maffei, Rheinstahl sowie BBC und Siemens. Nach einer Testphase nahm die Bundesbahn die 151 001 am 5. Februar 1973 in ihren Fahrzeugbestand auf. Die Beschaffungszeit dauerte bis 1987. Von der anfänglich angestrebten Maximalgeschwindigkeit von 140 km/h war man abgekommen. Stattdessen war die Getriebeübersetzung auf eine größere Zugkraft angelegt worden. Die Loks bespannen daher in der Regel schwere Güterzüge. Neubaustreckentauglich wurden 85 Exemplare durch den Einbau der LZB 80 (Linien-Zugbeeinflussung). Einige Maschinen erhielten automatische Kupplungen, um in Doppeltraktion 5400 Tonnen schwere Erzzüge durch Norddeutschland schleppen zu können. Eine 151 erbringt die Dauerleistung von 5982 Kilowatt bei 95 km/h. Die Anfahrzugkraft beträgt 441 Kilonewton. Beheimatet sind die bulligen Loks in Nürnberg Rbf und Hagen. Heute gehören sie allesamt zum Geschäftsbereich DB Cargo. Seit dem Februar 2003 haben die Loks die Schiebedienste an den Rampen im Spessart, der Geislinger Steige und im Frankenwald von der 150 übernommen. ▲

Oben links: Ein langer Erzzug wird von zwei 151 mit automatischer Mittelpufferkupplung gezogen.
Großes Bild: Erheblich leichter war dieser mit fabrikfrischen Autos beladene Ganzzug auf seiner Fahrt zum Rangierbahnhof München Nord.

Hochleistungslok

Gleich zwei Bauarten leitete die Deutsche Bahn vom EuroSprinter ab. Neben der Standardlok der Baureihe 152 nahm sie die Mehrsystemvariante der Baureihe 189 in den Bestand.

Oben links: Fast geschafft hat die 152 085 den Anstieg auf die Schwäbische Alb bei Amstetten. Eine 150 half als Schublok mit, der Holzzug die Rampe hinaufzubefördern.
Großes Bild: In langsamer Fahrt rollt ein Güterzug mit einer Railion-152 an der Spitze an einer Baustelle vorbei.

Oben: Die EuroSprinter-Lok 127 001 führt einen Güterzug von NetLog nach München.
Seite 241 oben: Die 152 041 ist als Werbebotschafterin für die Flitzer der Marke Porsche tätig.
Seite 241 unten: Während es Werbeloks der Baureihe 101 wie Sand am Meer gibt, tragen nur wenige 152 ein anderes Farbkleid. Michael Hubrich fotografierte die Siemens-Werbelok 152 084 bei St. Goarshausen mit der Burg Maus im Hintergrund.

Mit der Aufteilung der Staatsbahn in kleinere Einheiten für spezielle Aufgaben stand das mit der Baureihe 120 erfolgreich gestartete Projekt der Universallokomotive unter einem schlechten Stern. Zwar kann man die Baureihe 101 mit Fug und Recht als Universallokomotive einstufen. Nach dem Willen der Geschäftsführung um Bahnreformer Heinz Dürr sollte sie es aber nicht sein. Dass sie etwas teurer war als Maschinen für bestimmte Aufgaben, passte ihm gut in das Konzept.

Somit bestellte die Güterbahn, später DB Cargo genannt, 140 km/h schnelle Lokomotiven der Baureihe 152, deren Anschaffungspreis um 500.000 Mark unter dem der 101 lag. Statt ADtranz, Entwickler und Hersteller der bei der Ausschreibung Anfang der neunziger Jahre siegreichen Baureihe 101, erhielten Siemens und Krauss-Maffei den Auftrag. Die Politik, vertreten durch eine Regionalpartei, soll an der Vergabe nicht ganz unbeteiligt gewesen sein. Allerdings vergab Siemens einen Teil der Fertigung an die Kon-

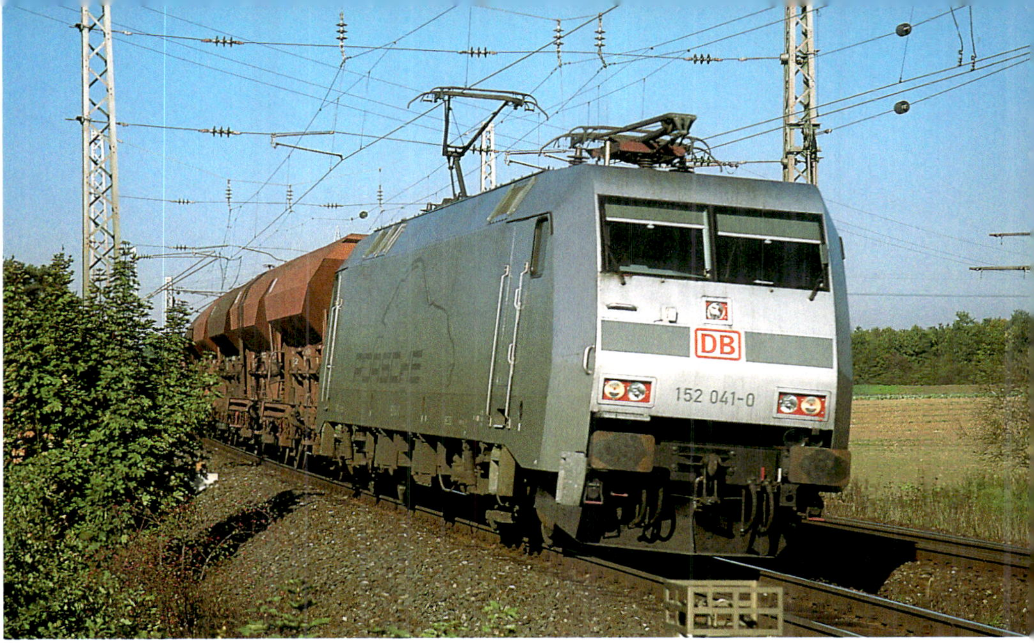
DB
152 041-0

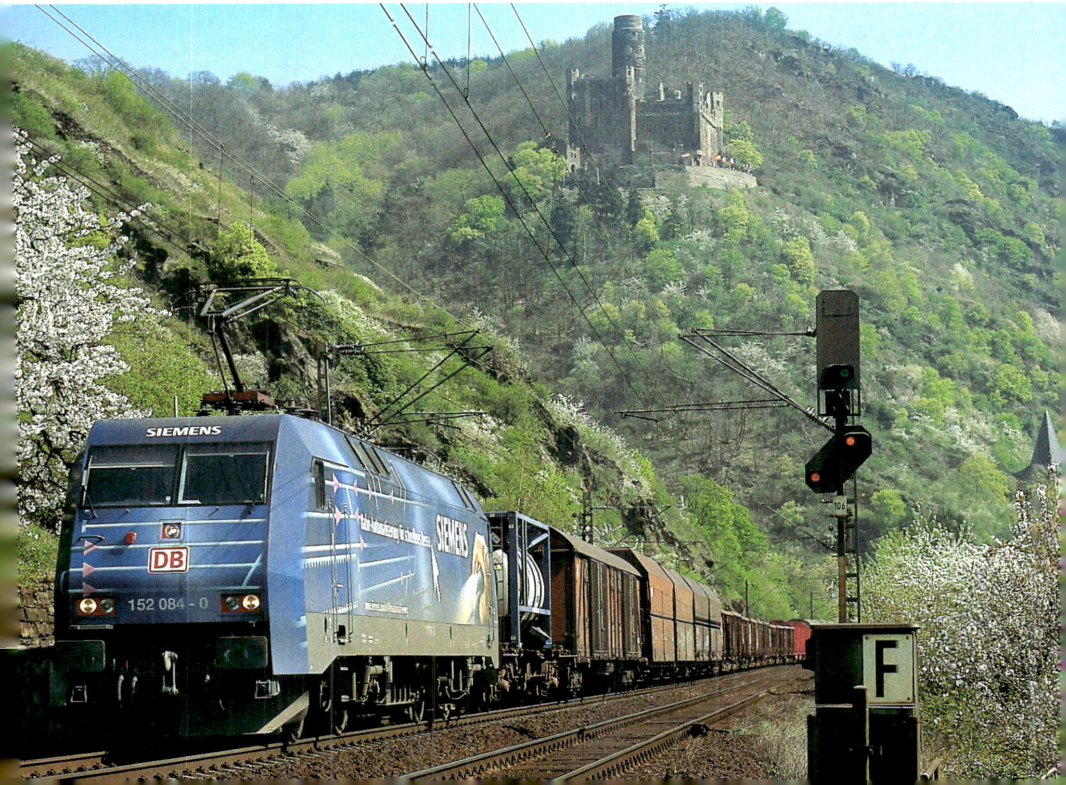
SIEMENS
DB
152 084 - 0
SIEMENS
106
F

Oben: Den samstäglichen Kombizug der Firma Lauritzen aus Dänemark führt diese 152 unweit von Eichstädt.
Rechte Seite oben: Ohne jegliches Besitzersignet fährt die 152 081 durch die Lande. Die Betriebsnummer ist auf einer hellen Fläche zwischen den Stirnlampen angeschrieben.

zerntochter Duewag in Uerdingen, sodass die Wertschöpfung nicht vollständig in Bayern erfolgte.

Zweiachsige Drehgestelle

Die vom Versuchsträger EuroSprinter abgeleitete Baureihe 152 sollte vor allem die 150 der Bundesbahn und die 155 der Reichsbahn ersetzen. Gedacht war auch an eine Ablösung der Bundesbahn-151. Alle Maschinen wiesen die Achsfolge Co'Co' auf, sodass es nahe lag, auch die 152 mit sechs Achsen auszustatten. Da dreiachsige Drehgestelle den Oberbau erheblich belasten, strebte die Bundesbahn schon frühzeitig an, auch schwere Züge mit Vierachsern zu bespannen. Die Baureihe 120 be-

wies, dass Drehstromlokomotiven dazu in der Lage sind. Folglich erhielt die 152, wie auch die 101, zwei zweiachsige Drehgestelle.

Kostendämpfung

Archaisch mutet das Antriebskonzept an, ruhen doch die Motoren nur teilweise abgefedert im Drehgestell. Bei der Baureihe 150 war die Bundesbahn nach 25 Maschinen vom Tatzlagerantrieb abgekommen und hatte den in der 110 bewährten Gummiringfederantrieb installieren lassen. Drehstrommotoren sind aber deutlich leichter als herkömmliche Reihenschlussmotoren, weshalb die auf den Oberbau einwirkenden Kräfte sich auch bei 140 km/h Spitzenge-

schwindigkeit im Rahmen halten. An den rund zehn Prozent Preisdifferenz zwischen den Baureihen 152 und 101 hatte der Antrieb einen hohen Anteil.

Interessante Übereinstimmung

Sieht man vom Antriebskonzept und der damit geringen Höchstgeschwindigkeit ab, handelt es sich bei der 152 um eine moderne Hochleistungsmaschine, die sich durchaus mit anderen Konstruktionen, sei es der schweizerischen 460, sei es der 101, messen kann. Legt man die Zugkraftkurven der Baureihen 152 und 101 übereinander, stellt man eine verblüffende Übereinstimmung fest, natürlich nur im Bereich bis 140 km/h. Die bei Maschinen dieser Bauart durch den Stromrichter definierte Maximalleistung liegt bei 6,4 Megawatt, dem gleichen Wert wie bei der Baureihe 101.

Am 10. Dezember 1996 stellte Siemens die erste Lokomotive der Öffentlichkeit vor. Statt der ursprünglich bestellten 195 Lokomotiven lieferte die Firma Siemens, die zwischenzeitlich Krauss-Maffei Verkehrstechnik übernommen hat, aber nur 170 Exemplare. Die letzte Serie von 25 Maschinen bestand aus Zweisystemlokomotiven der Baureihe 182 (siehe Seite 260), einer weiteren Ableitung vom EuroSprinter. Das Original, der „Taurus", wurde für die Österreichischen Bundesbahnen gebaut, die an der Beschaffung der Baureihe 182 nicht ganz unschuldig waren. Aus schwer durchschaubaren Gründen — sowohl Probleme mit der Elektronik als auch der Tatzlagerantrieb werden genannt — ließen sie die Baureihe 152 nicht zu. Dem „Taurus" konnten sie die Einreise nicht verweigern, auch wenn er das DB-Logo trug.

Neben der 182 bestellte DB Cargo eine weitere Variante des EuroSprinters, die Baureihe 189.

Großes Bild: In Salzburg ist Endstation dieses Containerzuges, aufgenommen bei Traunstein. Die ÖBB verwehren der 152 die Einreise aus technischen Gründen.
Unten: Die 152 aus dem Siemens-Lokpool fährt zur Zeit für boxXpress.

Die Lokomotiven mit Ausrüstung für die vier wichtigsten Stromsysteme Europas sollen letztens Endes in 14 Ländern zugelassen sein. Allerdings dürfte es kaum gelingen, sämtliche Fahrzeuge mit den Sicherungssystemen aller Länder auszustatten, es sei denn, man schüfe eine E-Lok mit Tender, der die Technik aufnimmt. Die Deutsche Bahn hofft, dass die Europäische Union schnell überall geltende Normen durchsetzt und den technischen Ballast minimiert.

Gelbe Lokomotiven

Steuerung und Antrieb der Maschinen bereiten dagegen dank der Fortschritte in der Halbleitertechnik keine Probleme mehr. Ganz gleich, ob die Lok unter Wechsel- oder Gleichstromfahrleitung verkehrt, speist Drehstrom die Motoren. Lediglich die Leistungen variieren. Im Wechselstrombetrieb bringt die Baureihe 189 bis zu 6,4 Megawatt auf die Schiene. Sechs Megawatt Leistung sind bei 3000 Volt, 4,2 Megawatt bei 1500 Volt Gleichspannung möglich Die erste Maschine wurde Ende September 2002 auf der Fachmesse „innotrans" übergeben. Voraussichtlich 2005 sollen alle 100 Maschinen dem Betriebsdienst zur Verfügung stehen.

Bereits im Einsatz sind die eigenwillig in Silber und Gelb gespritzten 152 901 und 902, die als weitere Bezeichnung ein „ES 64 F" tragen. Bei diesen handelt es sich nicht etwa um Werbelokomotiven oder, worauf die 900er-Nummer deuten könnte, Versuchsmaschinen. Vielmehr fertigte Siemens zwei Exemplare auf eigene Rechnung. Unter der Marke „Dispolok" vermietet der Konzern verschiedene Lokomotiven an private Eisenbahnunternehmen, die vor allem Güterverkehr anbieten. Vor deren Zügen kommen die Mietlokomotiven in alle Gegenden Deutschlands. ▲

Oben: Sehr seltene Dreifachbespannung mit der Baureihe 155 im abendlichen Altmühltal vor einem Kesselwagenzug.
Unten: Im Terminal Ludwigshafen rangiert diese 155 ihren Kombizug.
Unten rechts: Die Mannheimer 155 203 am Loreleytunnel.

Containerlok

Für den schweren Reise- und Güterzugdienst beschaffte die Reichsbahn ab 1974 sechsachsige Elektrolokomotiven. Nach 1990 eroberten sie auch die Gleise im Westen.

Trotz des grundsätzlichen Beschlusses, den Traktionswechsel mit Dieseltriebfahrzeugen voranzubringen, benötigte die Reichsbahn in den siebziger Jahren weitere Elektrolokomotiven für den schweren Reise- und Güterzugdienst. Die „Holzroller" der Baureihen 211 und 242 eigneten sich für diese Aufgaben nicht, da ihre Leistung zu gering war. Auch entsprach das technische Konzept der Bo'Bo'-Maschinen nicht mehr den Anforderungen. Daher beauftragte die Reichsbahn den Hennigsdorfer Lokomotivbau (LEW), eine neue Lokomotive zu entwickeln.

Diese erhielt eine Hochspannungssteuerung mit Leistungsthyristoren. Für die Reichsbahn war dies ein Novum. Dass die DDR-Elektrotechnik damals durchaus den Stand der Zeit erreichte, hatten die Techniker von LEW bereits 1966 bewiesen. Damals stellten sie eine für den Export bestimmte Lokomotive vor, die bereits über eine Thyristorsteuerung verfügte. Bei der als E 211 01 bezeichneten Maschine handelte es sich um eine für 160 km/h Höchstgeschwindigkeit konzipierte Schnellfahrlok für das Wechselstromsystem mit 25 Kilovolt Spannung und 50 Hertz Frequenz. Nach Probefahrten in der DDR sowie in Bulgarien wurde es still um die Lok, die nie zum Bestand der Reichsbahn gehörte.

Was sollte diese auch mit einer Schnellfahrlok? Bei 120 km/h lag das Tempolimit auf DDR-Strecken, also genügte diese Spitzengeschwindigkeit — 5 km/h zusätzlich gestanden die Ver-

Oben: Zechensterben im Ruhrgebiet. Da schaut es für Kohlenzüge richtig schwarz aus (Zeche Haus Aden). **Seite 249 oben:** Mit ordentlicher Last am Haken verlässt die 250 007 den Rangierbahnhof Leipzig-Engelsdorf (Juli 1990). **Seite 249 unten:** Zwölf Jahre später ist die gleiche Lok, nun in die Baureihe 155 umgezeichnet, mit dem 42009 beim Abzweig Molzau unterwegs.

antwortlichen der Baureihe 250 zu — auch für die Neuentwicklung, die technisch recht ordentlich ausfiel. An dieser Einschätzung ändert auch der Einbau von sechs herkömmlichen, für Wechselstrom mit 16,7 Hertz Frequenz geeigneten Reihenschlussmotoren nichts; auch die Bundesbahn installierte in den Mitte der siebziger Jahre beschafften Lokomotiven noch keine Drehstrom-Asynchronmotoren.

Neuer Antrieb

Erstmals baute LEW in eine Reichsbahn-Lokomotive den selbst entwickelten Kegelringfederantrieb ein. Dieser ermöglicht dank der elastischen Drehmomentübertragung eine gute Ausnutzung der Zugkraft und verhindert zuverlässig eine Überlastung des Motors beim Anfahren. Der Lokkasten entstand in Leichtbauweise mit tragenden Seitenwänden. Der größeren Stabilität wegen entschied LEW, dafür gesicktes Blech zu verwenden. Auch bei den Drehgestellen, die zwei kastenförmige Längs- und vier Querträger aufweisen, wagten sich die Entwickler an den Leichtbau. Der Anlenkpunkt für den Drehzapfen liegt 45 Zentimeter über der Schienenoberkante. Die mittlere Achse hat Seitenspiel, um den Oberbau zu schonen. Nachdem die 1974 gelieferten Baumuster 250 001 bis 003 ihre Bewährungsprobe bestanden hatten, beschaffte die Reichsbahn ab 1977

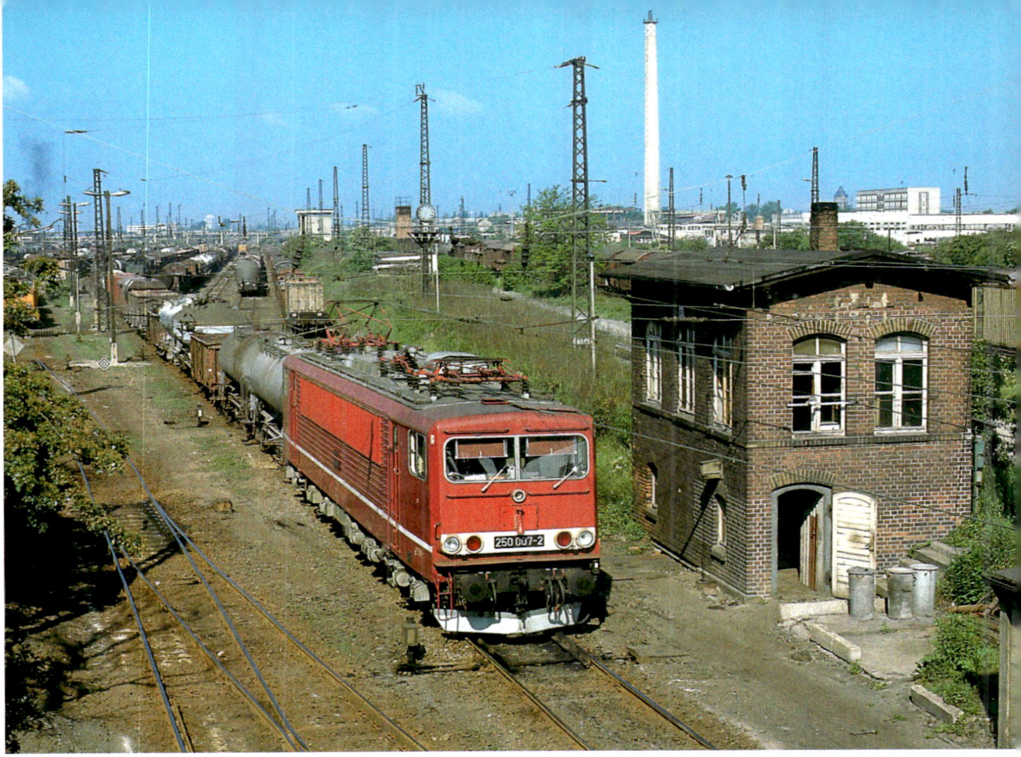
250 007-2

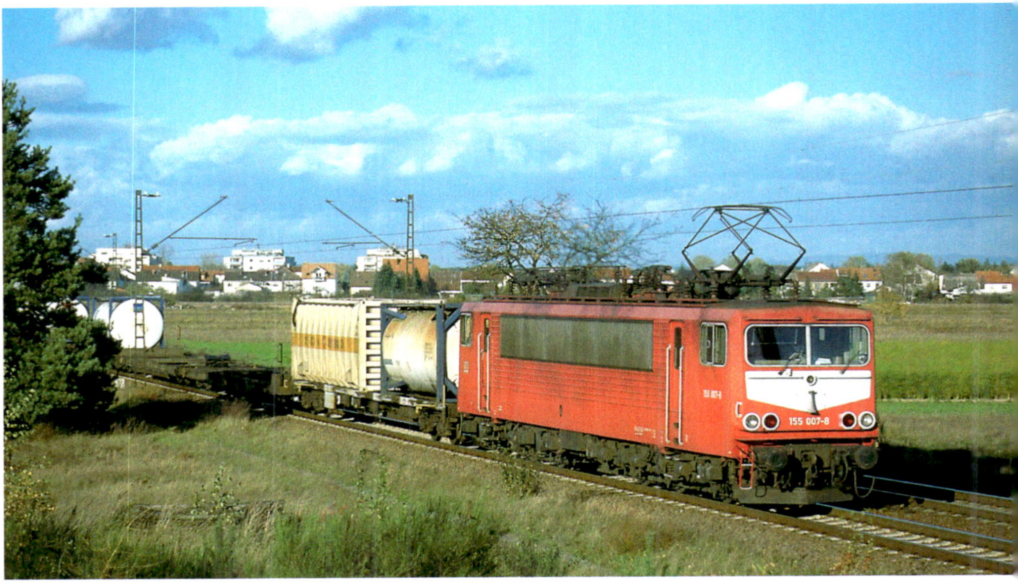
155 007-8

Links oben: Bei Ludwigstadt queren die Züge auf einer herrlichen Brücke ein weites Tal. Hier im Frankenwald sind die Güterzüge fest in der Hand der Baureihe 155. In Nürnberg hat dieser Zug, der aus Italien kommt, planmäßig Lokwechsel. Eine 155 fährt dann weiter bis Dresden.
Links unten: In Saarmund gelang diese Aufnahme mit der 155 157 und ihrem langen Kesselwagenzug (Mai 2002).

die Serienmaschinen, die äußerlich geringfügig überarbeitet wurden. 1984 stand als Letzte ihrer Bauart die 250 273 auf den Gleisen. Der schlichte, nicht nur wegen der Fasen an den Stirnseiten und im Dachbereich überzeugende Kasten verlieh den Maschinen den Kosenamen „Stromcontainer".

Zu DDR-Zeiten schleppten sie Güterzüge aller Klassen und machten sich vor schweren Reisezügen verdient. Eher selten waren Einsätze im Nahverkehr, zu denen es nach dem Kollaps des östlichen Teilstaates in größerem Maße kam. Was in der Maschine steckte, bewies um 1993 herum der Lokführer eines Nahverkehrszuges

von Ludwigsfelde nach Oranienburg: Vor zwei Mitteleinstiegswagen beschleunigte er, dass ein schwerer Koffer von der Gepäckablage hinabstürzte. Mit der Bahnreform traten die zwischenzeitlich in Baureihe 155 umbenannten Lokomotiven in die Dienste der Güterbahn, für die sie westlich der Demarkationslinie seit Beginn der neunziger Jahre regelmäßig arbeiteten. Auch außerhalb Deutschlands fanden die robusten Sechsachser Freunde. Gut vier Jahre, von September 1990 bis Dezember 1994, gehörte die 250 252 zum Bestand der Schweizer Südostbahn. Vom Depot Samstagern aus bespannte sie vor allem Güterzüge.

Oben: Zusammen mit einer 101 ist dieser DB-Taurus bei Nordhausen auf der Fahrt nach München (August 2002).
Unten: Am Semmering sind die 1116 der ÖBB tagtäglich anzutreffen. Mit einem Leergüterzug ist diese 1116 bei Eichberg auf der Talfahrt (Oktober 2001).
Unten rechts: Im silbernen Design der Hupac fahren zwei Loks. Die Aufnahme entstand im April 2002 im Rheintal.

Siegertypen

Die stolzen Sprösslinge der EuroSprinter-Familie vom Typ Taurus sorgen für Schlagzeilen – durch Zuverlässigkeit und Leistungsstärke. Wen wundert es also, dass sie im internationalen Güterverkehr inzwischen kräftig mitmischen?

Oben: Fabrikfrische BMW rollen auf dem Weg zur Küste auf der Schiene von Regensburg zu den Häfen in Norddeutschland. Die Firma ARS führt diese Verkehre in eigener Regie durch. Sie bedient sich dabei der Loks aus dem Siemens Lokpool.

Rechte Seite oben: Auf der Nord-Süd-Strecke ist die Taurusdichte besonders hoch. Dieser Güterzug fährt von Maschen nach Kornwestheim.

Rechte Seite unten: Leider fuhr dieser Güterzug nur während der Testphase zu fotogener Zeit durchs Altmühltal mit seiner romantischen Landschaft.

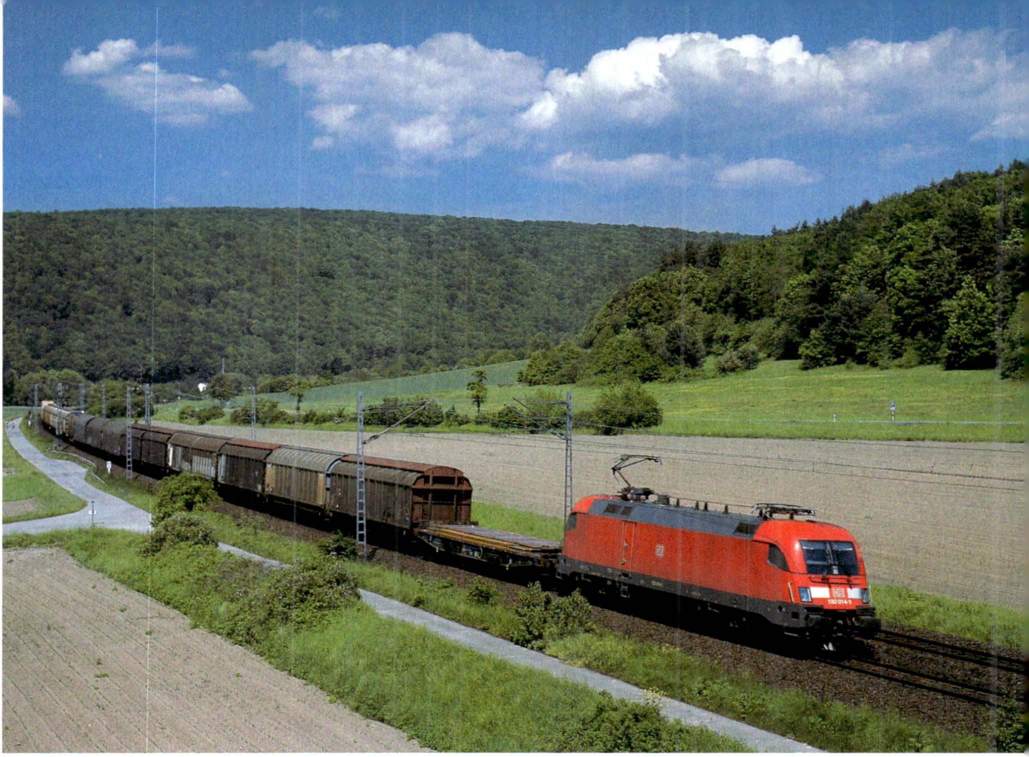

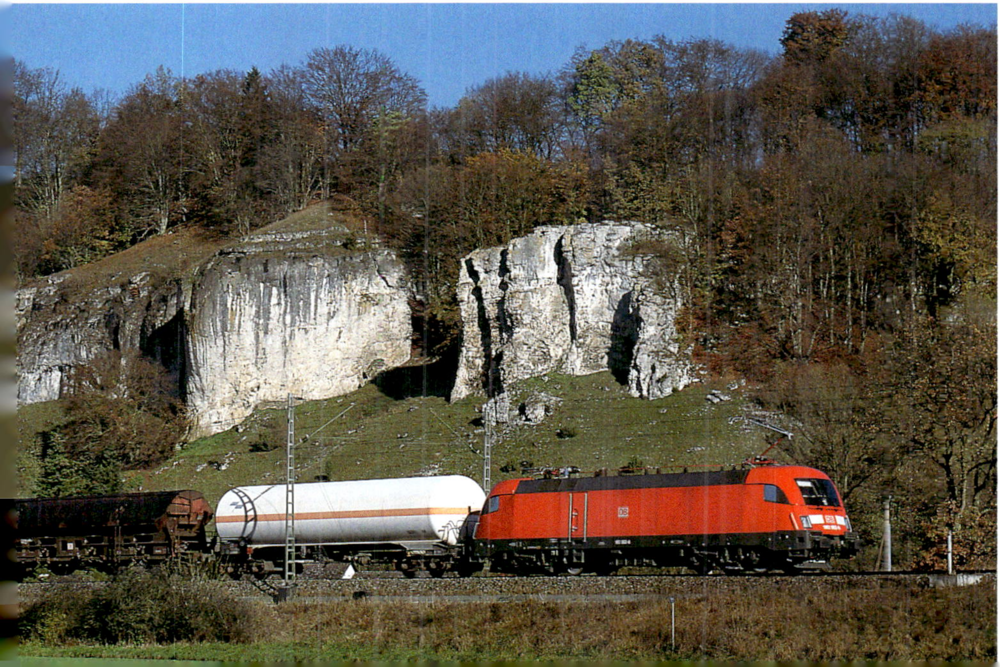

Oben: Güterzüge von Salzburg nach Hall in Tirol fahren über die anspruchsvoll trassierte Giselabahn via Zell am See und Saalfelden. Bei St. Johann ragt der Wilde Kaiser majestätisch auf. Eine 1116 ist auf der Fahrt nach Hall.
Rechte Seite oben: Ein Zug der Lokomotion auf der Brennernordrampe.
Rechte Seite unten: Der EC Transalpin auf der Arlbergbahn bei Dalaas.

An was erkennt man eigentlich die Siegertypen? Daran, dass sie nach hartem Kampf, wenn sie sich ihrer lästigen Konkurrenz erwehrt haben, lächelnd durch die Arena stolzieren und dabei keinerlei Müdigkeit zeigen? Gut möglich. Jedenfalls stehen sie ohne größere Blessuren im grellen Scheinwerferlicht.

Zu den wahren Siegertypen zählt auch der Taurus. Es handelt sich dabei um Vertreter der EuroSprinter-Familie – um echte Hochleistungslokomotiven. Das allgemeine Interesse an diesen Siegertypen ist bereits geweckt worden. Und Eisenbahnfreunde haben endlich wieder neben der 103 und den 150 ein neues Objekt der Begierde ausmachen können. Die Stiere treten zudem ver-

mehrt auf den Plan, wenn Anbieter im Güterschienenverkehr ihre Transportabläufe abseits der unsäglich bürokratischen Mühlen der stursinnigen DB Cargoisten liebend gerne selbst organisieren. Hierfür werden bei Siemens Dispolok-Stiere vorgehalten, die für vielfältige Dienste bereitstehen. Ein Generationswechsel in der Traktion schwerer, internationaler Güterzüge steht bevor. Nachdem bei den Flotten der DB- und ÖBB-Güterzugloks ein wirklich erbarmungswürdiger Zustand konstatiert wurde, war ein dringender Handlungsbedarf gegeben. Siemens Krauss-Maffei hatte mit der 127 001, dem EuroSprinter, einen Prototypen auf das Gleis gestellt. Umfangreiche Testfahrten, ständiges Optimieren

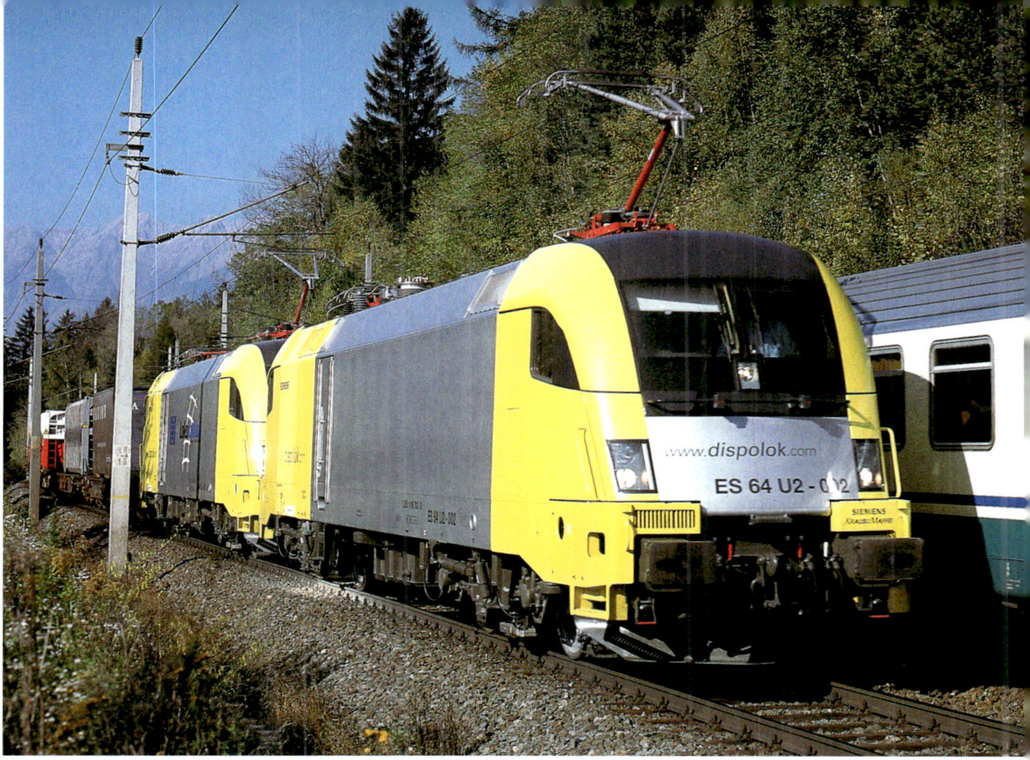
www.dispolok.com
ES 64 U2 - 002
SIEMENS
ES 64 U2 - 002

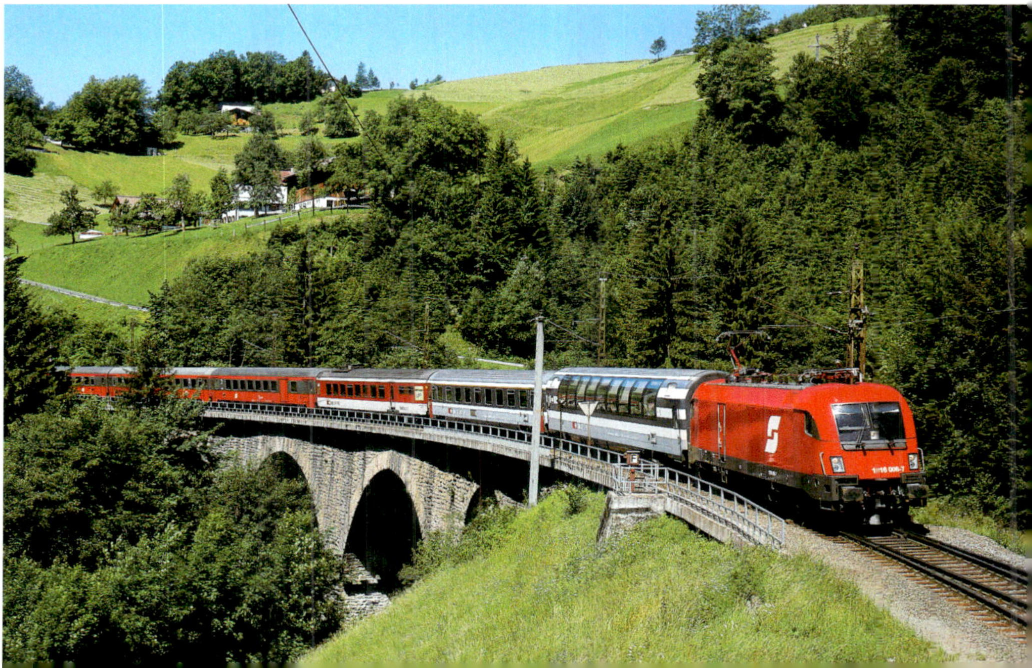

Oben: Bei Freilassing erreicht der von der Schweiz kommende EC Transalpin die Grenze zu Österreich.
Unten: Gut im Geschäft sind verschiedene private Eisenbahnunternehmen. Mit den gelben Tauri fährt z. B. boxXpress von Hamburg nach München-Riem.

der Technik machte die
Lok schließlich salonfähig. Die EuroSprinter-Familie war ins Leben gerufen worden. Neben einigen süd- und nordeuropäischen Ländern wurde man auch in Deutschland neugierig. So entstand für den Frachtverkehr die Baureihe 152, ein reinrassiges Güterzugpferd mit altertümlichem Tatzlagerantrieb, der allerdings wenig zeitgemäß erschien. Dank Kostendruck und diversen politischen Sachzwängen wurden DB Cargo dennoch 195 Exemplare dieser vierachsigen Loktype beschert. Manchmal kommt es aber anders, als man denkt. Überschrittene UIC-Grenzwerte verhinderten den Einsatz der Baureihe 152 im benachbarten Österreich. Da man

heute aber
Langläufe mit ein und demselben Triebfahrzeug bevorzugt, um den zeitraubenden Lokwechsel an den Grenzen zu sparen, ist eine Lok, die nur im Binnenland unterwegs ist, unwirtschaftlich. Da die ÖBB ihre neue Lok der Baureihe 1016/1116, genannt Taurus, in großer Stückzahl bestellten (insgesamt 400 Exemplare mit Drehstromantriebstechnik), würde sie mit ihren Maschinen voraussichtlich bald weit nach Deutschland vordringen. Folglich wandelte man bei DB Cargo das letzte Los der bestellten 152 in die Reihe 1116 um. Mitgekauft wurde dabei die Option, entsprechende elektrische Ausrüstun-

Oben: Im grenz-
überschreitenden
Güterzugdienst zwi-
schen Deutschland
und Österreich hat
der DB-Taurus viele
Leistungen übernom-
men. Der Güterzug
44335 fährt von
Nürnberg nach
Linz. Kurz vor
Regensburg ent-
stand am 1. Mai
2002 diese
Aufnahme.

gen zu installieren, um beispielsweise auch unter der Gleichstromober-
leitung der Ungarn fahren zu können.
Die neue DB-Cargo-Baureihe heißt
182 und unterscheidet sich nur sehr
geringfügig von den 1116. Optisch
wurde sie natürlich dem Farbschema
der DB-Tochter Cargo angepasst. Im
Gegensatz zum ÖBB-Taurus ist die
182 aber wegen der unsinnigen und
starren Trennung des Fuhrparks der
DB-Konzerntöchter ausschließlich
für Güterzüge vorgesehen.
Nachdem seit Dezember 2001 alle
25 Maschinen der Reihe 182 ihre

neue Heimat Nürnberg erreicht haben und die Warmlaufphase optimal
beendet wurde, stellte der Betriebshof in der Frankenmetropole ab dem
4. April 2002 einen 20-tägigen Umlaufplan auf. Er sieht vornehmlich
Langläufe im gesamten Bundesgebiet vor. Dabei sind die Nord-Süd-
Strecke, das Rheintal und der Bren-
nerkorridor zu Haupteinsatzgebieten geworden. Langläufe von Köln
Eifeltor zum Brenner oder von Hamburg bis an die ungarische Grenze
bei Ebenfurt gehören zum Leistungs-
profil der DB-Cargo-Stiere. Nicht
minder interessant als die Einsätze

der DB-Cargo-182 sind die der Siemens-Dispoloks. Hier wächst der Bestand Monat für Monat an. Inzwischen sind über 30 gelb/schwarz/silbern lackierte Tauri unterwegs. Da nun auch die offizielle Zulassung für die Schweiz vorhanden ist, dürfte es nur eine Frage der Zeit sein, bis im Langlauf von Köln nach Chiasso oder Luino gefahren werden kann. Möglicherweise entdecken ja dann die SBB die großen Vorzüge des Taurus. Denn die Eidgenossen haben unlängst auch zehn Maschinen der Baureihe 482 bei ihren deutschen Nachbarn bestellt. Sie entspricht der DB 185. Eine Option auf weitere Loks wurde inzwischen wahrgenommen.

Die Siemens-Dispoloks sind derzeit im Auftrag verschiedener Mieter unterwegs. Bekannteste Leistungen sind die boxXpress-Containerzüge von der Küste nach Stuttgart und München Riem. Hier kommen neben den Stieren aber auch die beiden 152 von Siemens zum Einsatz. Ferner bedient sich die ARS/Altmann der Lokpool-Tauri. Werktags werden oft zwei Ganzzüge mit fabrikfrischen bayerischen Edelautos der Marke BMW von Regensburg Ost nach Bremerhaven von Dispo-Stieren gezogen. Mit im Programm sind natürlich auch die entsprechenden Leergarnituren enthalten.

Sehr beliebt, erfolgreich und zuverlässig operiert die Lokomotion. Von Montag bis Samstag werden täglich zwei Zugpaare in der Relation München — Brenner gefahren. Dabei kommt stets ein Tandem zum Einsatz. Neu ist aber auch

Oben: Linz – Maschen lautet der Laufweg dieses Güterzuges, der am Main bei Karlstadt entlang fährt.
Linke Seite: Die Rheinstrecken zählen zu den schönsten Deutschlands. Fotomotive gibt es zahlreiche. Besonders reizvoll ist der Abschnitt beim romantischen Städtchen St. Goarshausen. Ein Taurus bespannt auf dieser Strecke den Güterzug 51515, der von Gremberg nach Nürnberg rollt.

ein Autotransportzug von München nach Verona. Er wird bis zum Brenner ebenfalls mit einer ES 64 U2 — so die Reihenbezeichnung für einige der Dispoloks — bespannt. Hinter dieser eigenwilligen Bezeichnung verbergen sich folgende Merkmale:
ES/EuroSprinter-Familie; 64/6,4 Megawatt Leistung; U/Universal und 2/mehrsystemfähig.
Ein weiterer Kunde von Siemens Dispolok ist das Unternehmen rail4chem. Es lässt seine Kesselwagenzüge von der ES 64 U2-005 fahren.
Und schließlich wurde mit der ES 64 U2 016 die erste Lok nach Österreich überstellt. Sie bespannt die Kalkzüge von Steyerling nach Linz zum Stahlwerk der Voestalpine und trägt seit-

lich die Aufschrift „CargoServ", ein Logo der Logistik Service GmbH, einer Tochter der Voestalpine. Eine zweite Lok ist schon ausgeliefert.
Um im internationalen Geschäft nicht plötzlich hinten anstehen zu müssen, haben die Ungarischen Staatsbahnen (MÁV) und die Privatbahn ROeEE (Raab-Oedenburg-Ebenfurzer Eisenbahn) gemeinsam insgesamt 15 Exemplare der 1116 in München bestellt. Sie sind, als Reihe 1047 und 1047.5 bezeichnet, inzwischen planmäßig in Ungarn und Österreich unterwegs. Der Taurus ist offensichtlich dabei, seinen Siegeszug quer durch Europa anzutreten. Früher oder später dürften wohl rund 500 Tauri in verschiedenen Designs im Einsatz stehen. ▲

Geschwisterliebe

Mit der Inbetriebnahme der Baureihe 605 zum Fahrplanwechsel ist die dritte Generation der ICE-Familie komplett. Erstmals seit Inbetriebnahme des 403 in den siebziger Jahren gibt es wieder echte Triebzüge für den Fernverkehr. Ihre Technik vermag zu überzeugen, ihre Gestaltung weniger.

Großes Bild: Mit dem ICE 1 begann 1991 das Zeitalter des Hochgeschwindigkeitsverkehrs in Deutschland.
Oben links: Die Schnauze des 1985 in Dienst gestellten Versuchszuges InterCity-Experimental.
Oben rechts: Zur Präsentation des ICE 3 zeigte sich Deutsche-Bahn-Chef Hartmut Mehdorn ungewohnt liebenswürdig.

Oben: Bei Uhingen entstand diese Aufnahme eines ICE der zweiten Generation auf der Fahrt von Stuttgart nach München. Hatte der ICE noch Triebköpfe an beiden Enden, verfügte der ICE 2 über einen Triebkopf und einen Steuerwagen. Somit konnte die Bahn Flügelzüge bilden. In Hamm beispielsweise teilen sich die aus Berlin kommenden Züge, um über Dortmund, Essen und Duisburg einerseits sowie über Hagen und Wuppertal andererseits an ihr Ziel, nach Köln, zu gelangen.

Der Verfassungstag hat in Deutschland keinen besonderen Rang. Man gedenkt lieber eines gescheiterten Aufstandes – des 17. Juni – oder feiert die formale Herstellung der staatlichen Einheit am zufällig gewählten 3. Oktober. Der 23. Mai, an dem 1949 eine der freiheitlichsten Verfassungen der Welt in Kraft trat, ist dagegen ein normaler Arbeitstag, bestens geeignet, der Presse einen neuen Zug vorzuführen. Am 23. Mai 2000 lud die Deutsche Bahn Journalisten nach Berlin-Rummelsburg. Im ICE-Bw präsentierte sie zusammen mit den Herstellern Siemens und ADtranz den ersten von 50 ICE 3. „Knapp zehn Jahre nach der Markteinführung des ersten ICE rundet die neue Generation das DB-Konzept für einen schnellen und komfortablen Fernverkehr auf der ganzen Linie vorläufig ab", verkündete DB-Chef Hartmut Mehdorn etwas holprig, ehe er liebevoll über

blitzblankes Blech strich, sanft die Nase des schnellsten Vertreters seines Unternehmens streichelte. Der neue Zug musste auch gleich beweisen, was in ihm steckt.

Wenige Tage nach der Premiere des ICE 3 öffnete nämlich in Hannover die Weltausstellung ihre Pforten. Einen Teil der Sonderzüge – die Bahn führte eigens die Zuggattung EXE wie „Expo-Express" ein – sollte der ICE 3 bedienen. Zum Fahrplanwechsel am 28. Mai stand ein gutes Dutzend Züge bereit. Bis zum 31. Oktober, als das Spektakel endete, stieg die Zahl der einsatzbereiten Züge auf etwa 30. Der ICE 3, von dem die DB zwischenzeitlich 13 weitere Exemplare orderte, hatte seine Bewährungsprobe bestanden.

Während andere Neubaufahrzeuge der Deutschen Bahn in der Vergangenheit vornehmlich durch Ausfälle Aufmerksamkeit erregten, bewältigte der ICE 3 sein Pensum an-

standslos. Lediglich die Lokführer fanden es nicht sonderlich beeindruckend, dass der Bordcomputer ständig scheinbar grundlos „Störung, Störung" quäkte. Sicher, irgendwo wird es etwas gegeben haben, die Maschine denkt sich schließlich nichts aus. Solcherlei aufdringliche Warnungen im Führerstand sollten aber ernsten, den Betrieb beeinträchtigenden Störungen vorbehalten bleiben, damit der Lokführer nicht im Falle eines Falles ein belangloses Problem vermutet.

Ansonsten vermochte der technisch hochwertig ausgestattete Zug, von der DB als Baureihe 403 eingereiht, zu überzeugen.

Wie schon bei seinem Nummernbruder aus den siebziger Jahren waren die Antriebsaggregate über den ganzen Zug verteilt und nicht in Triebköpfen untergebracht. Unter insgesamt vier Wagen jedes symmetrisch aufgebauten Achtwagenzuges befanden sich zweiachsige Triebdrehgestelle mit Einzelachsantrieb.

In beiden Wagen — dem Steuerwagen und dem vom Steuerwagen aus gesehen dritten Wagen — waren auch die Stromrichter untergebracht. Zwischen beiden rollte der Transformatorwagen, der keinen eigenen Antrieb hatte. Der vier-

te, ebenfalls antriebslose Wagen des Halbzuges enthielt die Batterien und die Pneumatikeinheit.

Gute Motorisierung

Dank dieser Verteilung waren nicht nur die Hälfte aller Radsätze angetrieben. Es gelang somit auch, die Lasten gleichmäßiger im Zug zu verteilen und die Treibachsen zu entlasten. Somit beanspruchte der ICE 3 den Fahrweg weniger als der annähernd gleich lange ICE 2 mit dem Triebkopf an einem Ende. Das Werkstattpersonal freute sich über die verschleißfreie E-Bremse, die auf 16 der 32 Achsen wirkte, indem der Lokführer die Fahrmotoren als Generator schaltete. Die Bremsleistung lag mit 8200 Kilowatt knapp oberhalb der Antriebsleistung, die 3000 Kilowatt betrug. Zum Vergleich: Der Triebkopf des ICE 2 brachte nur gerade 4000 Kilowatt Antriebsleistung auf die Schienen.

Die starke Motorisierung hatte einen triftigen Grund: Der ICE 3 sollte die ausschließlich für den Hochgeschwindigkeitsverkehr konzipierte Neubaustrecke Köln — Frankfurt am Main befahren. Diese wurde von Beginn an mit stärkeren Steigungen geplant, während die älteren Neubaustrecken möglichst geringe Neigungen aufwiesen, um auch Güterzüge darüber leiten zu können. Daneben wollte die Bahn natürlich erneut die Höchstgeschwindigkeit steigern. Durften die ersten ICE-Generationen auf Tempo 280 beschleunigen, brauchte der Lokführer im ICE 3 erst bei 330 km/h den Regler zu schließen. Vorausgesetzt, er fand eine für diese Geschwindigkeit zugelassene Strecke. Auf den alten Neubaustrecken galt ein Limit von 250, zwischer dem Rhein-Main- und Ruhrgebiet von 300 km/h. Allerdings machte das Eisenbahn-Bundesamt der DB einen Strich durch die Rechnung. Es befürchtete, die leichten Steuerwagen können starken Böen von der Seite nicht standhalten. Auf den meisten Strecken durfte der ICE 3 deswegen nur 200 km/h fahren, war somit nicht schneller als ein 103-bespannter InterRegio. Das Antriebskonzept bescherte dem ICE 3 jedoch ein deutlich

Oben: Eigens für den Hochgeschwindigkeitsverkehr baute die Bahn neue Strecken. 1991 ging die Verbindung Hannover – Würzburg in Betrieb, auf der ein ICE 1 unterwegs ist.

Rechte Seite oben: Als EC Prinz Eugen kommt der ICE auch nach Österreich. Auf der Reise von Wien nach Hamburg wird er gleich den Bahnhof St. Valentin passieren.

höheres Beschleunigungsvermögen, sodass er mitunter Verspätungen wettmachen konnte. Um alle geplanten Linien bedienen zu können, hat die DB zu wenig Züge bestellt.

Kaum technische Probleme bereitete die erstmals in einen Zug eingebaute Wirbelstrombremse. Von Beginn an war bekannt, dass sie die Schienen erwärmte und möglicherweise die Signalanlagen beeinflusste. Dies konnte die Bahn aber bei der Ausrüstung der betroffenen Strecken berücksichtigen, so wie es in der Vergangenheit beispielsweise bei der Einführung thyristorgesteuerter Lokomotiven geschehen ist. Dass den Zügen bei Versuchsfahrten in der Schweiz die Nutzung der Wirbelstrombremse selbst im Notfall unter-

sagt wurde, kann man nur als Überreaktion des zuständigen Bundesamtes für Verkehr betrachten.

Mehrsystemvariante

13 der 50 ICE 3 konnten die 15-Kilovolt-Zone verlassen. Sie erhielten Ausrüstungen für den Betrieb mit 25 Kilovolt Wechselstrom sowie mit 1,5 und 3,0 Kilovolt Gleichstrom. Vier Züge fahren für die Niederländischen Eisenbahnen. Beide Staatsbahnen gaben ihnen die gleiche Bezeichnung 406, was einige Fachleute als Novum betrachteten, obwohl schon die Königlich Württembergischen Staatsbahnen für ihre preußischen Dampflokomotiven die Bezeichnung des Herkunftslandes übernahmen.

Da das Lichtraumprofil des ICE 3 den Richtlinien der UIC entspricht, können die Mehrsystemzüge in ganz Europa verkehren, vorausgesetzt, die Zugsicherung arbeitet. Damit hapert es aber selbst in der Europäischen Union. Jedes Land hat seine eigene Technik entwickelt. Mit dem European Train Control System (ETCS) steht zwar ein modernes, leistungsfähiges Zugsicherungssystem zur Verfügung. Bis es aber überall eingeführt ist, werden angesichts der europäischen Verkehrspolitik und der Haltung diverser Bahngesellschaften noch einige Jahrzehnte vergehen.

Antriebstechnisch bereiten die verschiedenen Stromsysteme längst keine Schwierigkeiten mehr. Nur die Platzfrage stellt sich mitunter. In der Baureihe 406 arbeiten daher einige Einrichtungen, die nicht unter den Boden oder das Dach passten, in Schränken in den Fahrgasträumen. Elf Sitzplätze und vier Zugangstüren mussten der Mehrsystemausrüstung geopfert werden.

Unter Gleichstromfahrleitung erreicht der 406 nur 220 km/h Höchstgeschwindigkeit. Dies ist vor allem der Stromübertragung geschuldet. Unabhängig vom Stromsystem entspricht die Leistung dem Produkt aus Spannung und Stromstärke. Um die gleiche Leistung wie bei 15 Kilovolt Spannung zu erzielen, muss bei 1,5 Kilovolt ein zehnmal höherer Strom fließen. Herkömmliche Fahrleitungen wären damit überlastet.

ICE mit Neigung

Kurz vor dem ICE 3 stand der ICE T auf den Gleisen. Auch von ihm beschaffte die Deutsche Bahn zwei Varianten. Als Baureihe 411 bezeichnete sie den Zug mit zwei Steuer- und fünf Mittelwagen, als Baureihe 415 eine fünfteilige Einheit mit nur drei Mittelwagen. Das „T" im Namen wies auf die Ausstattung mit Neigetechnik hin – „Tilting Train", so lautet die englische Bezeichnung für

die in Deutschland gern italienisch als „Pendolino" bezeichneten Züge. Sie können auf entsprechend ausgebauten Strecken, beispielsweise der Saalebahn, die Bögen mit größerer Geschwindigkeit ohne Komforteinbußen für die Reisenden durcheilen. Die technisch mögliche Bogengeschwindigkeit bleibt dagegen unverändert – auch Neigetechnik hebt die physikalischen Gesetze nicht auf.

Wie beim ICE 3 wurden die Antriebsaggregate auf mehrere Wagen verteilt. Im Steuerwagen fand der Haupttransformator Platz. Der zweite Wagen des Triebzuges führt den Stromrichter mit sich. Er hat, wie auch der dritte Wagen, zwei angetriebene Achsen – in jedem Drehgestell eine. Der Siebenwagenzug be-

steht aus zwei dreiteiligen Antriebseinheiten und einem antriebslosen Mittelwagen. Beim Fünfwagenzug kuppelt man eine Dreierkombination mit Stromrichter- und Steuerwagen. Folglich besitzt der 411 acht, der 415 sechs angetriebene Achsen mit 4000 und 3000 Kilowatt Leistung.

In den ersten Monaten fügte der ICE T dem unrühmlichen Kapitel „Verspätungen" in der Bahnchronik mehrere Absätze hinzu. Insbesondere zwischen Leipzig und Nürnberg gab es Zeiten, in denen man statt der verspäteten besser die pünktlichen Züge zählte. Selbstverständlich behielten die hochwertigen Züge trotz der Unzuverlässigkeit ihre Vorrangstellung, die Nahverkehrszüge muss-

ten warten. Zum Glück für die Fahrgäste hatten die auf den gleichen Strecken verkehrenden Nahverkehrszüge genügend Fahrplanreserven, Verspätungen zumindest bis zum Ziel großenteils wieder aufzuholen. Wer zwischendurch in den Bus umsteigen musste, hatte aber Pech gehabt. Seitdem die Kinderkrankheiten auskuriert sind, fährt der ICE T weitgehend pünktlich.

Die von Fiat gelieferten Drehgestelle entsprechen den in den italienischen ETR 460 und 470 installierten. Erstmals gelang es, die Fahrmotoren vollständig im Drehgestell zu lagern. Konstruktiv sind Trieb- und Laufdrehgestelle gleich. Die Neigetechnik arbeitet elektrisch. Über eine Lenker-Hebel-Kombination bleibt der auf einem Zwischenrahmen abgestützte Stromabnehmer stets in der Waagerechten, sodass der Kontakt zum Fahrdraht auch dann nicht abreißt, wenn zufälligerweise Lagetoleranzen bei Gleis und Fahrleitung gleichzeitig auftreten.

ICE mit Dieselmotor

Dank des beim 402 erfolgreich erprobten Halbzugkonzeptes können zwei gekuppelte 403, 406 und 411 bei Bedarf als Vollzüge verkehren. Beim 415 besteht sogar die Möglichkeit, drei Einheiten zusammenzuschließen. Erträgt der 402 nur seinesgleichen als Partner, üben sich seine Nachfolger in Geschwisterliebe. Der ICE 3 und der ICE T harmonieren auch miteinander. Die Technik lässt sogar den gemeinsamen Einsatz von Elektro- und Dieseltriebzügen zu.

Zur dritten Generation der ICE-Sippschaft gesellte sich nämlich 1999 mit der Baureihe 605 ein vierteiliger Dieseltriebzug. Für ihn entwickelte Siemens eine elektromechanische Neigetechnik. Sensoren erkennen frühzeitig den Gleisbogen und aktivieren die Neigetechnik. Somit entfällt der für viele Fahrgäste unangenehme Ruck zu Beginn des Bogens. Zwei Pneumatikzylinder

Oben: Außerplanmäßig befuhr ein 605-Pärchen am 23. Juni 2001 die Allgäubahn, um von München nach Zürich zu gelangen. Sein gewöhnlicher Laufweg über Memmingen war wegen Bauarbeiten gesperrt.

Rechte Seite: Im milden Streiflicht eines Herbsttages 2001 braust ein ICE 3 in Richtung München.

können auch Stöße besser abfedern. Die neuen Drehgestelle ermöglichten den Einbau von zwei Fahrmotoren. Jeder Wagen hat eine aus Dieselmotor, Generator und zwei Fahrmotoren bestehende Antriebseinheit. Da Allachsantrieb aber zu viel des Guten gewesen wäre, montierten die Hersteller unter jedem Wagen ein Trieb- und ein Laufdrehgestell.

Dies reichte für die geplanten Einsätze auf den Strecken Dresden – Nürnberg und München – Zürich. Kurze Zeit spielte die Bahn mit dem Gedanken, den 605 auch zwischen Hamburg und Kopenhagen einzusetzen. Davon ließ sie aber ab, nicht nur wegen der dann nötigen dänischen Zugsicherungseinrichtungen. Noch vor Inbetriebnahme des ICE TD, wie

der 605 auch heißt, hatten die Rechnungsprüfer im Konzern nämlich herausgefunden, dass der in 20 Einheiten beschaffte Zug nur bei mehr als hundertprozentiger Auslastung wirtschaftlich fahren könne. Berichte, nach denen die DB zu diesem Zeitpunkt die Abstellung der Züge erwogen haben soll, dürften aber ins Reich der Spekulation gehören. Auch von den zahlreichen Störungen ließ sich DB Reise & Touristik nicht beeindrucken und schickte den ICE TD weiter auf die Strecke.

Silberling statt Salon

Wie dem auch sei, den Reisenden bieten die Züge der dritten Generation das aus dem ICE 2 bekannte Ambien-

te. Täfelungen aus Holz, angenehme Farben und die „Lounge" genannten, vorderen Sitze in den Steuerwagen können zwar oberflächliche Beobachter täuschen. Wer Platz nimmt, bemerkt aber schnell, dass der Schein vom komfortablen Reisen trügt. Insbesondere die Großräume verbreiten statt gediegener Salon- eher triste Silberlingsatmosphäre. Abteile gibt es nur in der Ersten Klasse — im ICE 3 exakt drei. Beim ICE T meinte man, auf diese familierfreundlichen Räumlichkeiten ganz verzichten zu können. In der zweiten Klasse drängen sich vier Reisende pro Reihe, obwohl die Wagenbreite geringfügig kleiner als beim ICE 2 ausfällt.

Klassenübergreifend stimmen Fenstereinteilung und Raumaufteilung nicht überall überein. Mancher Reisende, der einen Fensterplatz buchte, schaut auf ein Stück Wand — sein Sitz steht halt ungünstig. Alles andere als geschickt lösten Alexander Neumeister, der für die Formgebung verantwortlich zeichnet, und seine Mitstreiter die Gepäckunterbringung. Schon wenige Urlaubsreisende in einem Wagen können den Betrieb ordentlich durcheinander bringen. In den eigens eingerichteten Ablagen finden nur wenige Koffer Platz. Die Ablagen oberhalb der Sitzreihen eignen sich bestenfalls für Rucksäcke und Aktentaschen. Familien sollten die ICE der dritten Generation besser meiden, auch wenn es in jedem Zug wieder ein Eltern-Kind-Abteil gibt.

Bei der Gestaltung des Äußeren folgte man den Irrwegen der Mode. Wenn sich selbst Nahverkehrstriebwagen für Tempo 120 mit aerodynamisch günstiger Kopfform und großen Stirnfenstern zeigen, kann der ICE natürlich nicht wie eine Eisenbahn ausschauen. Deshalb entstanden glatte, nichtssagende Flächen; Formen, die schon bei der Präsentation des ICE 3 altbacken wirkten. Ein eher missratenes Kleid, bestens passend zum verkorksten Verfassungstag. ▲

Arbeitsbiene

Die Re 4/4 II und Re 4/4 III gelten als die Universalloks der SBB schlechthin. Seit Beginn ihrer Auslieferung im Jahr 1964 gehören die robusten Arbeitsbienen zum festen Bestandteil des schweizerischen Bahnalltags.

Großes Foto: Auf der Südostbahn verkehren Schnellzüge von Luzern in Richtung Romanshorn im Stundentakt. So kamen auch immer wieder Re 4/4 der SBB auf die Strecke, wie hier zwischen Sattel-Aegeri und Steinerberg.
Unten links: Einen langen Mineralölzug haben die beiden in Vielfachsteuerung laufenden Re 4/4 bei St. Triphon im Wallis im Schlepp.

Oben: Die Re 4/4 der BLS tragen zwar einen braunen Lack, können aber in ihrem Inneren moderne Technik aufweisen. Bei Ausserberg führt eine der Loks einen internationalen Schnellzug über den Luogelkinnviadukt talwärts nach Italien.

Rechte Seite oben: Das große Schweizerkreuz an der Front erinnert bei dieser Lok an die Einsätze vor dem Swiss-Express (Murg, Mai 2000).

Die ersten sechs Re 4/4 II standen 1964 auf den Gleisen. Der Beschaffungszeitraum, während dessen insgesamt 303 Maschinen auf das Schweizer Schienennetz rollten, dauerte bis 1985. Die Re 4/4 II und III ist die mit Abstand meistgebaute Lokomotive der Schweiz. Allein die SBB beschafften 296 Exemplare der Bo'Bo'-Lokomotiven, sieben Maschinen kamen zu Privatbahnen.

Keine Experimente

Ebenfalls 1964 wurde die Re 4/4 der BLS Lötschbergbahn vorgestellt. Im Gegensatz zu den SBB hatte sich die BLS an eine moderne Gleichrichterlok mit Wellenstrommotoren herangewagt. Die SBB entschieden sich je-

doch für den herkömmlichen Wechselstromantrieb, der ausreichende Leistungen versprach. Experimente mit wenig erprobter Technik wollte man vermeiden. In der Praxis erwiesen sich die BLS-Loks gegenüber den Re 4/4 II und III leistungsmäßig nur wenig überlegen.

Um das Laufverhalten im Bogen sowie das Reibungsverhalten zu optimieren, konzentrierten sich die SBB auf eine perfekte Konstruktion der Drehgestelle. Die Radsätze erhielten ein ausreichend großes Seitenspiel, die Drehgestelle eine weiche Abfederung. Zwischen beiden Drehgestellen saß eine Querkupplung. Alle Re 4/4 II und III wurden mit Vielfachsteuerung ausgerüstet. Diese Einrichtung ermöglicht es, zwei Re 4/4 II

in Doppeltraktion fahren zu lassen. Auch später beschaffte Loks verstehen sich mit den Re 4/4 II und III prima — darauf hatten die SBB Wert gelegt. Dank einer Wendezugsteuerung, die in der Schweiz Fernsteuerung genannt wird, sind die Re 4/4 II und III auch mit Pendelzügen unterwegs.

Die 80 Tonnen schweren Vierachser bringen mit maximal 255 Kilonewton ausreichend Zugkraft auf die Strecke. Mit vier Fahrmotoren, die zusammen 4700 Kilowatt Stundenleistung aufbringen, können die Re 4/4 II bis auf 140 km/h beschleunigen. Dieses Spitzentempo genügte den SBB auch noch zehn Jahre später für das Anforderungsprofil der Re 6/6.

Automatische Kupplungen

Die Serienlieferung der gelungenen Maschinen begann 1967, nachdem umfangreiche Versuchs-

fahrten stattgefunden hatten. Die ersten, von den SBB bestellten 49 Lokomotiven entsprachen weitgehend den Prototypen. In acht Loks dieser ersten Serie bauten die SBB ab 1972 automatische Kupplungen ein. Diese Maschinen sollten den mit neuen Einheitswagen gebildeten „Swiss Express" bespannen. In jenen Jahren herrschte noch der Glaube, die europaweite Einführung automatischer Kupplungen würde bald kommen. Diese Erwartung erfüllte sich nicht, weshalb die Wagen und Loks des Swiss Express 1987 wieder auf konventionelle Zug- und Stoßvorrichtungen umgebaut wurden. Das für die Garnitur typische Farbschema in Steingrau/Orangerot behielten die Loks bis zu ihrer jeweiligen nächsten Hauptuntersuchung bei. Größere Abweichungen von den Baumustern gab es bei der zweiten Lieferserie zwischen 1969 und 1983. Bei gleichbleibendem Drehzapfenabstand von 7900 Millimetern waren d e Lokomo-

Oben: Im Mittelland werden schwere Güterzüge von einer Re-4/4-Doppelpack bespannt.
Oben rechts: Über einen Steig erreicht man diesen Fotopunkt. Die Fahrleitung verrät, dass wir uns in Italien befinden (Re 10/10 bei Maccagno, 20. April 2001).
Rechts: Schnellzug mit Re 4/4 am Gotthard (bei Wassen).

tiven dieser Serie gut 50 Zentimeter länger. Sie maßen 15.410 Millimeter. Statt mit einem Scherenstromabnehmer wurden diese Maschinen mit zwei modernen Einholmstromabnehmern ausgerüstet. Neun Loks, die den „Rheingold" bespannen sollten, erhielten den beige-roten TEE-Lack. Mit dem Ende der Luxuszüge musste dieses Farbschema wie auch der ursprüngliche grüne Lack bei anstehenden Revisionen einem roten Anstrich weichen. In einer dritten Lieferserie beschafften die SBB in den Jahren 1984 und 1985 weitere 27 Maschinen.

Re 4/4 III am Gotthard

1971 erschienen 20 Stück einer Variante der Re 4/4 II mit geänderter Übersetzung. Sie werden als Re 4/4 III bezeichnet und sind auf die mit 26 ‰ geneigten Gotthardrampen spezialisiert. So befördern die Loks 580 Tonnen schwere Züge. Ihre Höchstgeschwindigkeit liegt bei 125 km/h. Die Re 4/4 II können es dagegen nur mit 460 Tonnen aufnehmen, sind dafür aber schneller.
Jüngst erhielt die Re 4/4 II die Zulassung für das DB-Netz. Somit wird die Lok neue Aufgaben erhalten. ▲

Treue Zugpferde

2002 konnten die beiden Vorserienlokomotiven der Ae 6/6 ihr goldenes Dienstjubiläum feiern. Einst am Gotthard zu Hause, gehören die Sechsachser heute zur Division SBB Cargo und kommen hauptsächlich im Mittelland und Jura vor Güterzügen zum Einsatz.

Oben: Wenige Einsätze bringen die Ae 6/6 auf die Gotthardbahn. Oft sind es Bedarfszüge, wie dieser Getreidezug, den sie oberhalb des Zuger Sees am Haken hat.

Rechte Seite: Am 31. Juli 1996 rollt die Ae 6/6 11417 auf der Fahrt nach Biel durch die Felsenlandschaft zwischen Choindez und Moutie.

Die als „Gotthardlok" weit über die Schweizer Grenzen hinaus bekannte SBB-Reihe Ae 6/6 verkörperte in der Mitte der fünfziger Jahre mit ihrer für damalige Verhältnisse enormen Leistungsfähigkeit von 4300 Kilowatt und auch wegen ihres gelungenen Designs die moderne elektrische Traktion in der Schweiz. Nicht nur als Paradepferde vor den internationalen Schnellzügen, sondern auch als Arbeitstiere vor den zahlreichen schweren Transitgüterzügen prägten die sechsachsigen Loks mit der Achsfolge Co'Co' über 20 Jahre lang die Traktion auf der Gotthardbahn. Bei einer zulässigen Höchstgeschwindigkeit von 125 km/h auf den Zulaufstrecken und einer maximalen Anhängelast von 650 Tonnen bei 75 km/h auf den 26-‰-Rampen ihrer Stammstrecke kann sie als eine der ersten elektrischen Universallokomotiven Europas eingeordnet werden.

Nach der eingehenden Erprobung der beiden 1952/53 gebauten Vorauslokomotiven 11401 und 11402 erfolgten in den Jahren 1955 bis 1966 die beiden Serienlieferungen mit insgesamt 118 Exemplaren, die in einigen Details von den Baumustern ab-

Oben: Als erste Kantonslok erhielt 1985 die 11416 „Glarus" die rote Farbgebung. Sie ließ sich am 24. Juli 1985 unterhalb der Kirche von Werthenstein frisch gewaschen ablichten.

Rechte Seite oben: Außerplanmäßig sind Ae 6/6 immer wieder am Gotthard zu sehen. Vor einem Kieszug leistet die 11497 einer Schwesterlok oberhalb von Gurtnellen Vorspann.

wichen. Unter anderem erhielten sie verschiebbare Endachsen, die Dienstmasse sank um vier auf 120 Tonnen und die Zugkraft stieg von 324 auf 392 Kilonewton durch eine höhere Übersetzung. Die beiden Vorausloks und auch die ersten 23 Loks (11403 – 11425) erhielten Kantonswappen und sehr kleidsame Chromzierstreifen, die sie bis heute, selbst nach der Umlackierung in die neue rote Farbgebung, nicht ablegen mussten. Ohne diesen Schmuck wurden die übrigen Exemplare (11426 – 11520) mit den Wappen größerer Ortschaften geliefert. Ab 1971 machten die 20, speziell für die Gotthardstrecke beschafften Re 4/4 III und ab 1975 die 89 Re 6/6 der Ae 6/6 ihre Einsatzdomäne streitig.

Nicht nur wegen der höheren Leistung, sondern auch wegen der besseren Kurvengängigkeit und der damit geringeren Gleisbeanspruchung übernahmen die Loks mit den Achsfolgen Bo'Bo' und Bo'Bo'Bo' sukzessive nahezu alle Leistungen zumindest auf dem Gebirgsabschnitt zwischen Erstfeld und Bellinzona. Heute sind die Ae 610-C, so die neue, aber noch nicht sehr gebräuchliche Baureihenbezeichnung der Ae 6/6, auf ihrer ehemaligen Stammstrecke kaum noch anzutreffen. Neben gelegentlichen Schubleistungen am Monte Ceneri oder zwischen Erstfeld und Göschenen ziehen sie gelegentlich noch Bedarfszüge mit Kies, Zement oder Getreide über den Gotthard.

Das Haupteinsatzgebiet der Ae 6/6 liegt heute im Mittel- und Flachland. Mit Ausnahme der 11410, die im September 2001 unfallbedingt abgestellt werden musste, sind derzeit noch alle Ae 6/6 betriebsfähig und bespannen in einem 99-tägigen, wochentags recht engen Umlaufplan nahezu ausschließlich Güterzüge. Es gibt im normalspurigen SBB-Netz kaum eine Strecke, der sie nicht zumindest einmal am Tag einen Besuch abstatten, sei es mit einer „Fünf-Minuten-Übergabe", sei es mit einem 400-Kilometer-Durchlauf über sechs Stunden quer durch die Schweiz. Am Wochenende existiert ein erheblich eingeschränkter Dienstplan.

Die montags bis freitags wohl höchste Dichte Ae-6/6-bespannter Güterzüge lässt sich auf der Strecke zwischen Olten und Solothurn beobachten, die Bestandteil sowohl der wichtigsten Ost-West-Güterachse als auch der Verbindung (Deutschland –) Basel – Lausanne ist und

zudem noch die Bedienung des Industriestandortes Biberist/Gerlafingen zu übernehmen hat.

Aus den Umlaufplänen

Eisenbahnfreunden, die statt Masse eher das Besondere bevorzugen, sollen nachfolgend einige interessante Leistungen als subjektive Auswahl empfohlen werden. Von den jeweils angegebenen Planzeiten sind Abweichungen zwar möglich, in der Schweiz aber unüblich. Böse Zungen behaupten sogar, dass die Güterzüge bei den SBB pünktlicher verkehren als die Inter-Citys der DB.

Nicht weit von der deutschen Grenze bei Basel entfernt beschäftigt sich montags bis freitags eine Ae 6/6 am Morgen im Juragebirge auf der ehemals nach Belfort führenden Strecke mit Nahgüterzügen. Zwischen 8.45 und 9.20 Uhr

Rechts: Ein großes Betätigungsfeld brachte das Projekt „Lothar" für die Ae 6/6. Bis zu vier Ganzzüge, mit Sturmholz beladen, wurden von Bern und Zürich oder aus der Westschweiz nach Buchs in der Ostschweiz abgefahren. Am Walensee angekommen, hat dieser Zug bald Sargans erreicht.

Unten: Eine Ruhepause hat diese Ae 6/6 im Bahnhof Buchs eingelegt. Die Lok ist noch weitgehend im Ursprungszustand. Lediglich der Rangiergriff an der Front wurde später angebracht.

Oben: Der Pendeldienst auf der BLS-Strecke nach Interlaken wird seit 2001 mit der Reihe Ae 6/6 erbracht. Das Bild mit Faulenbach entstand am Thuner Sees.

Oben: Die Güterzüge aus der Ostschweiz nach Genf fahren über die Jurafuß-Linie. Am Bieler See bei Twann entstand die Aufnahme.

wird zudem meist der Bahnhof Courgenay bedient. Im Anschluss daran durchquert die Lok um 12.10 Uhr mit dem 60724 nach Biel die imposante Felsenlandschaft bei Roches (Gorges de la Birse), die zweifelsfrei zu Recht auch Klein-Colorado genannt wird. Etwa 40 Kilometer südwestlich, ebenfalls im Schweizer Jura, führt das internationale Nahgüterzugpaar 60778/60783 die Loks auf die landschaftlich sehr abwechslungsreiche Einspurstrecke von Neuenburg nach Pontarlier in Frankreich. Auf dem westlichen Teilstück, das durchaus das Flair einer Nebenbahn

hat und im Übrigen nur von einem einzigen Regionalzugpaar und den TGV der Relation Bern — Paris befahren wird, muss allerdings insbesondere montags mit kurzen Zügen bis hin zum Lokzug gerechnet werden.

Viel Holz für die Ae 6/6

Eher an eine Überlandstraßenbahn als an eine Vollbahn der SBB erinnert die ungewöhnliche Trassierung der Seetalbahn mit 400 Bahnübergängen auf 40 Kilometern. Zwischen Lenzburg und Hochdorf bewältigt

die Ae 6/6 im Jahr 2002 noch den gesamten Güterverkehr. Wegen der vorgesehenen Einschränkung des Lichtraumprofils zur Installation von Sicherungseinrichtungen wird dort voraussichtlich bereits zu Beginn des nächsten Jahres kein Güterzug mehr fahren können und der Personenverkehr auf spezielle, nur 2,65 Meter schmale GTW-Triebwagen (RABe 520) umgestellt. Aus Sicherheitsgründen spannen die SBB derzeit bevorzugt rote Loks vor die Güterzüge.

In den vergangenen drei Jahren haben die SBB auf einigen Privatbahnen den Nahgüterverkehr übernommen, den dort nun bevorzugt die Reihe Ae 6/6 abwickelt. Allein auf der Strecke Langenthal — Menzau sind montags bis freitags zwischen sechs und 19 Uhr fünf Zugpaare Ae-6/6-bespannt. Auf dem Territorium der BLS Lötschbergbahn besorgt eine Ae 6/6 Übergabefahrten nach Leissigen und Frutigen, um danach mit dem 61388 in Thun wieder die SBB-Gleise unter die Räder zu bekommen. Aufgrund ihrer universellen Einsetzbarkeit spielt die Ae 6/6 häufig den Helfer in der Not bei Lokmangel oder hohem Verkehrsaufkommen. Obwohl die Ae 6/6 bei den SBB inzwischen auf den ersten Platz der Ausmusterungsliste gerückt sind, bleibt die Mehrzahl der robusten Loks auch in den nächsten Jahren noch unverzichtbar und den Eisenbahnfans als Fotoobjekt erhalten. Besonders nützlich waren die starken Loks während der großen Sturmholzkampagne „Lothar", als sie unzählige Holzzüge nach Buchs brachten. ▲

Oben: Die beiden ersten Re 6/6 hatten einen geteilten Lokkasten. Hier fährt die 11602 im Tessin bei Airolo in Richtung Gotthardtunnel.

Rechte Seite: Im Oktober 1989 war das Nachschieben von schweren Güterzügen am Gotthard noch verboten. Deshalb musste oft mit Zwischenlok gefahren werden. Neben der 11614 an der Zugspitze ist oberhalb von Erstfeld noch eine weitere Re 6/6 mit dem überaus schweren Kohlenzug von Deutschland nach Italien unterwegs.

Gotthardlok

Für die engen Bögen des Gotthards suchten die SBB Anfang der siebziger Jahre eine geeignete Lokomotive. Das Ergebnis war die Re 6/6.

Oben: Zahlreiche Güterzüge benützen auf dem Weg nach Italien die Strecke nach Luino. Im Hintergrund der Lago Maggiore. Ein Re-10/10-Gespann führt den Zug.
Rechte Seite: Der letzte Streckenabschnitt der Simplonlinie liegt in Italien. In den Oberleitungen fließt Wechselstrom, damit die SBB-Loks bis Domodossola durchlaufen können.

Die meisten sechsachsigen Loks haben eines gemeinsam: zwei jeweils dreiachsige Drehgestelle (Achsfolge Co'Co'). Dieses Merkmal trifft für die DB-Baureihen 150 und 151 oder die 1010/ 1110 der ÖBB zu. Auf den kurvenreichen Gebirgsrampen am Gotthard hat sich dagegen die Anordnung der sechs Achsen in jeweils drei zweiachsigen Drehgestellen (Bo'Bo'Bo') bewährt. Mit der Achsfolge Co'Co' hatten die SBB weniger gute Erfahrungen gemacht. Die Ae 6/6 war eine sehr robuste Maschine, die großen Verschleiß an den Schienen bewirkte. Und dass, obwohl die Außenachsen beider Drehgestelle seitenverschieb-

bar gelagert waren. Eine kurventauglichere Berglok musste her. Für die Entwicklung einer vierachsigen Lok der gewünschten Leistungsklasse war die Zeit noch nicht reif. An die in Schweden angewandte Thyristorsteuerung trauten sich die Konstrukteure nicht heran, da die nötige Umrüstung der Sicherungstechnik — wegen der unsauberen Oberströme — nicht abgeschlossen war.

Achsfolge Bo'Bo'Bo'

Das Ergebnis war also eine konventionell gesteuerte Lok mit der eher ungewöhnlichen Achsfolge Bo'Bo'-Bo'. Die Re 6/6 rollte auf weiterent-

Oben: Die Strecke von Zürich nach Arth-Goldau ist teilweise eingleisig trassiert. Ein EC mit Panoramawagen ist auf der Fahrt in Richtung Gotthard. Zuglok ist die Re 6/6 11622.
Rechte Seite: Eine Re 10/10 bespannt einen schweren Zementzug. Dank der elektrischen Bremse ist die Talfahrt ins Tessin eine sichere Angelegenheit.

wickelten Drehgestellen der nur wenige Jahre älteren Re 4/4 II. Alle Achsen verfügten über zweimal zehn Millimeter Seitenspiel. Die Drehzapfen der äußeren Laufwerke waren um zweimal 60 Millimeter seitenverschiebbar gelagert. Darüber hinaus erhielt das mittlere Drehgestell eine weiche Federung, um beim Neigungswechsel eine gleichmäßige Massenverteilung auf alle Achsen zu erzielen. Dass diese Maßnahmen genügten, hatten die SBB während der Erprobung der vier Vorausmaschinen erkannt. Zwei von ihnen, die 11601 und 11602, waren mit einem geteilten Lokkasten und mittig angebrachtem Gelenk ausgerüstet.

Diese Konstruktion brachte keine großen Vorteile, daher erhielten die Serienmaschinen allesamt einen ungeteilten Kasten. Die Serienlieferung von 85 Loks begann 1975 und endete 1980. Den mechanischen Teil fertigte die Schweizerische Lokomotiv- und Maschinenfabrik (SLM), den elektrischen BBC und Sécheron.

Kraftpaket Re 10/10

Mit 7900 Kilowatt Stundenleistung ist die Re 6/6 die stärkste Elektrolok der Schweiz. Die Anfahrzugkraft liegt bei 398, die Dauerzugkraft beträgt 270 Kilonewton. Das Spitzentempo der Lok wird mit 140 km/h

Oben: Für den Verband der Schweizer Lokführer und Anwärter (VSLF) fuhr die Re 6/6 11689 im Jahr 2001 als Werbelokomotive durchs Land, hier mit einem EC nach Chiasso.

Rechte Seite: Bei Gurtnellen strebt dieser Schnellzug bergwärts, der Reuss entlang. An der Zugspitze sind zwei Panoramawagen eingereiht.

angegeben. Dank der Vielfachsteuerung ist der Einsatz zweier Re 6/6 in Doppeltraktion möglich. Genauso gut lässt sich ein Pärchen aus einer Re 6/6 und einer Re 4/4 II bilden. Bei diesem Kraftpaket mit 12.550 Kilwatt Stundenleistung sprechen die Eisenbahner von einer „Re 10/10".

Universell einsetzbar

Charakteristisch für die Re 6/6 ist ihre bullig wirkende Stirnpartie. Auf den Flanken aller Loks prankt mittig ein Schweizer Stadt- oder Kantonswappen. Ab Werk wurden die Maschinen mit runden Spitzenlichtern ausgestattet. Lediglich die beiden

unteren wichen in den neunziger Jahren rechteckigen Scheinwerfern. Ab 1983 erhielten die Re 6/6 anlässlich von Hauptuntersuchungen ein neues Farbkleid. Das ursprüngliche Grün wurde durch ein leuchtendes Rot ersetzt. Zwischenzeitlich erhielten zwei Re 6/6 den SBB-Cargo-Look in türkis-weißer Lackierung, nunmehr erhalten sie blaue Seitenwände. Nach der Bahnreform kamen die meisten Re 6/6 zur Division Güterverkehr. Die Nummern 11601 bis 11613 werden im Personenverkehr eingesetzt, sonst fahren alle, bis auf die ausgemusterte 11638, für SBB-Cargo. Haupteinsatzgebiet ist und bleibt der Gotthard. ▲

Links: Ursprünglich war eine andere Loktype als „Lok 2000" vorgesehen. Doch es blieb bei nur vier Exemplaren, die heute der SOB gehören.

Großes Foto: Die ehemalige „Jubi-Lok" der SBB wirbt jetzt für die Rentenanstalt. Zusammen mit einer roten Schwester-460 hat sie bald Luino erreicht. Im Schlepp haben die beiden einen 1400 Tonnen schweren Containerzug, den sie seit Basel bespannen.

Lok 2000

Nicht nur als Werbelokomotive überzeugt die elegante Maschine der Baureihe 460 (465 BLS). Unter dem meisterlichen Design verbirgt sich modernste Technik – nicht umsonst hatten die SBB ihr neues Zugpferd als „Lok 2000" vorgestellt.

Oben: Auf der landschaftlich wunderbaren Strecke entlang des Lago Maggiore fährt ein 460-Pärchen in Richtung Luino.
Rechte Seite: Holzhackschnitzel-Ganzzüge verkehren aus Deutschland in Richtung Italien. Je nach Plantag fahren sie entweder über den Gotthard, hier bei Wassen, oder via BLS südwärts.

Die Auslieferung der 460 begann 1991. Erstmals war das Konzept für diese Lok komplett am Computer erstellt worden. Die SBB erwarteten von der Maschine eine Höchstgeschwindigkeit von 200 bis 230 km/h sowie eine Achslast von maximal 20 Tonnen. Da die Lok auch mit Neigetechnik ausgestattete Reisezüge möglichst schnell durch die Schweiz befördern sollte, durfte der Wert für die unausgeglichene Seitenbeschleunigung der Radsätze nicht über 1,8 m/s² liegen. Außerdem musste die Lok gegenüber Spannungsschwankungen, die in den langen Tunneln des

Alpenlandes auftreten können, unempfindlich sein.

Per Computersimulation loteten die Entwicklungsingenieure die Eigenschaften neuer Bauteile sorgfältig aus, bis schließlich die Serienreife erreicht wurde. Einige Komponenten waren bereits in anderen Maschinen erprobt worden. Ob alle Elemente in der neuen Lok miteinander harmonierten, musste die Praxis zeigen.

Meisterliches Design

Anfangs litt auch die 460 an diversen Kinderkrankheiten, die jedoch beho-

ben werden konnten. Danach ließen sich die SBB alle 119 bestellten Loks innerhalb von fünf Jahren liefern. Die Maschinen sind sowohl vor Reisezügen im Flachland als auch vor schweren Güterzügen auf Bergstrecken anzutreffen. Falls erforderlich, wird die Fracht von bis zu vier Lokomotiven in Vielfachtraktion gezogen. Die Steuerung erfolgt in diesem Fall vom ersten Führerstand aus. Dank der radial verschiebbaren Achsen zeichnen sich die 460 auch bei rasanter Fahrt durch einen sicheren, verschleißarmen Bogenlauf aus. Allerdings ist es den Loks nicht möglich, ihre Spitzengeschwindigkeit von 230 km/h auf dem Schweizer Eisenbahnnetz auszufahren. Große Popularität gewannen die Maschinen der Baureihe 460 wegen ihres meisterlich geformten Lokkastens.

Die eleganten Rundungen, Schlitzscheinwerfer, versenkbaren Stromabnehmer sind das Werk des italienischen Designers Pininfarina. Ihm ist es gelungen, die technischen Vorgaben der SBB mit Eleganz in Einklang zu bringen.

Die Werbeloks

Aufmerksamkeit erweckten die neuen Maschinen nicht nur bei Reisenden und Eisenbahnfreunden. 1994 traten die Werbeagenturen auf den Plan. Die 460 war auserkoren, Reklame zu machen. Erstmals im Werbelook zeigte sich die 460 015. Ihr folgten etliche andere mobile Plakatwände. Die beworbenen Unternehmen gehörten verschiedensten Branchen an. Bekannteste Re-

Oben: Swiss Collection II: Eine von Märklin initierte Kunstlok sorgte für große Beachtung. Das Foto zeigt die Lok kurz vor ihrer ersten Fahrt im Bahnhof Yverdon.

Mitte: Die Werbelok „Aroma" auf der BLS-Rampe bei Ausserberg.

Rechte Seite: Ein Ganzzug, gebildet mit Haubenwagen, hat das sonnige Tessin bei Airolo erreicht.

klameträgerin und Lieblingsmotiv der Fotografen dürfte die erste Märklin-Werbelok 460 017 gewesen sein. Die 1994 vorgestellte Lok zeigte an den Seitenwänden das Bild eines Dampflokheizers bei der Arbeit. Weitere Märklin-Werbeloks folgten, so 1995 die „Alpaufzuglok". Insgesamt hat Märklin bislang sechs 460-Werbeloks durch die Schweiz fahren lassen. Ein sehr überzeugendes Motiv zeigte das Innenleben einer Spieluhr. Die Reklamefolie wurden nach einem Jahr wieder entfernt. Märklin hat sie in Form von Modellen der „Swiss Collection" in den Baugrößen H0, N und Z bewahrt. Eine fünfte Lok wird 2003 folgen.

Die BLS-Variante 465

Oben: Nur wenige 465 fahren vor Schnellzügen über den Lötschberg. Bei Kandersteg entstand diese Aufnahme.
Rechte Seite: Sehr unterschiedlich ist die Auslastung der RoLa zwischen Freiburg im Breisgau und Novara. Dabei sind die Züge in Richtung Süden gut frequentiert. Die Aufnahme vom 13. September 2002 entstand bei Ausserberg im sonnigen Wallis.

Die BLS Lötschbergbahn wurde ebenfalls auf die 460 aufmerksam, brauchte sie doch eine neue Hochleistungslok. Zudem hatten Untersuchungen ergeben, dass vierachsige Loks in Doppeltraktion vor schweren Zügen den sechsachsigen überlegen sind. Mit 6100 Kilowatt war die 460 in den Augen der BLS-Verantwortlichen jedoch zu schwach. Daher ließen sie die Lok 2000 den Anforderungen am Lötschberg anpassen. Herausgekommen ist dabei eine 7000 Kilowatt starke Gebirgslokomotive mit der Baureihenbezeichnung 465. Was die Lackierung anbelangt, setzte die BLS andere Akzente. Die gesickten Seitenwände der blau lackierten Loks wurden weiß hervorgehoben.

Die 465 erhielten im Gegensatz zu ihren SBB-Pendants einen echten Einzelachsantrieb mit separat versorgten und gesteuerten Motoren. Bei geringer Zuglast schaltet sich zwecks Energieeinsparung ein Drehgestell automatisch in den Stand-by-Betrieb. Eine 465 ist in der Lage, auch bei 27 ‰ Steigung auf der Lötschbergrampe einen 650-Tonnen-Zug aus dem Stand auf 100 Stundenkilometer zu beschleunigen. Die 460 bringt es im Vergleich auf 80 km/h. Ein weiterer Unterschied besteht in der Kompatibilität bei Mehrfachtraktionen. Die 465 vertragen sich auch mit älteren BLS- und SBB-Loks, die 460 nur mit ihresgleichen. Insgesamt kamen 18 Exemplare der 465 zur Auslieferung. Sie sind vielfach vor den Huckepackzügen am Lötschberg und Simplon eingesetzt. ▲

Zu den Wegbereitern der europäischen Einigung zählten die Eisenbahnen. Anfang der fünfziger Jahre, als vielerorts noch die Wunden des Zweiten Weltkriegs klafften, glaubte niemand an ein vereintes Europa. Aber bereits mit der Montanunion vom 18. April 1951 kamen sich Frankreich und Deutschland wieder ein Stück näher. Kohle, Erz und Stahl rollten erstmals in großem Umfang über die Grenzen der ehemaligen Erbfeinde.

Im Dezember 1953 wagte Dr. F. Q. den Hollander, Präsident der Niederländischen Eisenbahnen, den Sprung nach vorn. Vor den Gremien des Internationalen Eisenbahnverbandes UIC formulierte er seine Idee eines europaweiten Ferntriebwagennetzes — mit Erfolg: Kaum ein Jahr zog ins Land, bis die UIC auf einer Konferenz im November 1954 in Genua drei internationale Ausschüsse ins Leben rief, um das Projekt zu koordinieren.

Der „Trans-Europ-Express" war geboren. Allerdings scheiterte den Hollander mit seinem Vorschlag, eine gemeinsame TEE-Gesellschaft nach dem Muster der internationalen Schlafwagengesellschaft Wagon Lits zu gründen.

Kein einheitliches Fahrzeug

Die Kommission blieb lediglich ein loser Zusammenschluss. So verwundert es wenig, dass sie sich auf kein einheitliches Fahrzeug verständigen konnte. Immerhin gelang es den Ausschüssen, auf Konferenzen in Utrecht im Februar 1955 und in Bern im Mai 1955 wenigstens die Eckdaten für die künftigen TEE-Fahrzeuge festzulegen. Das Pflichtenheft definierte einen Dieseltriebzug, denn elektrische Züge waren wegen der unterschiedlichen Stromsysteme in Europa und der Lückenhaftigkeit der elektrischen Netze

Edeltriebzüge

Für das TEE-Netz stellten die Niederländischen Eisenbahnen und die Schweizerischen Bundesbahnen 1957 einen gemeinsam entwickelten Dieseltriebzug vor, den DE/RAm. Es gab fünf Exemplare, die bis 1971 auch in Deutschland fuhren.

Links: Auf der Strecke nach Amsterdam befuhren die TEE-Züge auch SNCF-Gleise (12. April 1974 in Metz).
Seite 306: Am 15. April 1974 wurde ein DE/RAm bei der Einfahrt in den Bahnhof Basel beobachtet.

ungeeignet. Etwa 100 bis 120 Sitzplätze waren vorgesehen. Für gediegenen Komfort in den erstklassigen Zügen sollte eine Sitzanordnung von 2 + 1 in den Großraumwagen und 3 + 0 in den Abteilwagen sorgen. Die Kommission empfahl, wenn möglich beide Varianten einzurichten. Um den Fahrgästen auch kulinarische Genüsse bieten zu können, entschieden sich DB, NS und SBB für einen separaten Speisewagen. In den italienischen und französischen Zügen wurden die Menüs in einer Miniküche zubereitet und direkt am Platz serviert. Höchste Laufgüte und ein minimaler Geräuschpegel, selbst bei 140 Kilometern pro Stunde, waren für die nach internationalen Normen konzipierten TEE-Züge selbstverständlich. Die Kommission einigte sich auf ein standardisiertes Farbschema in den Tönen Purpurrot und Beige sowie auf das charakteristische TEE-Emblem, das die internationale Verbundenheit symbolisierte. Einzig die NS und die SBB orientierten sich an der Idee von TEE-Chef den Hollander. Sie bestellten im Oktober 1955 gemeinsam fünf vierteilige Triebzüge, die sie auch in einem gemeinsamen Pool betreiben wollten. Die NS bezeichneten ihre Züge als DE 1001 bis 1003, die beiden SBB-Züge bekamen die Kürzel RAm 501 und RAm 502.

Gemeinschaftsentwicklung

Unter den vielen Entwürfen für bis zu achtteilige Züge kristallisierte sich eine vierteilige Einheit als für beide Staaten beste Lösung heraus. Ein sechsachsiger, dieselelektrischer Maschinenwagen hatte je einen vierachsigen Abteil-, Speise- und Steuerwagen im Schlepp. Konstruktion und Bau der Fahrzeuge teilte sich ein Konsortium aus zwei schweizerischen und einem holländschen

Oben: Diese Doppeleinheit fuhr Steuerwagen voraus in den Bahnhof Rheinfelden ein.
Seite 309: Beim Bötzbergtunnel zeigte sich im Mai 1974 dieser TEE inmitten einer lieblichen Frühlingslandschaft.

Unternehmen. Werkspoor N. V. in Amsterdam zeichnete für Fahrwerk, Wagenkasten und die drei Dieselmotoren des Maschinenwagens verantwortlich, die Schweizerische Industriegesellschaft (SIG) in Neuhausen schuf die Reisezugwagen. BBC in Baden rüstete den Zug mit Fahrmotoren und der Elektrik aus.

Der Kasten des Motorwagens, der sich äußerlich nicht nur wegen der Bullaugen deutlich von den anderen Wagen unterschied, stützte sich über Blattfedern auf zwei symmetrischen, dreiachsigen Drehgestellen ab, die bei Werkspoor nach Lizenzen des US-amerikanischen Lokbauers Baldwin entstanden. Vier vollständig abgefederte BBC-Gleichstrommotoren mit einer Stundenleistung von 292 Kilowatt gaben ihre Leistung über den drehelastischen Federantrieb an die jeweils äußeren Radsätze jedes Drehgestells ab. Den Fahrstrom lieferten zwei BBC-Gleichstromhauptgeneratoren, die mit je einem Werkspoor-Dieselmotor RUHB 1616 starr gekuppelt waren und gleichzeitig als Anlasser dienten. Jeder Viertakt-Dieselmotor mit 16 Zylindern in V-An-

ordnung und rund 64 Litern Hubraum leistete dank des BBC-Doppelturboladers mit Ladeluftkühlung 730 Kilowatt bei 1400 Umdrehungen pro Minute. Zwei an die Dieselmotoren geflanschte Hilfsgeneratoren versorgten die Ventilatoren der Kühlanlagen von Dieselmotoren und Turboladern. Sieben Leistungsstufen der beiden Hauptdiesel sowie eine Stufe zur Feldschwächung der vier Fahrmotoren regelten die Antriebsleistung. Ein Achtzylinder-Hilfsdiesel, der genau einem halbierten Hauptmotor entsprach, trieb den Drehstromgenerator für das Bordnetz an. Hinter dem erhöht angeordneten Führerstand hatte der Maschinenwart sein eigenes Abteil, von außen an den kleinen Übersetzfenstern erkennbar. Am gegenüberliegenden Ende des Maschinenraums fanden ein relativ großzügiger Gepäckraum, ein Dienstabteil für Zollpersonal und Zugführer sowie eine Toilette Platz.

Laufruhig und komfortabel

Sämtliche Reisezugwagen entstanden als geschweißte, selbsttragende

und verwindungssteife Rohrkonstruktionen mit einer Kastenlänge von 23,9 Metern nach dem Muster der schweizerischen Einheitswagen EW I. An diese erinnerten die TEE-Wagen mit ihren nach unten eingezogenen Seitenwänden und den zweiflügeligen Klapptüren auch optisch. Die geringen Überhänge der verhältnismäßig kurzen Fahrzeuge ermöglichten eine maximale Wagenbreite von 2,84 Metern. Die Kästen stützten sich über Wiegen, die mit Torsionsstäben gefedert waren, auf den Drehgestellen ab. Schraubenfedern und zylindrische Dämpferelemente innerhalb der Federn lenkten die Radsätze am Drehgestellrahmen an und verliehen dem TEE seine überragende Laufgüte.

Im Innern der Wagen sorgte eine Klimaanlage der Bauart Stone-Carrier für ein gediegenes Ambiente. Die Reisenden genossen großzügig bemessene 70 Zentimeter Armfreiheit. Jalousien zwischen den doppelt verglasten Fenstern dämpften das Sonnenlicht. Die Fahrgäste konnten zwischen 54 Sitzplätzen in neun Abteilen im Wagen hinter dem Triebkopf oder 42 Sitzplätzen in 2+1-Anordnung im Steuerwagen wählen. Das Schlafabteil hinter dem Führerstand im Steuerwagen blieb dem Zugpersonal vorbehalten. Weitere 18 Plätze in 2+1-Anordnung bot der Speisewagen außerhalb des eigentlichen Restaurants. Das Personal servierte aber auch an diesen Plätzen Menüs aus der komplett elek-

trisch betriebenen Küche. Im Restaurant selbst kümmerte sich ein Kellner an acht Tischen mit 32 Plätzen um das leibliche Wohl seiner Gäste.

Feste Reihung

Sämtliche Wagen waren durch starre Kuppeleisen holländischer Bauart miteinander verbunden. Druck- und Stoßkräfte wurden von zweifach gelagerten, breiten Mittelpuffern übertragen. Der Zug ließ sich wegen der asymmetrischen Wagenübergänge nur in der Reihung Triebkopf-Abteilwagen-Speisewagen-Steuerwagen auf die Strecke schicken. Prinzipiell war auch die Konfiguration Triebkopf-Abteilwagen-Steuerwagen denkbar. In ihrer 17-jährigen Laufbahn als TEE waren die Züge allerdings nie ohne Speisewagen unterwegs. Automatische Scharfenbergkupplungen an den Enden des Zuges und eine Vielfachsteuerung erlaubten, zwei von Schnauze zu Schnauze 97,16 Meter messende Einheiten von einem Führerstand aus zu steuern. Betriebsbereit wog der Zug 228 Tonnen. Von der Dienstmasse entfielen allein 114 Tonnen auf den Maschinenwagen.

Bremstechnisch waren die Fahrzeuge allerdings nicht auf der Höhe der Zeit. Während andere Bahnen in ihre schnellen Fahrzeuge schon Scheiben- und Magnetschienenbremser einbauten, sollte beim RAm/DE eine herkömmliche mehrlö-

sige Klotzbremse der Bauart Oerlikon genügen. Das einzige Zugeständnis an das hohe Tempo des TEE war eine geschwindigkeitsabhängige Rapidbremse. Auf eine, dank der elektrischen Fahrmotoren ohne weiteres machbare Widerstandsbremse verzichteten die Ingenieure des Firmenkonsortiums wohl aus Gewichtsgründen. Obwohl die Triebzüge großteils in der Schweiz entstanden und auch im schweizerischen Streckennetz fahren sollten, waren sie nicht mit der automatischen SBB-Zugsicherung (ähnlich DB-Indusi) ausgerüstet.

Rekordleistungen

Gleich zu Beginn ihrer Karriere brillierten die NS/SBB-Züge mit zwei Rekordleistungen: Der „Edelweiss" durchquerte mit der Schweiz, Deutschland, Luxemburg, Belgien und den Niederlanden die meisten europäischen Länder. Der „Oiseau Bleu" überzeugte mit wahren Sprinterqualitäten. Auf der mit 312 Kilometern kürzesten TEE-Strecke zwischen Brüssel und Paris erreichte er

eine Reisegeschwindigkeit von 113,5 km/h. Die SBB reagierten noch 1957 auf die hohen Reisegeschwindigkeiten im französischen und belgischen Netz und rüsteten die Diesel-TEE mit der französischen Zugsicherung „Crocodiles" nach.

Der TEE „Bavaria"

1961 schon brachen die SBB mit ihren neuen elektrischen Viersystemzügen der Bauart RAe TEE II in die Dieseldomäne ein. Zum Sommerfahrplan 1964 mussten die jetzt als TEE I bezeichneten Diesel-TEE erstmals Federn lassen. Lokbespannte TEE mit den markanten französischen Inox-Wagen verdrängten die RAm/DE zwischen Amsterdam und Paris aus den Umläufen des „Etoile du Nord" und des „Oiseau Bleu". Als Ersatz übernahmen die NS/SBB-Triebzüge den „Arbalète" zwischen Zürich und Paris von den französischen RGP 825. Zum Winterfahrplan 1969 wurden die RAm/DE auch zwischen Zürich und Paris arbeitslos. Verzweifelt suchten NS und SBB nach einer neu-

en Einsatzstrecke für die fünf Dieseltriebzüge. Hilfe kam vom gemeinsamen Nachbarn. Als die DB am 28. September 1969 ihren neuen Durchgangsbahnhof in Kempten eröffnete, brauchte auch die Allgäubahn prestigeträchtige Züge. Kurzerhand wandelte die DB das Schnellzugpaar D 93/94 „Bavaria" in einen TEE mit der Nummer 56/57 um. Der RAm/DE schien das ideale Fahrzeug für den Einsatz zwischen München und Zürich zu sein.

Aber schon im Vorfeld seines Einsatzes sorgte der Triebzug bei den Verantwortlichen der DB für Bauchschmerzen. Eine induktive Zugsicherung nach DB-Norm fehlte. Die Bundesbahn setzte durch, dass die Züge im AW Nürnberg mit DB-Indusi ausgerüstet wurden. Aus gutem Grund: Während des Winterfahrplans wollte die DB die Diesel-TEE mit einer Reisegeschwindigkeit von 100 km/h über die kurven- und steigungsreiche Allgäubahn jagen.

Das Ende des RAm

Der Start des schnellen TEE „Bavaria" am 28. September stand unter keinem guten Stern. Die Rückreise von München nach Zürich schaffte die RAm-Garnitur bis Lindau nur mit Hilfe einer V 200.1. Der Einsatz zwischen München und Zürich währte nur ein gutes Jahr und endete am 9. Februar 1971 in der Katastrophe von Aitrang.

An diesem Tag verließ der RAm 501 Steuerwagen voraus um 17.48 Uhr die bayerische Landeshauptstadt in Richtung Zürich. Nach 102 Kilometern flog der Zug gegen 18.45 Uhr mit knapp 130 km/h buchstäblich aus der für 80 km/h zugelassenen Rechtskurve hinter der Bahnhofsausfahrt Aitrang. 26 Menschen starben sofort. Ein weiterer Reisender verlor sein Leben, als sich nur wenige Minuten nach dem Unfall eine dreiteilige Schienenbusgarnitur aus Kempten in den havarierten Maschinenwagen des TEE bohrte. Der Lokführer des Nahverkehrstriebwagens erlag einen Tag nach dem Unglück seinen Verletzungen. 30 Personen wurden verletzt, viele von ihnen schwer. Die Unglücksursache restlos aufzuklären, gelang nie. Bis heute ranken sich allerlei Spekulationen um die dramatische Geschwindigkeitsüberschreitung des TEE.

Die Trans-Europ-Express-Züge, bisher das Topangebot der westeuropäischen Bahnen in puncto Komfort und Schnelligkeit, standen auf einmal im Kreuzfeuer der öffentlichen Kritik. Knapp kalkulierte Fahrpläne und fragwürdige Sicherheitsstandards mancher Züge wurden nach Aitrang heiß diskutiert. Die Glanzzeit der internationalen Luxuszüge war vorbei.

Als am 11. Februar 1971 die Allgäubahn wieder befahrbar war, kamen zwar nochmals für kurze Zeit RAm/DE nach München. Aber schon wenig später erteilte die Bundesbahn den Zügen Fahrverbot. Fortan bespannte eine Gasturbinenlok der Baureihe 210 den Dreiwagenzug des „Bavaria". Den vier TEE I blieb nur noch der zweitägige Umlauf als TEE „Edelweiss" zwischen Zürich und Amsterdam. Am 25. Mai 1974 hieß es, endgültig Abschied zu nehmen. Viersystem-Triebzüge der Bauart RAe übernahmen den „Edelweiss", die Dieseltriebzüge wanderten in Zürich und Utrecht aufs Abstellgleis. Einen Umbau der Züge auf elektrischen Betrieb im niederländischen Netz verwarfen die beiden Eigentümer letztlich und verkauften die Züge 1976 nach Kanada. Als „Northlander" feierten die vier TEE bei der Ontario Northland Railway ihre Renaissance. Aber das ist eine andere Geschichte. ▲

Oben: Der Güterzugdienst auf der Westbahn war das
Haupteinsatzgebiet der Reihe 1010.
Großes Bild: Während des Villacher Gastspiels der 1110.5
standen die RoLas nach Wels in den Dienstplänen. Via
Tauernbahn ging es auch über die Angertalbrücke.

Universallok

Mit den sechsachsigen Lokomotiven der Reihen 1010/1110 verfügten die ÖBB über eine im Flachland wie im Rampendienst gleichermaßen zuverlässige Universallokomotive.

Oben: Einen Güterzug von Graz nach Villach führt diese 1110 unweit von Bruck an der Mur. Einsätze in der Steiermark zählten zu den Ausnahmen.

Rechte Seite oben: Vor ihrer Hauptausbesserung kam die 1110 522 gelegentlich als Vorspannlok auf die Brennerbahn. Noch glänzen die alumini-umgefassten Frontscheiben im Sonnenlicht.

Im Jahr 1952 nahmen die Österreichischen Bundesbahnen den elektrischen Betrieb auf der Westbahn bis Wien auf. Für Schnellzugleistungen standen aber lediglich recht betagte Maschinen der Baureihen 1018, 1118, 1670.1, 1040, 1041 und 1245 bereit. Westlich von Salzburg mussten wegen Lokomotivmangels sogar Güterzugloks der Baureihe 1020 Schnellzüge bespannen. Die früheren E 94 erreichten indes gerade 90 km/h Höchstgeschwindigkeit. Zudem wurden sie dringend für den stetig wachsenden Güterverkehr gebraucht. Da auch an der Südbahn zwischen Semmering und Klagenfurt Elektrifizierungsar-

beiten im Gange waren, entschieden die ÖBB, eine neue Schnellzuglok zu entwickeln.

Zunächst plante man, eine Bo'Bo'-Lok zu konstruieren. Auch eine Weiterentwicklung der 1018 stand zur Debatte. Die guten Erfahrungen der SBB mit der neuen Gotthardlok Ae 6/6 überzeugten dann die ÖBB, einen Sechsachser zu beschaffen.

Verschiedene Drehgestelle

Den mechanischen Teil der 1010/1110 entwickelte SGP, den elektrischen Teil ein Konsortium aus AEG, BBC, Elin und Siemens. Ursprünglich planten sie, eine Universallok zu

bauen: Im Flachland sollte sie schnell sein, auf den steilen Rampen von Arlberg, Semmering und Tauern eine möglichst hohe Zugkraft aufbringen. Schnell wurde den Verantwortlichen klar, dass eine Lokomotive dieses Programm nicht erfüllen kann. Daher entwickelten sie zwei Varianten, die 130 km/h schnelle 1010 mit kleinerer und die 110 km/h schnelle 1110 mit größerer Übersetzung. Ansonsten sollten die Bauteile beider Reihen identisch sein.

1952 bestellten die ÖBB die ersten acht Loks, die ab 1955 geliefert wurden. Bei zwei Maschinen, den 1010.01 und 02, erprobten die ÖBB lenkergeführte Drehgestelle, die ohne Drehzapfen auskamen. Der Lokkasten ruhte auf zwei Wiegenbalken, die sich an beiden Enden auf Blattfedern stützten. Die Wiegenbalken waren zwischen zwei Achsen quer zum Drehgestell einge-

baut. Seitliche Puffer drückten die Drehgestelle in die Grundposition zurück. Die Lenker übertrugen die Zug- und Stoßkräfte in 825 Millimeter Höhe über Schienenoberkante. Dies führte dazu, dass die Drehgestelle unter ungünstigen Umständen kippten, wobei einzelne Achsen entlastet wurden. Daher bauten die ÖBB in die 1010.03 bis 20 konventionelle Drehgestelle mit Drehzapfen ein. Bei symmetrischen, dreiachsigen Triebdrehgestellen liegt der Drehzapfen auf Höhe der Mittelachse. Dort muss auch einer der Fahrmotoren Platz finden. Die Ingenieure lösten das Problem, indem sie unterhalb des mittleren Motors einen Träger anbrachten. In diesen war der Drehzapfen eingepasst. Am Lokrahmen angebrachte Stutzen tragen das „Andreaskreuz". Die Zugkraftübertragung erfolgt somit in 255 Millimetern Höhe über Schienenoberkante.

Oben: Im Mai 2000 waren alle 1110.5 wieder am Arlberg zu Hause. Die Zugförderung Bludenz setzte die Loks in einem achttägigen Umlaufplan für Vorspann- und Schiebedienste ein.

Unten: Für eine Überholung verlässt die 1010 004 das Durchgangsgleis im Bahnhof Pressbaum. Sie kommt im internationalen Langlauf aus Ingolstadt.

Zwischen schweren Güterzügen sahen die Umläufe stets leichte Personenzüge vor. So kam am 6. Oktober 1984 die 1010 06 von Salzburg nach Schwarzach.

Drei Varianten der 1110

1956 standen die ersten Lokomotiven der langsameren Variante auf den Gleisen. Die 1110.01 bis 04 und 06 bis 10 erhielten Drehgestelle mit tiefliegendem Drehzapfen. Bei der 1110.05 erprobten die ÖBB eine weiterentwickelte Ausführung des drehzapfenlosen Drehgestells. Dieses bewährte sich, so dass es in die 20 Maschinen der zweiten Serie eingebaut wurde. Um den Spurkranzverschleiß zu vermindern und Schlingerbewegungen in der Geraden zu dämpfen, befindet sich bei sämtlichen 1010 und 1110 zwischen den Drehgestellen eine federnde Querkupplung.

Die 1010 und die ersten 1110 hatten lange Zeit mit Flugschnee zu kämpfen. Bei den 1110 der zweiten Serie brachten die ÖBB daher zusätzlich tiefreichende Frontschürzen an. Im Zuge von Unfallausbesserungen erhielten später auch andere Loks solche Schürzen.

Ab 1972 rüsteten die ÖBB zehn 1110 mit gleichstromerregter Widerstandsbremse aus. Hierfür wählten sie Maschinen aus, deren Hauptuntersuchung anstand. Die Bremswiderstände wurden auf dem Dach angebracht. Statt der Scherenstromabnehmer erhielten die modernisierten Loks Einholmpantographen. Mit 2460 Kilowatt Bremsleistung können sie bei 25 ‰ Gefälle einen 450-Tonnen-Zug in Beharrung

Oben: Die Villacher 1110 kamen vor zwei Güterzugspaaren von Kärnten bis nach Bayern. Auf dem Weg nach München überquert einer dieser Züge die Salzach bei Schwarzach.

Rechts: Linzer und Salzburger Loks fuhren via Passau nach Nürnberg. So fuhr auch die 1010 009 durch das Felsentor bei Beratzhausen.

halten. Die Loks mit E-Bremse wurden ab Ende 1974 als Reihe 1110.5 bezeichnet. Ihre ursprüngliche Ordnungsnummer behielten sie.

Anfang der neunziger Jahre modernisierten die ÖBB 17 Maschinen der 1010 und 1110. Als erste Umbaulok verließ im Juni 1992 die 1110.519 die Hauptwerkstatt Linz, als letzte im Dezember 1997 die 1110.522. Mit ihr endete die Hauptuntersuchung beider Reihen. Äußerlich auffallendstes Merkmal der modernisierten Loks sind die kleinen Einheitssignallampen an den Stirnseiten. Der Lokkasten ist gewöhnungsbedürftig verkehrsrot mit achatgrauen Zierstreifen lackiert.

Über Jahre waren die 1110.5 in Bludenz beheimatet. 1996 mussten sie wegen zu hohen Gewichts ihre Stammstrecke verlassen. Im Nord-Süd-Verkehr fanden sie neue Aufgaben. Von Salzburg, Linz und Villach aus bedienen sie die Ennstalstrecke, die Giselabahn, die Tauernstrecke und die Westbahn. Im Süden gelangen sie nach Jesenice, im Norden bis nach München, Donauwörth und Nürnberg. Schließlich kamen sie aber dennoch nach Bludenz und den heimischen Arlberg zurück. Durch die Anlieferung der Reihen 1016/1116 in großen Stückzahlen dürfte das Jahr 2003 das letzte der Sechsachser sein. ▲

Auf allen Vieren

Großes Foto:
Ein langer, mit
Papierrollen bela-
dener Zug rollt über
den Schoberpass.

1996 begann die Hauptwerkstatt Linz mit dem Umbau von Lokomotiven der Reihe 1042.500 Mit
einem neuen Zugbussystem ausgerüstet, konnten die
1142 Wendezüge schleppen. Inzwischen ist das Um-
bauprogramm abgeschlossen. Mit der Reihe 1042
begann 1963 die Ära vierachsiger Schnellzugloks.

Oben: Im Frachtenbahnhof Innsbruck entstand diese Aufnahme mit der 1042 001 und ihrem Messwagen.
Rechte Seite: Standardlok auf der Semmeringbahn war bis zur Ablieferung des Taurus die Reihe 1042. Inzwischen wird sie vorwiegend als Vorspann- und Schiebelok verwendet (Krauselklauseviadukt, November 2001).

Noch in den fünfziger Jahren galten in Österreich Sechsachser als das Nonplusultra. Während die DB mit der E 10 eine vierachsige Maschine für 150 km/h Spitzentempo beschaffte, bevorzugten die ÖBB die etwa zeitgleich entwickelten 1010 und 1110 mit der Achsbezeichnung Co'Co'. Dies lag nicht nur an allgemeinem Misstrauen gegenüber Bo'-Bo'-Loks. Die ÖBB brauchten ein schweres Zugpferd für den oberen Leistungsbereich.

Als problematisch erwies sich indessen die Laufkultur der Sechsachser, insbesondere in den engen Bögen der Semmeringstrecke. Zudem arbeiteten die Maschinen nur auf zehn Prozent der Gesamtstrecke in ihrem oberen Leistungsbereich. Anfang der sechziger Jahre konnten vierachsige Loks die gleichen Lasten schleppen wie sechsachsige. ÖBB und Fahrzeugindustrie beschlossen, eine Bo'Bo'-Lokomotive zu entwickeln, eine Grenzleistungslok, die in möglichst allen Bereichen das technisch Maximale erreicht. Das Anforderungsprofil ähnelte dem der Reihe 1010. In der Ebene musste die Lok auf allen Vieren bis zu 2000 Tonnen mit 60 km/h und bis zu 955 Tonnen mit 120 km/h schleppen können. Bei 18 ‰ Neigung schrieb das Lastenheft 650 Tonnen mit 60 km/h und 240 Tonnen mit 120 km/h vor. Auf

25-‰-Rampen betrugen die geforderten Lasten 500 und 180 Tonnen. Rechnerisch ergab dies eine Stundenleistung von 3500 Kilowatt bei 130 km/h zulässiger Höchstgeschwindigkeit. Daneben forderten die ÖBB den Einbau einer elektrischen Bremse, die auch Teile der Zuglast verzögern sollte. Bei Indienststellung der 1010 und 1110 stand man dieser Einrichtung skeptisch gegenüber.

Höheres Tempo

1963 begann, ohne zuvor Baumuster zu erproben, die Serienlieferung. Den mechanischen Teil fertigte die renommierte Wiener Lokomotivfabrik, die im SGP-Konzern aufgegangen war. Für den elektrischen Teil zeichneten BEC, Elin-Union und Siemens verantwortlich. Bei Elin-Union handelte es sich um den Zusammenschluss der AEG-Union mit Elin. Die ersten 60 Loks erreichten 130 km/h Höchstgeschwindigkeit. Danach entschied man, die Streckenhöchstgeschwindigkeit auf 140 km/h anzuheben. Folgerichtig brauchten die ÖBB Lokomotiven mit 150 km/h Spitzentempo. Die 1042, welche planmäßig 800 Tonnen über den mit 18 ‰ geneigten Neumarkter Sattel schleppten, hatten die nötigen Reserven. Mit der 61. Lokomotive trat die Unterbaureihe 1042.500 ins Leben.

Diese hatte einheitlich Fahrmotoren mit 1000 Kilowatt Leistung und war für Tempo 150 zugelassen. Sie kamen regelmäßig bis nach München. Die 1042 wurden dagegen mit 390-, 900- und 1000-Kilowatt-Motoren ausgerüstet. Unabhängig von der tatsächlichen Leistungsfähigkeit war bei 130 km/h Schluss.

Oben: Ob Tandemfahrt oder nur Einsparung einer Leerfahrt. Das ist nicht zu erkennen gewesen bei diesem Westbahn-Schnellzug von Salzburg nach Wien West (bei St. Valentin, Mai 2000).

Rechte Seite: In Passau hat diese 1042 einen Ganzzug abgeholt, den sie, in Wernstein beobachtet, nach Linz bringen wird.

Insgesamt entsprachen die ersten 20 Maschinen der Unterbaureihe weitgehend den 1042. Nach der 1042.520 ging es mit der 1042.531 weiter. Diese besaß statt der einfachen Widerstandsnutzbremse, bei der zwei Motoren auf einen Widerstand wirkten, eine thyristorgesteuerte Hochleistungswiderstandsbremse, die über eine halb gesteuerte Thyristorbrücke erregt wurde.

Bis 1977 lieferten die Hersteller 257 Lokomotiven, 60 Exemplare der 1042 sowie 197 der 1042.500. 38 Maschinen der ersten Bauart hatten Fahrmotoren mit 890 Kilowatt, in neun wirkten 1000-Kilowatt-Motoren. Die übrigen 13 bildeten mit 900-Kilowatt-Fahrmotoren die Mittelklasse. Bis auf einige, nach Unfällen ausgemusterte Maschinen stehen noch viele im Einsatz. Bei genauer Betrachtungsweise gibt es eine 258. Lok. Die eine Woche nach ihrer Lieferung zerstörte 1042.574 erhielt eine Nachfolgerin unter der gleichen Betriebsnummer. Hätten die ÖBB die Nummer nicht wieder besetzt, wäre der Nachbau als 1042.708 eingeordnet worden. Mancher Lokstatistiker geriet dadurch durcheinander, sodass in der Literatur mitunter auch von 256 gebauten Loks oder 176 Exemplaren der 1042.500 die Rede ist. In den Anfangsjahren trugen die frisch gelieferten Lokomotiven ein

grünes Kleid. Als erste blutorange Maschine stand die 1042.510 auf den Gleisen. Ab der 1042.535 zeigten sich alle Lokomotiven im neuen Design. Daneben fuhren die 1042.531 und 532 von Beginn an orange. Mitte 1990 begannen die ÖBB, ihre Lokomotiven verkehrsrot mit Bauchbinde und einer bald „Brille" genannten Umrahmung der Fenster zu spritzen.

Die Führerstände waren ab Werk rundum verglast. Neben zwei großen Frontscheiben gab es Eckfenster, Seitenfenster und Türfenster. Die Eckfenster wurden ab 1990 bei Ausbesserungen entfernt. Zum einen lag das an den hohen Kosten, die der Ersatz verursachte. Zum anderen gab es Bedenken wegen der Durchschlagfestigkeit der im Winkel von 90 Grad gewölbten Scheiben. Von 1995 an entfernten die ÖBB auch die rechte Führerstandstür und ersetzten das

Fenster der linken durch ein Blech. Der Grund für die Maßnahmen mochte in der kostenträchtigen Vorratshaltung gelegen haben. Den Lokführern wurde dadurch einer der möglichen Fluchtwege versperrt.

Umbau in 1142

Eindeutig betrieblich bedingt war der Umbau der zweiten Serie der Unterbaureihe 1042.500 in die Reihe 1142. Ab 1996 wollten die ÖBB im Regionalverkehr Wendezüge einsetzen Als Zugmaschinen wurden die 1042.500 mit Hochleistungswiderstandsbremse auserkoren. Der Datenaustausch zwischen Lok und Steuerwagen sollte über zwei Zusatzadern der in den Reisezugwagen verlegten 13-poligen UIC-Leitung erfolgen. Die ÖBB beließen es aber nicht

Wendezugbetrieb wichtig war zudem der Einbau einer Türsteuerung, einer Automatik für die Zugheizvorrichtung, einer Zuglichtsteuerung und verschiedener Überwachungsmöglichkeiten. Daneben erneuerten die ÖBB die Lüftersteuerung, modernisierten die Spurkranzschmierung und installierten eine zentrale Druckluftapparatetafel.

Buntes Bild

Mit der Festlegung der einzelnen Funktionen gingen die ÖBB dem Eisenbahnverband UIC voraus. Dies bedeutete, dass der Zugbus nach Vorliegen der UIC-Norm überarbeitet werden musste. Der Umbau fand in der Hauptwerkstätte Linz statt, teils im Rahmen von Generalüberholungen, teils während Teilausbesserungen. Bei der Umzeichnung blieb die ursprüngliche Ordnungsnummer erhalten. Äußerliche Änderungen gingen mit dem Einbau der Vielfachsteuerung nicht einher. So gab es 1142 mit und ohne Eckfenster, mit und ohne rechter Führerstandstür, in blutorangem und verkehrsrotem Lack. Nur die Einholmstromabnehmer standen immer in Kniegangstellung auf dem Dach. Die ersten zwanzig Maschinen der Unterbaureihe 1042.500 sowie die mit Halbscheren ausgerüsteten 1042.21 bis 60 hatten dagegen Pantographen in Spießgangstellung. Die Drehung war notwendig geworden, um Platz für die Aufbauten der Hochleistungswiderstandsbremse zu schaffen. Auf den ersten 20 Maschinen ruhten Scherenstromabnehmer, die auch bei Hauptausbesserungen nicht ausgetauscht wurden. Bezüg-

Oben: Im Gesäuse ist ein Erzzug auf der Fahrt von Eisenerz nach Leoben. Zuglok ist die 1042 027.
Rechte Seite: Als Tandem fahren zwei 1142 an der Spitze eines Güterzuges die Tauernbahn talwärts in Richtung Villach. Da an diesem Tag der Zugbahnfunk ausfiel, war noch eine Zwischenlok anstelle einer „Schiebe" im Zug „eingewickelt".

dabei. Sie installierten das von Elin entwickelte Traktionsleitsystem „Eltas", das zugleich eine Mehrfachtraktion mit den Reihen 1016/1116, 1044 und 1163 ermöglicht. Der neue Fahrzeugrechner übernahm zudem die Aufgaben einer automatischen Zugkraft- und Geschwindigkeitssteuerung. Diese erfolgte mithilfe des elektromechanischen Stufenwählers. Über eine Automatik hatte die Altbaulok ab Werk natürlich nicht verfügt. Da die Lokomotive bei geschobenem Zug unbesetzt bleibt, wachen Schleuderschutz, Brandmeldeanlage und andere Einrichtungen über die Sicherheit während des Betriebs. Für den

lich des Lacks und der Führerstandstüren geben die Loks ein buntes Bild ab.

Zuverlässig und kostengünstig

Trotz musealer Ehren sind die bald 40 Jahre alten Maschinen der Reihen 1042 und 1142 aus dem Betriebsdienst der ÖBB nicht wegzudenken. Dank ihrer robusten Konstruktion erwiesen sie sich als überaus zuverlässig. Zeitweise standen sie mit einer Untauglichkeitsrate von 0,2 bis 0,3 Ausfällen pro Jahr an der Spitze der Statistik. Dabei fuhren sie Monatsleistungen von mehr als 30.000 Laufkilometern und überzeugten durch äußerst niedrige Instandhaltungskosten. In die Nachbarstaaten kommen sie nur noch selten. Wichtige Leistungen sind die Papierzüge zwischen Graz und Passau. Aus den meisten

Auslandsdiensten wurden sie von den 1044 verdrängt. Daheim bespannen sie neben den Wendezügen, die in ganz Österreich anzutreffen sind, sämtliche Zuggattungen. Schwerpunktmäßig trifft man sie an der Südbahn (Wien — Graz/Villach) an. In Doppeltraktion oder im „Tandem", wie es die Österreicher ausdrücken, schleppen sie schwere Güterzüge über die steilen Rampen am Semmering und am Schoberpass. Zwischen Wien und Salzburg schleppen sie alle Arten von Güterzügen.

Das Konzept der Reihe 1042 bestach durch Solidität und Ausgewogenheit. Auf technische Experimente verzichteten die ÖBB. Sie stellten eine Reihe in Dienst, die nicht nur hielt, was sie versprach, sondern ihr Pensum übererfüllte. Trotzdem läuft die Ausmusterungswelle nun inzwischen an. ▲

Staubsauger

In mehreren Baulosen erhielten die ÖBB die Reihe 1044.
Mit dieser vierachsigen Hochleistungslok konnten
Zugleistungen auf dem gesamten Streckennetz
erbracht werden.

Oben: Den Einstieg in die Thyristortechnik vollzogen die ÖBB mit der Reihe 1043, die teilweise aus Schweden kam. Insgesamt zehn Maschinen fuhren bis 2002 vorwiegend am Tauern und in Kärnten. Jetzt sind die Loks nach Schweden verkauft worden. Im Sommer 1986 hingegen waren die meisten Loks noch im charakteristischen „Schwedenlook", wie hier am Pass Lueg, unterwegs.
Links: Herbst im oberen Mölltal. Der IC Gasteinertal mit seiner 1044.2 hat den Tauerntunnel durchfahren und erreicht gerade die Einfahrt in den Bahnhof Mallnitz-Obervellach. Hier halten sogar EC-Züge wie der Blaue Enzian Oktober 1996).

Oben: Ein Innsbrucker 1044-Tandem bespannt einen Kombizug der Firma Hangartner auf dem Weg zum Brenner. Bei St. Jodok haben die beiden ihr Ziel, den 1371 Meter hoch gelegenen Brennerpass, bald erreicht.
Rechte Seite: Die EC zwischen München und Wien wurden bis zur Ablieferung des Taurus mit der Reihe 1044.2 bespannt.

Der Beschaffungszeitraum der Reihe 1044 erstreckte sich von 1974 bis 1992 und brachte insgesamt 217 Exemplare hervor. Ungefähr zeitgleich mit der Auslieferung der zweiten Serie der 1043 stellte die österreichische Industrie 1973 ihr Projekt der Thyristorlokreihe 1044 vor.

Wie die 1043 wies auch die 1044 runde Maschinenraumfenster und gesickte Seitenwände auf. Stirnseiten und die Position der Zugangstüren waren jedoch unterschiedlich. Noch größer wurden die Unterschiede, wenn man sich ins Innere der 1044 begab. Die 1043 spiegelte die Technik von 1966 wider, während die 1044 als Entwicklung der siebziger Jahre den technischen Fortschritt erkennen ließ. Beide viermotorigen Maschinen unterschieden sich vor allem in der Leistung. Beide Loktypen unterschieden sich auch in puncto Höchstgeschwindigkeit. Die 1043 fuhr maximal 135 km/h schnell, die 1044 erreichte eine Spitzengeschwindigkeit von 160 km/h und verfügte auch über eine größere Anfahrzugkraft.

Keine wirkliche Testphase

Nicht nur die Leistungselektronik war weiterentwickelt worden. Auch konventionelle Bauteile wurden überarbeitet. Am Transformator fanden sich fünf galvanisch getrennte

Sekundärwicklungen, von denen eine die Erregerspulen der Fahrmotoren versorgte. Die anderen lieferten ihre Energie an die beiden Traktionsstromrichter, die den Strom für die zwei Fahrmotoren jeweils eines Drehgestells aufbereiteten. Die bestmögliche Aufteilung der Antriebsleistung erfolgte elektronisch. So reduzierte der Stromrichter den Motorstrom des vorderen, leicht entlasteten Drehgestells beim Anfahren vor schweren Zügen. Alle vier Motoren gaben erst beim Erreichen von 80 km/h, nach dem Sinken der Schleudergefahr, die gleiche Leistung ab. Ein spezieller Schleuderschutz verhinderte das Durchdrehen der Räder beim Anfahren und das Blockieren beim Bremsen. Es rächte sich jedoch bald, dass die ÖBB auf umfangreiche Testreihen verzichteten und sogleich die erste Serie bestellten. Manche Bauteile waren der Dauerbeanspruchung nicht gewachsen. Im Winter behinderte Flugschnee die Motorkühlung. Die aus minderwertigem Stahl gefertigten Radreifer der zweiten Serie gingen zu Bruch. Zu den Nachbesserungen gehörte der Einbau von Zyklonabscheidern in die Axiallüftereinsätze. Zudem erhielten die Loks der dritten Serie Räder ohne Radreifen. Die insgesamt 91 Maschinen der siebten Serie konnten mit verbesserter Schalldämmung — das staubsaugerähnliche Geräusch verstummte somit weitgehend — und anderer Getriebeübersetzung aufwarten. Diese Loks wurden als Unterbaureihe 1044.2 bezeichnet. Bei den Loks der achten Serie war eine Vielfachsteuerung eingebaut.

In der großen Stückzahl der 1044 sahen die ÖBB wirtschaftliche Vorteile durch niedrigere Wartungskosten. Zudem erwies sich die Reihe nach

Oben: Bregenz – Graz lautet der Laufweg dieses IC, der eben die Arlbergwestrampe befährt.
Linke Seite: Spätherbst 2000 am Tauern. Eine 1044 bremst ihren schweren Brammenzug talwärts.
Unten: Von Buchs fuhren im Fahrplan 2001 täglich Holzzüge über den Tauern. Nach einer Strecken-
sperrung wurden sie teilweise umgeleitet. So auch der 48653 (Buchs – Villach), der mit einigen Stunden
Verspätung am Schoberpass talwärts in Richtung St. Michael fährt.

Oben: Eine 1144 mit einem Güterzug im Außerfern bei Lermoos.

Rechts: Der Nostalgie-Orient-Express befährt auf seinem Weg nach Venedig auch die Arlbergbahn. Luxusreisen sind in. Leider aber nahezu unerschwinglich. Bleibt uns nur der Genuss, diesen Zug mit seiner 1044 durch den Sucher der Kamera zu beobachten (Ötztal im August 1993).

dem Ausheilen der diversen Kinderkrankheiten als äußerst belastbar und universell einsetzbar. Dank ihrer hohen Spitzengeschwindigkeit kann sie auch hochwertige Schnellzüge bespannen. Ihre große Zugkraft stellt sie vor Güterzügen unter Beweis und ihre leistungsstarke Widerstandsbremse macht sie auch für den Einsatz auf steilen Rampenstrecken tauglich. Überschreitet der Zug im Gefälle die Sollgeschwindigkeit, schaltet sich die Widerstandsbremse selbsttätig ein.

Auf ihren Auslandseinsätzen gelangen die 1044 bis nach Frankfurt am Main. Die SBB gestatten den Loks dagegen nur die Fahrt bis Buchs SG.

Die Schweizer Gleise sind tabu, da von einer Beeinträchtigung der Signalanlagen ausgegangen wird.

Ab 2001 wurden die 1044.2 nach und nach optimiert. Sie erhalten eine Wendezugeinrichtung. Ab der 216 haben sie bereits die Tandemfähigkeit. Ab der 255 kam noch die LZB und die ep-Bremse (Notbremsüberbrückung) hinzu, wie sie von der Deutschen Bahn gefordert wird. Neu ist die Funkfernsteuerung, die ein lokführerloses Schiebetriebfahrzeug ermöglicht. Vielfachsteuerung mit den Tauri ist nun möglich. Die umgebauten Maschinen werden unter Beibehaltung ihrer Ordnungsnummer in 1144 umgezeichnet. ▲

Sorgenkinder

In nur geringer Stückzahl beschafften die Österreichischen Bundesbahnen die Elektrolokomotiven der Baureihen 1822 und 1012. Erfolgreicher ist der „Hercules" – eine Diesellok.

Anfang der neunziger Jahre dachten die Österreichischen Bundesbahnen an die Beschaffung neuer Hochleistungselektrolokomotiven. Als Erstes stand mit der Baureihe 1822 eine Zweisystemausführung bereit, die den Verkehr über den Brenner bewältigen und den lästigen Lokwechsel an der Staatsgrenze ersparen sollte. Das österreichische Verkehrsministerium ging davon aus, dass die Staatsbahnen beider Länder sowie Deutschlands zusammen etwa 80 Zweisystemmaschinen benötigen würden. Von der 1822 entstanden aber nur fünf Exemplare.

Das lag in erster Linie am hohen Beschaffungspreis von nicht weniger als 80 Millionen Schilling. Damit war die 1822 deutlich teurer als die neue Hochleistungslokomotive der Deutschen Bahn, die Baureihe 101, die umgerechnet rund die Hälfte kostete. Daher war es verständlich, dass später ins Amt berufene ÖBB-Vorstandsmitglieder von der 1822 als „Altlast" sprachen. Gefertigt wurde sie bei SGP, das für den mechanischen Teil verantwortlich zeichnete, sowie bei ABB und Siemens.

Nicht immer sind wenigstens zwei der drei 1012 einsatzfähig. Sie bespannen zwei Zugpaare der Rollenden Landstraße von Wörgl zum Brenner. Bei Gries am Brenner waren die beiden mit einer mäßig ausgelasteten RoLa auf der Talfahrt.

Oben: Im Grenzbahnhof Kufstein wartet die 1012 002 auf neue Aufgaben. Georg Hintermaier beobachtete die Lok am 2. August 1998.

Seite 339: Fast ausschließlich vor den Personenzügen zwischen Innsbruck (Nordtirol) und Lienz (Osttirol) verkehren die 1822. Dabei befahren sie auch Südtiroler Boden wie hier im Pustertal.

Die Elektrotechnik stimmte weitgehend mit der schweizerischen Baureihe 460 überein. Lediglich der Traktionsstromrichter war anders. Unter Wechselstromfahrleitung erbrachte die 1822 mit 4400 Kilowatt die gleiche Leistung wie unter dem Gleichstromdraht. Die elektrische Bremse arbeitete in Österreich und Deutschland als Rekuperationsbremse, während in Italien Dachwiderstände die Energie vernichteten, da die Italienischen Staatsbahnen keine Rückspeisung in das Netz gestatteten. Die Lokomotiven bespannen in erster Linie Personenzüge von Innsbruck in das Pustertal. Vor Güterzügen, ihrem eigentlichen Aufgabengebiet, sieht man sie selten. Wenn — dann als Schiebelok am Brenner.

Störfall 1012

Ebenfalls aufgrund ihres hohen Preises chancenlos war die 1012, eine Einsystemmaschine. 1995/96 verließen drei der Hochleistungslokomotiven das Grazer SGP-Werk. Dabei blieb es, denn auch sie sollten ansehnliche 90 Millionen Schilling kosten. Eine Zeit lang schaute es gar so aus, als wollten die ÖBB die Baumuster überhaupt nicht übernehmen. Nach längerem juristischen Kleinkrieg einigte man sich dann auf einen Kaufpreis von 70 Millionen Schilling.

Für das Geld bekamen die ÖBB eine vor allem durch Störungen in das Rampenlicht tretende Lokomotive. Bis zur Serienreife hätten die Ent-

wickler — Siemens SGP-Verkehrstechnik, AD-tranz und Elin hatten die „Arbeitsgemeinschaft 1012" gebildet — noch einige Arbeit zu leisten gehabt. Technisch erfüllten sie die Vorgaben der ÖBB, die 1992 sogar eine Bestellzusage gegeben hatten. Allerdings lagen die Preisvorstellungen der Bahnmanager bei etwa 40 Millionen Schilling. Statt der teuren Eigenentwicklung beschafften die ÖBB den vom deutschen Euro-Sprinter abgeleiteten „Taurus". Die 1012 fahren nur vor wenigen Zügen von Innsbruck oder Wörgl aus. Oft ist es pikanterweise der Taurus, der sie dann erfolgreich vertritt.

Neuer Diesel

Zum „Taurus" gesellte sich eine Maschine mit dem Namen „Hercules". Die neue Diesellokomotive der Reihe 2016 soll die veralteten Baureihen 2043, 2143 und 2050 ablösen. Sie kommt aus dem Hause Siemens und wird in München-Allach gefertigt.

Technisch handelt es sich um eine Mittelklasse-lokomotive mit 1600 Kilowatt Leistung am Rad. Konzeptionell ist sie für den Güterverkehr ausgelegt, erreicht daher bei größtmöglicher Zugkraft nur 140 km/h Höchstgeschwindigkeit. Lauftechnisch sind aber 160 km/h machbar. Dank der modularen Bauweise können die ÖBB die Lok bei Bedarf modernisieren. Im Maschinenraum bleibt beispielsweise ausreichend Platz für den Einbau eines stärkeren Motors. Ein ausgeklügeltes Konzept zur Geräuschdämmung macht den „Hercules" zu einer bei Streckenanwohnern und Lokführern beliebten Diesellok. Mit 73 Dezibel (A) im Inneren und 89 Dezibel (A) außen ist er aber naturgemäß deutlich lauter als eine Elektrolok.

Umweltfreundlich zeigt sich auch der 2000 Kilowatt starke Dieselmotor, der sich bei Volllast mit

Oben: Wenn kein Tandem gebildet werden kann, da nur eine 1012 einsatzfähig ist, wandert diese in den Schiebedienst. Die 1012 003 arbeitete daher hinter dem 53404, aufgenommen bei Kitzbühel.
Mitte: Die brandneue 2016 015.

195 Gramm pro Kilowattstunde Leistung begnügt.

Die Leistungsübertragung erfolgt elektrisch. Ein Generator erzeugt Drehstrom, der über einen Gleichrichter in den Traktionszwischenkreis gelangt. Ein Pulswechselrichter wandelt den kostbaren Saft in für die Asynchronfahrmotoren verträglichen Drehstrom um. Die vier Fahrmotoren leisten jeweils 410 Kilowatt. Die ersten Maschinen standen im Herbst 2001 bereit. Nach den er-

folgreich bestandenen Messfahrten nahmen die Lokomotiven im März 2002 den Plandienst auf. Insgesamt haben die ÖBB 70 Exemplare bestellt, die alle in Wien-Neustadt stationiert werden sollen. Über 80 weitere Lokomotiven halten sie eine Option. Bauartähnliche Maschinen bestellte die Hongkonger Eisenbahn KCRC. Auch Siemens will den „Hercules" in seinen Mietlokbestand aufnehmen. Möglicherweise wird auch DB Cargo diese Maschine ordern. ▲

Technische Daten

Bei den folgenden technischen Daten handelt es sich um eine Auswahl. Aufgeführt sind die wichtigsten Vertreter der Dampf-, Elektro und Dieseltraktion in Deutschland sowie die bekanntesten Vertreter der österreichischen (ÖBB) Elektro- und Dieselloks. Mit der Reihenfolge der nummerisch aufsteigenden Baureihenbezeichnungen folgen die einzelnen Traktionsarten aufeinander. Zwischen den Elektroloks und den Dieselmaschinen finden sich die Triebzüge mit ihren 400er Nummern. Da etliche Dampflokomotiven in West- und Ostdeutschland (DB/DR) gleichermaßen zu Hause waren, beziehen sich die in den Tabellen aufgeführten Ausmusterungsdaten auf Gesamtdeutschland.

Stationierungslisten ergänzen die Angaben zu den Baureihen. Stichtag für die Listung der DB-Lokomotiven war der 15. Dezember 2002, für die ÖBB-Maschinen der 31. Dezember 2002. Zwischenzeitlich fanden weitere Ausmusterungen oder Umbeheimatungen statt. Zudem wurden weitere Loks angeliefert. So war die ÖBB-Reihe 1116 am 24. Februar 2003 bereits auf 117 Exemplare angewachsen.

Baureihe 01

Bauart	2'C1'h2
1. Lieferjahr	1926
Letztes Lieferjahr	1938
Ausmusterung	1982
Stückzahl	231
Länge über Puffer (mm)	23.940
Gesamtachsstand (mm)	12.400
Treibraddurchmesser (mm)	2000
Laufraddurchmesser (mm)	1000/1250
Dienstmasse (t)	108,9
Höchstgeschwindigkeit	120
Stundenleistung (kW)	1635

Baureihe 01.10

Bauart	2'C1'h3
1. Lieferjahr	1939
Letztes Lieferjahr	1940
Ausmusterung	1975
Stückzahl	55
Länge über Puffer (mm)	24.130
Gesamtachsstand (mm)	12.400
Treibraddurchmesser (mm)	2000
Laufraddurchmesser (mm)	1000/1250
Dienstmasse (t)	114,3
Höchstgeschwindigkeit	140
Stundenleistung (kW)	1715

Baureihe 03

Bauart	2'C1'h2
1. Lieferjahr	1930
Letztes Lieferjahr	1938
Ausmusterung	1972
Stückzahl	298
Länge über Puffer (mm)	23.905
Gesamtachsstand (mm)	12.000
Treibraddurchmesser (mm)	2000
Laufraddurchmesser (mm)	1000/1250
Dienstmasse (t)	100,3
Höchstgeschwindigkeit	130
Stundenleistung (kW)	1445

Baureihe 18.4

Bauart	2'C1'h4v
1. Lieferjahr	1908
Letztes Lieferjahr	1931
Ausmusterung	1967
Stückzahl	159
Länge über Puffer (mm)	22.862
Gesamtachsstand (mm)	11.190

Treibraddurchmesser (mm)	1870
Laufraddurchmesser (mm)	950/1206
Dienstmasse (t)	94,7
Höchstgeschwindigkeit	120
Stundenleistung (kW)	1336

Baureihe 23 (DB)

Bauart	1'C1'h2
1. Lieferjahr	1950
Letztes Lieferjahr	1959
Ausmusterung	1977
Stückzahl	105
Länge über Puffer (mm)	21.325
Gesamtachsstand (mm)	9900
Treibraddurchmesser (mm)	1750
Laufraddurchmesser (mm)	1000/1250
Dienstmasse (t)	82,8
Höchstgeschwindigkeit	110/85
Stundenleistung (kW)	1303

Baureihe 38.10

Bauart	2'Ch2
1. Lieferjahr	1906
Letztes Lieferjahr	1923
Ausmusterung	1974
Stückzahl	3502 + X
Länge über Puffer (mm)	18.590
Gesamtachsstand (mm)	8350
Treibraddurchmesser (mm)	1750
Laufraddurchmesser (mm)	1000
Dienstmasse (t)	78,2

Höchstgeschwindigkeit	100
Stundenleistung (kW)	861

Baureihe 41

Bauart	1'D1'h2
1. Lieferjahr	1936
Letztes Lieferjahr	1941
Ausmusterung	1987
Stückzahl	366
Länge über Puffer (mm)	23.905
Gesamtachsstand (mm)	12.050
Treibraddurchmesser (mm)	1600
Laufraddurchmesser (mm)	1000/1250
Dienstmasse (t)	101,9
Höchstgeschwindigkeit	90
Stundenleistung (kW)	1387

Baureihe 44

Bauart	1'Eh3
1. Lieferjahr	1926
Letztes Lieferjahr	1949
Ausmusterung	1981
Stückzahl	1989
Länge über Puffer (mm)	22.620
Gesamtachsstand (mm)	9650
Treibraddurchmesser (mm)	1400
Laufraddurchmesser (mm)	850
Dienstmasse (t)	110,2
Höchstgeschwindigkeit	80
Stundenleistung (kW)	1533

Lebenslauf 38 2267 (Erfurt 2553)

Henschel 15695
Stationierungen der ersten zehn Jahre unbekannt,
Fahrleistung in dem Zeitraum lt. Betriebsbuch
249.984 Kilometer
Artern 13. Mai 1928 – 4. März 1935
Erfurt 5. März 1935 – 14. Februar 1940
Krakau Hbf 15. Februar 1940 – 7. April 1940
unbekannt 6. Juni 1940 – 26. August 1940
Erfurt 27. August 1940 – 5. Oktober 1945
möglicherweise zwischen 28. Dezember 1941 und
16. Juni 1944 in Baranawitschi bei Minsk statio-
niert; keine Eintragung im Betriebsbuch
Gotha 1. November 1945 – 12. Oktober 1948
Saalfeld 13. Oktober 1948 – 29. Februar 1952
Eisenach 1. März 1952 – 26. Mai 1953
Vacha 27. Mai 1953 – 14. Dezember 1966
Erfurt P 15. Dezember 1966 – 18. September 1970
Gotha 19. September 1970 – 22. Juni 1971
Saalfeld 23. Juni 1971 – ?
Nach langer Abstellzeit stand die Lok ab 1981 in
Wiednitz auf dem Denkmalsockel, ehe sie 1991 von
der DGEG ins Museum Bochum-Dahlhausen über-
führt wurde.

Baureihe 50

Bauart	1'Eh2
1. Lieferjahr	1939
Letztes Lieferjahr	1959
Ausmusterung	1989
Stückzahl	3446
Länge über Puffer (mm)	22.940
Gesamtachsstand (mm)	9200
Treibraddurchmesser (mm)	1400
Laufraddurchmesser (mm)	850
Dienstmasse (t)	88
Höchstgeschwindigkeit	80
Stundenleistung (kW)	1285

Baureihe 52

Bauart	1'Eh2
1. Lieferjahr	1942
Letztes Lieferjahr	1951
Ausmusterung	1989
Stückzahl ca.	6330
Länge über Puffer (mm)	22.975
Gesamtachsstand (mm)	9200
Treibraddurchmesser (mm)	1400
Laufraddurchmesser (mm)	850
Dienstmasse (t)	89,1
Höchstgeschwindigkeit	80
Stundenleistung (kW)	1182

Baureihe 64

Bauart	1'C1'h2t
1. Lieferjahr	1928
Letztes Lieferjahr	1940
Ausmusterung	1974
Stückzahl	520
Länge über Puffer (mm)	12.500
Gesamtachsstand (mm)	9000
Treibraddurchmesser (mm)	1500
Laufraddurchmesser (mm)	850
Dienstmasse (t)	75,2
Höchstgeschwindigkeit	90
Stundenleistung (kW)	693

Baureihe 78

Bauart	2'C2'h2t
1. Lieferjahr	1912
Letztes Lieferjahr	1927
Ausmusterung	1975
Stückzahl	534
Länge über Puffer (mm)	14.800
Gesamtachsstand (mm)	11.700
Treibraddurchmesser (mm)	1650
Laufraddurchmesser (mm)	1000
Dienstmasse (t)	105
Höchstgeschwindigkeit	100
Stundenleistung (kW)	832

Baureihe 86

Bauart	1'D1'h2t
1. Lieferjahr	1928
Letztes Lieferjahr	1943
Ausmusterung	1976
Stückzahl	774
Länge über Puffer (mm)	13.920
Gesamtachsstand (mm)	10.300
Treibraddurchmesser (mm)	1400
Laufraddurchmesser (mm)	850
Dienstmasse (t)	88,5
Höchstgeschwindigkeit	80
Stundenleistung (kW)	752

Baureihe 95

Bauart	1'E1'h2t
1. Lieferjahr	1922
Letztes Lieferjahr	1924
Ausmusterung	1981
Stückzahl	45
Länge über Puffer (mm)	15.100
Gesamtachsstand (mm)	11.900
Treibraddurchmesser (mm)	1400
Laufraddurchmesser (mm)	850
Dienstmasse (t)	127,4
Höchstgeschwindigkeit	65
Stundenleistung (kW)	1182

Baureihe 101

Bauart	Bo'Bo'
1. Lieferjahr	1996
Letztes Lieferjahr	1999
Stückzahl	145
Länge über Puffer (mm)	19.100
Gesamtachsstand (mm)	13.600
Achsstand im Drehgestell	2650
Raddurchmesser (mm)	1250
Dienstmasse (t)	84
Höchstgeschwindigkeit	220
Stundenleistung (kW)	6400

Kompletter Bestand in **Hamburg** beheimatet.

Baureihe 103.1

Bauart	Co'Co'
1. Lieferjahr	1965
Letztes Lieferjahr	1974
Ausmusterung	2003
Stückzahl	145 +
	4 Baumuster
Länge über Puffer (mm)	20.200
Gesamtachsstand (mm)	14.100
Achsstand im Drehgestell	2 x 2250
Raddurchmesser (mm)	1250
Dienstmasse (t)	114
Höchstgeschwindigkeit	200
Stundenleistung (kW)	7440

In **Frankfurt (Main) 1** waren folgende Loks beheimatet: 103 001, 101, 103, 113, 122, 126, 131, 132, 135, 144, 148, 160, 163, 166, 167, 174, 176, 182, 184, 190, 212, 214, 217, 219 – 221, 223, 224, 226 – 228, 230, 232, 233, 235, 237, 240, 245.

Baureihe 110

Bauart	Bo'Bo'
1. Lieferjahr	1952
Letztes Lieferjahr	1969
Stückzahl	379
Länge über Puffer (mm)	16.490
Gesamtachsstand (mm)	11.300

Achsstand im Drehgestell	3400
Raddurchmesser (mm)	1250
Dienstmasse (t)	84,6
Höchstgeschwindigkeit	150
Stundenleistung (kW)	3700

Braunschweig: 110, 105, 106, 288, 299, 303, 321, 324, 328, 329, 331, 332, 341, 349, 354 – 356, 358 – 361, 363, 365, 366, 368, 370, 373 – 382, 391, 447, 449, 451 – 453, 455, 464, 465, 469, 472, 473, 475, 476, 479, 480, 485 – 493, 495, 500.
Dortmund Bbf: 110 201 – 203, 205, 207, 208, 244, 245, 249, 251, 252, 276, 278, 280, 362, 373, 387, 394 – 399, 412, 413, 415, 417, 419, 420.
Frankfurt (Main) 1: 110 115, 116, 154, 289, 337 – 340, 346, 348, 353, 401 – 407, 409 – 411, 423, 427 – 432, 434 – 444, 456, 457, 497, 499.
Kiel: 110 138, 258, 284, 286, 301, 315, 317, 318, 501, 504, 505, 507, 509, 510.
Köln-Deutzerfeld: 110 118 – 121, 125, 130, 132, 140 – 142, 144, 146, 148, 152, 153, 156, 158, 159, 279, 281, 292, 300, 302, 316, 322, 323, 325 – 327, 330, 357, 367.
München West: 110 112, 114, 170, 171, 173 – 175, 178, 180 – 182, 184, 186 – 192, 195, 197, 198, 210, 211, 223 – 225, 229 – 231, 233.
Saarbrücken: 110 166 – 169, 200, 209, 216, 271 – 273, 295, 297, 320, 333, 335, 336, 343 – 345, 347, 350 – 352, 369, 383, 384, 392, 448, 450, 454, 458 – 460, 462, 463, 466 – 468, 470, 471, 481, 506.
Stuttgart: 110 228, 232, 234 – 239, 242, 243, 256, 257, 261, 274, 275, 282, 291, 293, 306, 307, 319, 388, 389, 400, 408, 414, 416, 418, 424 – 426, 445, 446, 474, 478, 482 – 484, 494, 496, 498, 502, 503, 508.

Baureihe 111

Bauart	Bo'Bo'
1. Lieferjahr	1974
Letztes Lieferjahr	1984
Stückzahl	227
Länge über Puffer (mm)	16.750

Gesamtachsstand (mm)	11.300
Achsstand im Drehgestell	3400
Raddurchmesser (mm)	1250
Dienstmasse (t)	83
Höchstgeschwindigkeit	160
Stundenleistung (kW)	3850

Braunschweig: 111 081, 083 – 085, 087, 089 – 092, 131 – 145.
Dortmund Bbf: 111 007 – 016, 111 – 129, 145 – 160.
Frankfurt (Main) 1: 111 059, 063, 070, 086, 093 – 105, 108, 110, 188 – 198.
Freiburg: 111 048, 050, 054, 058, 060 – 062, 064.
München West: 111 001 – 006, 017 – 028, 030 – 046, 049, 051 – 053, 055 – 057, 065 – 059, 071, 072.
Nürnberg West: 111 073, 106, 107, 130, 165 – 187, 199 – 227.
Stuttgart: 111 029, 047, 074 – 080, 082, 088, 161 – 165.

Baureihen 112/114

Bauart	Bo'Bo'
1. Lieferjahr	1982
Letztes Lieferjahr	1994
Stückzahl	129 + 1 Baumuster
Länge über Puffer (mm)	16.640
Gesamtachsstand (mm)	11.800
Achsstand im Drehgestell	3300
Raddurchmesser (mm)	1250
Dienstmasse (t)	83
Höchstgeschwindigkeit	160
Stundenleistung (kW)	4220

Sämtliche 112.1 sind in **Berlin** beheimatet, sämtliche 114 in **Cottbus**. Die Nummerierung der 114 beginnt mit Ordnungsnummer 002, da die 212 001 später in die 243 001 umgebaut wurde. Die 114 025 ist bereits ausgemustert worden.

Baureihe 113

Bauart	Bo'Bo'
1. Lieferjahr	1962
Letztes Lieferjahr	1968

Stückzahl	31
Länge über Puffer (mm)	16.490
Gesamtachsstand (mm)	11.300
Achsstand im Drehgestell	3400
Raddurchmesser (mm)	1250
Dienstmasse (t)	86
Höchstgeschwindigkeit	160
Stundenleistung (kW)	3700

Die verbliebenen Loks (113 267 – 270, 308, 309, 311, 312) sind in **München West** beheimatet.

120.1

Bauart	Bo'Bo'
1. Lieferjahr	1987
Letztes Lieferjahr	1989
Stückzahl	60 + 5 Baumuster
Länge über Puffer (mm)	19.200
Gesamtachsstand (mm)	13.000
Achsstand im Drehgestell	2800
Raddurchmesser (mm)	1250
Dienstmasse (t)	84
Höchstgeschwindigkeit	200
Stundenleistung (kW)	5600

Sämtliche Loks sind in **München** beheimatet.

139/140

Bauart	Bo'Bo'
1. Lieferjahr	1957
Letztes Lieferjahr	1973
Stückzahl	879
Länge über Puffer (mm)	16.490
Gesamtachsstand (mm)	11.300
Achsstand im Drehgestell	3400
Raddurchmesser (mm) 1	250
Dienstmasse (t)	83
Höchstgeschwindigkeit	110
Stundenleistung (kW)	3700

Sämtliche 139 (139 122, 131 – 133, 135 – 137, 139, 145, 157, 163 – 166, 172, 177, 213, 214, 222, 246, 250, 255, 260, 262, 264, 283, 285, 287, 309 – 316, 552 – 562) sind in **Nürnberg Rbf** beheimatet.

Die 140 sind beheimatet in

Gremberg: 140 513, 515 – 517, 526, 528, 532, 534, 535, 537 – 540, 542 – 547, 551, 566, 567, 569, 572, 573, 578, 585 – 587, 590, 687, 688, 691, 706, 712, 716, 737, 739, 752, 805 – 821, 823 – 879.

Mannheim: 140 594 – 619, 621 – 627, 629 – 632, 634, 636 – 638, 640 – 659, 663 – 668, 670 – 683, 685, 686, 689, 692, 693, 699, 700, 702, 705, 707 – 710, 713, 714, 717 – 719, 721, 722, 725 – 730, 733, 735, 740 – 741, 743 – 748, 753, 755, 757, 759, 760 – 785, 787 – 793, 795 – 804.

Seelze: 140 001 – 003, 005, 012, 013, 018, 020, 021, 024, 028, 036 – 038, 040 – 044, 046, 047, 052, 054, 057, 058, 061 , 062, 065, 070 – 072, 074, 075, 078 – 080, 083, 097, 098, 100, 102, 107 – 113, 115 – 120, 122, 123, 126, 128, 139, 143, 146, 147, 149 – 151, 154, 156, 162, 169 – 173, 176, 178, 179, 182, 184 – 188, 191, 192, 195 – 198, 202, 208 – 211, 213, 214, 216 – 218, 223, 225, 227, 230, 232, 233, 236, 238, 241, 246, 247, 255, 260, 261, 266, 270 – 273, 275, 278, 280, 287, 288, 290 – 293, 299, 300, 303, 308, 317, 318, 320, 321, 323 – 327, 330, 334 – 339, 342, 344 – 349, 351, 353, 354, 356 – 362, 364, 368, 369, 373, 374, 378, 379, 381 – 383, 385 – 391, 393 – 397, 399 – 401, 403, 404, 407, 408, 410 – 412, 415 – 417, 419 – 421, 423, 425, 427, 429, 430, 432, 434, 435, 437 – 440, 442, 443, 446 – 450, 456, 458, 459, 464, 465, 468, 470, 472, 473, 475, 476, 479, 480, 483, 489 – 491, 493 – 507, 510, 512.

Baureihe 141

Bauart	Bo'Bo'
1. Lieferjahr	1956
Letztes Lieferjahr	1971
Stückzahl	451
Länge über Puffer (mm)	15.620
Gesamtachsstand (mm)	10.500
Achsstand im Drehgestell	3200
Raddurchmesser (mm)	1250
Dienstmasse (t)	66,4
Höchstgeschwindigkeit	120
Stundenleistung (kW)	2400

Braunschweig: 141 061, 081, 083, 094, 116, 143, 146, 168 – 170, 172, 183, 193, 211, 236, 242 – 244, 246, 256, 262 – 264, 267, 269, 283, 284, 292, 298, 314, 319 – 322, 325, 329, 333, 334, 336, 341, 344, 349 – 351, 353, 359, 362, 363, 365, 370 – 373, 375 – 377, 381, 384, 385, 387, 390, 397, 400, 403, 404, 406, 408, 412, 414, 415, 417, 419, 422, 423, 427.

Dortmund Bbf: 141 066, 089, 102, 103, 106, 118, 120, 122, 124, 157, 159, 204, 213, 231, 248, 249, 251, 252, 260, 268, 275, 287, 289, 290, 296, 301, 302, 306, 326, 327, 330, 378, 380, 382, 383, 386, 388.

Frankfurt (Main) 1: 141 067, 069, 074, 097, 110, 140, 161, 178, 180, 185, 190, 200, 208, 226, 228, 230, 254, 276, 277, 280, 357, 368, 436, 437, 439, 441, 442.

Kiel: 141 379, 389, 401, 402, 405, 425, 426, 428 – 430, 432 – 435, 443, 444.

München West: 141 364, 366.

Saarbrücken: 141 063, 115, 121, 126, 156, 194, 212, 215 – 217, 219, 223, 224, 238, 315, 318, 339, 346 – 348, 352, 354, 356, 369.

Baureihe 143

Bauart	Bo'Bo'
1. Lieferjahr	1982
Letztes Lieferjahr	1989
Stückzahl	646
Länge über Puffer (mm)	16.640
Gesamtachsstand (mm)	11.800
Achsstand im Drehgestell	3300
Raddurchmesser (mm)	1250
Dienstmasse (t)	82
Höchstgeschwindigkeit	120
Stundenleistung (kW)	3720

Cottbus: 143 012, 018, 083, 092, 135, 138, 176, 192, 204, 230, 232, 257, 295, 303, 306, 323, 326, 334, 343, 344, 346, 356, 360, 556, 559, 566, 567, 569, 574, 576, 641, 642, 809, 812, 818, 821, 834, 838, 843, 848, 849, 851, 863, 864, 874, 877, 889, 931, 947, 952.

Düsseldorf: 143 003, 008, 014, 030, 036, 039, 044, 045, 054, 085, 177, 213, 215, 235, 237, 241, 245, 247, 258, 259, 262, 287, 288, 292, 298, 304, 309, 317, 329, 330, 336, 353, 357, 358, 552, 553, 577 – 579, 581 – 584, 586 – 588, 590, 593, 594, 596, 597, 599 – 608, 611 – 615, 617 – 619, 635, 643, 660, 815, 823, 830, 836, 840, 842, 853 – 855, 870, 913, 942, 949, 964, 970.

Frankfurt (Main) 1: 143 019, 021, 027, 029, 035, 046, 064, 076, 097, 125, 132, 133, 141, 158, 166, 170, 181, 189, 197, 198, 228, 231, 238, 242, 248, 267, 269, 270, 279, 320, 321, 328, 369, 561, 580, 644, 646, 648, 649, 653, 803, 811, 862, 878, 897, 923, 968, 971.

Freiburg: 143 007, 042, 050, 055, 090, 104, 308, 312, 313, 316, 331, 332, 350, 364, 640, 657, 810, 813, 819, 822, 833, 835, 837, 856, 906, 953, 958, 972.

Halle P: 143 002, 005, 011, 020, 053, 056, 066, 068, 072, 075, 084, 086, 089, 095, 117, 124, 130, 134, 137, 139, 143, 144, 146, 152, 153, 159, 169, 178, 180, 185, 191, 218, 220, 225, 244, 272, 273, 278, 283, 291, 293, 310, 337, 349, 361, 363, 558, 571 – 573, 610, 630, 807, 816, 829, 832, 844, 850, 857 – 859, 867, 871, 879, 891, 893, 896, 903, 915, 929, 930, 935, 940, 944, 948, 950, 957.

Köln-Deutzerfeld: 143 101, 114, 129, 147, 161, 167, 183, 184, 187, 188, 196, 199, 202, 208, 211, 214, 222, 229, 234, 236, 255, 260, 261, 263, 282, 290, 366, 575, 805, 825, 861.

Leipzig West: 143 006, 010, 015, 026, 028, 033, 034, 038, 040, 041, 043, 047 – 049, 058, 059, 063, 070, 079, 081, 087, 093, 102, 108, 112, 116, 122, 126, 149, 157, 173, 174, 205, 206, 212, 217, 243, 268, 285, 301, 319, 324, 327, 338, 339, 342, 354, 355, 359, 365, 367, 368, 370, 551, 554, 562, 563, 585, 589, 591, 595, 638, 639, 654, 658, 814, 828, 831, 865, 875, 883 – 885, 909, 917, 933, 943, 945, 946, 959, 960, 967, 973.

Ludwigshafen: 143 009, 025, 031, 073, 078, 082, 103, 118, 127, 164, 168, 182, 186, 194, 195, 201, 239, 280, 294, 311, 314, 340, 347, 348, 351, 352, 568, 637, 647, 661, 662, 804, 872, 873, 886, 910, 911, 916, 919, 925, 932, 936.

Magdeburg: 143 074, 098, 113, 115, 120, 121, 151, 155, 156, 171, 190, 221, 226, 249, 256, 289, 901, 908, 918, 926 – 928, 934, 941, 955.

Nürnberg West: 143 017, 022 – 024, 032, 037, 052, 067, 077, 088, 094, 100, 119, 123, 128, 131, 148, 150, 154, 160, 165, 172, 200, 207, 240, 246, 252, 253, 265, 274, 275, 281, 284, 318, 325, 341, 362, 565, 570, 592, 598, 621, 624 – 626, 628, 629, 632, 634, 636, 652, 656, 659, 806, 808, 820, 824, 826, 846, 847, 866, 869, 876, 887, 888, 890, 894, 895, 902, 905, 907, 914, 920, 921, 938, 939, 956, 961, 962.

Rostock Hbf: 143 061, 062, 065, 080, 107, 110, 111, 136, 162, 175, 179, 193, 203, 210, 224, 227, 233, 250, 251, 254, 271, 277, 299, 300, 302, 305, 307, 333, 335, 345, 557, 564, 616, 631, 651, 827, 841, 852, 860, 868, 966.

Stuttgart: 143 057, 071, 091, 105, 106, 109, 140, 163, 216, 276, 286, 315, 555, 627, 645, 650, 655, 802, 817, 839, 845, 880 – 882, 898 – 900, 904, 922, 924, 963, 965.

145

Bauart	Bo'Bo'
1. Lieferjahr	1997
Letztes Lieferjahr	2000
Stückzahl	80
Länge über Puffer (mm)	18.900
Gesamtachsstand (mm)	13.000
Achsstand im Drehgestell	2600
Raddurchmesser (mm)	1250
Dienstmasse (t)	80
Höchstgeschwindigkeit	140
Stundenleistung (kW)	4200

Sämtliche Maschinen sind in **Seddin** beheimatet.

146

Bauart	Bo'Bo'
1. Lieferjahr	2001
Letztes Lieferjahr	2001
Stückzahl	31
Länge über Puffer (mm)	18.900
Gesamtachsstand (mm)	13.000

Achsstand im Drehgestell	2600
Raddurchmesser (mm)	1250
Dienstmasse (t)	80
Höchstgeschwindigkeit	160
Stundenleistung (kW)	4200

Dortmund: 146 008 – 031.
Ludwigshafen: 146 001 – 007.

150

Bauart	Co'Co'
1. Lieferjahr	1957
Letztes Lieferjahr	1973
Stückzahl	194
Länge über Puffer (mm)	19.490
Gesamtachsstand (mm)	13.300
Achsstand im Drehgestell	2500+1950
Raddurchmesser (mm)	1250
Dienstmasse (t)	128
Höchstgeschwindigkeit	100
Stundenleistung (kW)	4500

Die verbliebenen Maschinen (150 021, 025, 026, 030, 031, 033, 043, 052, 054, 057, 060, 061, 065, 067, 071, 079, 086, 089, 090, 092, 095, 097 – 103, 108, 109, 111, 115, 116, 124 – 127, 139, 142, 153, 156 – 161, 164 – 166, 168, 169, 173, 174, 177, 182, 185, 186) sind in **Kornwestheim** beheimatet. Die Ausmusterung der gesamten Baureihe 150 ist für 2003 geplant.

151

Bauart	Co'Co'
1. Lieferjahr	1972
Letztes Lieferjahr	1977
Stückzahl	170
Länge über Puffer (mm)	19.490
Gesamtachsstand (mm)	13.660
Achsstand im Drehgestell	2450+2000
Raddurchmesser (mm)	1250
Dienstmasse (t)	118
Höchstgeschwindigkeit	120
Stundenleistung (kW)	6300

Nürnberg Rbf: 151 001 – 053, 055 – 071, 073 – 085, 123 – 156.
Oberhausen: 151 086 – 122, 157 – 170.

152

Bauart	Bo'Bo'
1. Lieferjahr	1997
Letztes Lieferjahr	2001
Stückzahl	170
Länge über Puffer (mm)	19.580
Gesamtachsstand (mm)	12.900
Achsstand im Drehgestell	3000
Raddurchmesser (mm)	1250
Dienstmasse (t)	86
Höchstgeschwindigkeit	140
Stundenleistung (kW)	4200

Sämtliche Lokomotiven (außer 152 032 und 075, beide bereits nach Unfällen ausgemustert) sind in **Nürnberg Rbf** beheimatet.

155

Bauart	Co'Co'
1. Lieferjahr	1974
Letztes Lieferjahr	1984
Stückzahl	273
Länge über Puffer (mm)	19.600
Gesamtachsstand (mm)	14.500
Achsstand im Drehgestell	2500+2000
Raddurchmesser (mm)	1250
Dienstmasse (t)	123
Höchstgeschwindigkeit	120
Stundenleistung (kW)	5400

Dresden: 155 014, 025, 034, 037, 048, 059, 075, 079, 081, 087, 112, 116, 117, 127, 142, 143, 150, 154, 158, 168, 182, 190, 191, 202, 208, 214, 215, 217, 222, 224, 227, 254, 262 – 267.
Mannheim: 155 004, 007, 009, 013, 015, 019, 024, 039, 042, 055, 060, 061, 072, 093, 096, 099, 105, 107, 108, 111, 147, 151, 167, 178, 209, 218, 219, 229, 232, 233, 239, 243, 245, 247, 249, 251, 259, 261, 268, 272.

Seddin: 155 001, 006, 008, 010 – 012, 016 – 018, 020, 023, 028 – 033, 035, 036, 038, 040, 043 – 047, 049, 052, 053, 056, 057, 063, 065, 066, 068, 070, 071, 073, 074, 076 – 078, 080, 082 – 086, 088 – 092, 094, 095, 097, 098, 101 – 104, 109, 110, 113 – 115, 118 – 126, 128 – 135, 137 – 141, 144, 146, 148, 149, 152, 157, 159 – 161, 163, 171, 172, 175, 179 – 181, 183, 184, 187 – 189, 192, 194 – 201, 203 – 207, 210 – 213, 216, 220, 221, 223, 226, 228, 230, 231, 234 – 238, 240, 241, 244, 246, 248, 250, 252, 253, 255 – 258, 260, 269 – 271, 273.

181.2

Bauart	Bo'Bo'
1. Lieferjahr	1974
Letztes Lieferjahr	1975
Stückzahl	25 + 1
	Vorserier lok
Länge über Puffer (mm)	17.940
Gesamtachsstand (mm)	12.000
Achsstand im Drehgestell	3000
Raddurchmesser (mm)	1250
Dienstmasse (t)	82,5
Höchstgeschwindigkeit	160
Stundenleistung (kW)	3300

Sämtliche Loks sind in **Saarbrücken** daheim.

182

Bauart	Bo'Bo'
1. Lieferjahr	2001
Letztes Lieferjahr	2002
Stückzahl	25
Länge über Puffer (mm)	19.280
Gesamtachsstand (mm)	12.900
Achsstand im Drehgestell	3000
Raddurchmesser (mm)	1150
Dienstmasse (t)	86
Höchstgeschwindigkeit	230
Stundenleistung (kW)	6400

Sämtliche Lokomotiven sind in **Nürnberg Rbf** beheimatet.

185

Bauart	Bo'Bo'
1. Lieferjahr	2000
Letztes Lieferjahr	2008
Stückzahl	400
Länge über Puffer (mm)	18.900
Gesamtachsstand (mm)	13.000
Achsstand im Drehgestell	2600
Raddurchmesser (mm)	1250
Dienstmasse (t)	84
Höchstgeschwindigkeit	140
Stundenleistung (kW)	4200

Sämtliche Loks sind in **Mannheim** beheimatet.

189

Bauart	Bo'Bo'
1. Lieferjahr	2002
Letztes Lieferjahr	2005
Stückzahl	100
Länge über Puffer (mm)	19.580
Gesamtachsstand (mm)	12.900
Achsstand im Drehgestell	3000
Raddurchmesser (mm)	1150
Dienstmasse (t)	87
Höchstgeschwindigkeit	140

Stundenleistung (kW) 6400 im Wechselstrombetrieb, 4200/6000 im 1,5/3 kV-Gle chstrombetrieb, drei Erprobungsloks fertig gestellt.

194/ÖBB-Reihe-1020

Bauart	Co'Co'
1. Lieferjahr	1940
Letztes Lieferjahr	1956
Ausmusterung	1988/1995
Stückzahl	204
Länge über Puffer (mm)	18.600
Gesamtachsstand (mm)	13.700
Achsstand im Drehgestell	2450–2150
Raddurchmesser (mm)	1250
Dienstmasse (t)	121
Höchstgeschwindigkeit	90
Stundenleistung (kW)	4680

401

Bauart Triebkopf	Bo'Bo'
1. Lieferjahr	1990
Letztes Lieferjahr	1995
Stückzahl Züge	60
Länge Zug (m)	358
Gesamtachsstand Triebkopf	4.460
Achsstand im Drehgestell	3000
Raddurchmesser (mm)	1040
Dienstmasse Zug (t)	782
Höchstgeschwindigkeit	280
Stundenleistung Zug (kW)	9600

Sämtliche Züge sind in **Hamburg** beheimatet.

402

Bauart Triebkopf	Bo'Bo'
1. Lieferjahr	1996
Letztes Lieferjahr	1998
Stückzahl Züge	46
Länge über Puffer Zug (m)	205,4
Gesamtachsstand Triebkopf	14.460
Achsstand im Drehgestell	3000
Raddurchmesser (mm)	1040
Dienstmasse (t)	410
Höchstgeschwindigkeit	280

Stundenleistung Zug (kW)	4800

Sämtliche Züge sind in **Berlin** beheimatet.

Baureihe 403

Bauart	Antrieb über den Zug verteilt
1. Lieferjahr	1999
Letztes Lieferjahr	2004
Stückzahl Züge	50
Länge über Puffer Zug (m)	200,8
Gesamtachsstand Triebkopf	17.375
Achsstand im Drehgestell	2500
Raddurchmesser (mm)	890
Dienstmasse (t)	409
Höchstgeschwindigkeit	330
Stundenleistung Zug (kW)	8000

Sämtliche Züge sind in **München** beheimatet.

Baureihe 411

Bauart	Antrieb über den Zug verteilt
1. Lieferjahr	1998
Letztes Lieferjahr	2004
Stückzahl Züge	60
Länge über Puffer Zug (m)	185
Gesamtachsstand Triebkopf	19.000
Achsstand im Drehgestell	2850

Raddurchmesser (mm)	890
Dienstmasse (t)	350
Höchstgeschwindigkeit	230
Stundenleistung Zug (kW)	4000

Sämtliche Züge sind in **München** stationiert.

Baureihe 212

Bauart	B'B'
1. Lieferjahr	1958
Letztes Lieferjahr	1966
Stückzahl	381
Länge über Puffer (mm)	12.300
Gesamtachsstand (mm)	8200
Achsstand im Drehgestell	2200
Raddurchmesser (mm)	950
Dienstmasse (t)	63
Höchstgeschwindigkeit	100
Stundenleistung (kW)	993

Gießen: 212 023, 034, 049, 051, 062, 104, 298, 346, 356, 358, 367, 372.
Hagen: 212 050, 195, 248, 264, 299, 308, 309, 313, 354, 374.
Kornwestheim: 212 041, 043, 055, 084.
Mühldorf: 212 032, 036, 039, 060, 063, 071, 093, 094, 267, 371.
Osnabrück: 212 075, 077, 079, 265, 280, 310, 317.
Saarbrücken: 212 029, 059, 076, 242, 274, 294, 302, 342, 343, 345, 347, 349, 376, 377.
Würzburg: 212 103, 241, 329, 330.
Tunnelrettungszüge: Die umgebauten Maschinen 714 001 – 015 sind in **Fulda** beheimatet.

Baureihe 215

Bauart	B'B'
1. Lieferjahr	1968
Letztes Lieferjahr	1971
Stückzahl	150
Länge über Puffer (mm)	16.400
Gesamtachsstand (mm)	11.400
Achsstand im Drehgestell	2800
Raddurchmesser (mm)	1000

Dienstmasse (t)	79
Höchstgeschwindigkeit	140
Stundenleistung (kW)	1400/ 840

Darmstadt: 215 101, 113, 115, 118, 135 – 137.
Gießen: 215 016, 019, 046 – 048, 053, 056, 059, 060, 062, 064, 096, 119.
Köln-Deutzerfeld: 215 034 – 036, 063.
Trier: 215 049, 114, 117, 120 – 123, 125, 127, 131, 132, 139.
Die baugleiche 225, deren Dampfheizung ausgebaut wurde, ist beheimatet in
Gremberg: 225 011, 012, 014, 015, 020, 023 – 029, 065.
Köln-Deutzerfeld: 225 045, 099.
Oberhausen: 225 003 – 006, 008 – 010, 017, 018, 040, 111, 133, 134, 150.
Ulm: 225 001, 002, 007, 030 – 032, 051, 071 – 079, 081, 082, 084, 086, 091, 092, 100, 141, 145.

Baureihe 216

Bauart	B'B'
1. Lieferjahr	1959
Letztes Lieferjahr	1968
Stückzahl	224
Länge über Puffer (mm)	16.000
Gesamtachsstand (mm)	11.400
Achsstand im Drehgestell	2800
Raddurchmesser (mm)	1000
Dienstmasse (t)	76,7
Höchstgeschwindigkeit	120
Stundenleistung (kW)	1400

Baureihe 218

Bauart	B'B'
1. Lieferjahr	1968
Letztes Lieferjahr	1979
Stückzahl	411
Länge über Puffer (mm)	16.400
Gesamtachsstand (mm)	11.400
Achsstand im Drehgestell	2800
Raddurchmesser (mm)	1000
Dienstmasse (t)	78,7

Höchstgeschwindigkeit	140
Stundenleistung (kW)	2060

Darmstadt: 218 123, 125, 155, 198, 215, 249, 269, 272, 274, 277, 290, 292, 293, 312, 320, 382, 398.
Hagen: 218 126, 129, 132 − 135, 138 − 150, 247.
Halberstadt: 218 101 − 107, 109 − 111, 113 − 116, 118, 153, 157, 158, 181, 187, 242, 268, 435, 436, 447, 450, 453, 466.
Haltingen: 218 343, 388, 389, 396, 397, 480 − 484.
Kaiserslautern: 218 361 − 372, 408, 411, 412, 414, 415, 417, 420, 424, 425, 429, 442, 446, 497, 498.
Karlsruhe: 218 199 − 201, 205, 207, 219, 220, 238, 289, 294 − 302, 390 − 395, 476 − 479.
Kempten: 218 124, 202, 222 − 241, 313, 314, 316 − 319, 340 − 342, 346, 373, 376, 381, 441, 464, 467 − 475.
Leipzig Süd: 218 182, 183, 208 − 210, 212, 213, 409, 410.
Lübeck: 218 112, 117, 119 − 121, 154, 169 − 180, 184 − 186, 197, 221, 248, 250, 252, 253, 255 − 261, 264 − 266, 278, 282 − 284, 286, 287, 291, 315, 323 − 339, 345, 347, 349, 374, 375, 377 − 380, 383, 386, 399, 430, 434, 456, 457, 459 − 462, 485 − 490, 492 − 495, 499.
Mühldorf: 218 344, 348, 350 − 354, 358, 384, 400 − 405, 416, 418, 419, 421 − 423, 426, 428, 437, 439, 440, 443 − 445.
Regensburg: 218 002 − 012, 188, 189, 191, 192, 203, 245, 254, 263, 271, 275, 276, 288, 303, 304, 308 − 311, 359, 385, 387, 407, 413, 491.
Stendal: 218 108, 152, 218, 244, 246, 262, 273, 406, 427, 431 − 433, 438, 448, 449, 451, 452, 454, 455, 458, 463, 465, 496, 901 − 908.
Trier: 218 128, 130, 131, 136, 137, 151, 190, 206, 211, 216, 217, 251, 270, 305, 306.
Ulm: 218 122, 156, 160 − 168, 193 − 196, 204, 214, 279 − 281, 285, 307, 321, 322, 355 − 357, 360.

Baureihe 119

Bauart	C'C'
1. Lieferjahr	1977
Letztes Lieferjahr	1985

Stückzahl	200
Länge über Puffer (mm)	19.500
Gesamtachsstand (mm)	14.510
Achsstand im Drehgestell	2 x 1800
Raddurchmesser (mm)	1000
Dienstmasse (t)	96
Höchstgeschwindigkeit	120
Stundenleistung (kW)	1980

Chemnitz: 219 158.
Cottbus: 219 013, 015, 038, 043, 074, 096, 112, 129, 141, 153, 179, 192.
Erfurt: 219 029, 059, 073, 084, 090, 117, 125, 136, 139, 159, 162, 189.
Görlitz: 219 025, 067.
Halberstadt: 219 165, 197.

Baureihe 220 (DR V 200)

Bauart	Co'Co'
1. Lieferjahr	1966
Letztes Lieferjahr	1974
Ausmusterung	1995
Stückzahl	378
Länge über Puffer (mm)	17.550
Gesamtachsstand (mm)	12.800
Achsstand im Drehgestell	2 x 2100
Raddurchmesser (mm)	1050
Dienstmasse (t)	116
Höchstgeschwindigkeit	100
Stundenleistung (kW)	1470

Baureihe 232

Bauart	Co'Co'
1. Lieferjahr	1973
Letztes Lieferjahr	1982
Stückzahl	709
Länge über Puffer (mm)	20.820
Gesamtachsstand (mm)	16.050
Achsstand im Drehgestell	2 x 1850
Raddurchmesser (mm)	1050
Dienstmasse (t)	122
Höchstgeschwindigkeit	120
Stundenleistung (kW)	2200

Dresden: 232 010, 022, 031, 053, 061, 079, 081, 085, 091, 096, 104, 165, 218, 221, 229, 240, 241, 277, 293, 328, 329, 354, 374, 400, 407, 427, 430, 456, 471, 472, 474, 480, 495, 497, 499, 500, 518, 533, 542, 543, 557, 563, 570, 573, 581, 583, 600 – 602, 612, 617, 628, 642, 644, 650, 656, 665, 678, 682, 685, 688, 691, 700, 704.

Halle G: 232 093, 117, 122, 156, 173, 178, 187, 195, 209, 253 – 255, 259, 260, 300, 333, 334, 349, 368, 383, 384, 413, 419, 426, 444, 448, 450, 455, 481, 505, 520, 529, 531, 544, 569, 576, 584, 587, 593, 604, 614, 618, 629, 635, 645, 658, 663, 668, 669, 672, 673, 675, 677, 679, 687, 693, 702, 703, 800.

Magdeburg-Rothensee: 232 109, 146, 149, 174, 191, 203, 230, 238, 239, 245, 258, 262, 265, 268, 274, 283, 330, 347, 356, 376, 388, 393, 395, 410, 414, 416, 420, 424, 453, 454, 459, 464, 466, 494, 498, 502, 519, 527, 564, 566, 575, 579, 595, 625, 654, 662, 676, 680, 708.

Nürnberg Rbf: 232 044, 051, 068, 077, 135, 136, 167, 179, 212, 249, 314, 321, 363, 391, 392, 408, 458, 462, 485, 510, 536, 537, 562, 572, 589, 596, 609, 616, 626, 634, 648, 661, 689, 690, 695, 701.

Oberhausen: 232 026, 032, 043, 092, 105, 154, 204, 205, 207, 295, 297, 298, 303, 308, 359, 441, 469, 484, 515, 528, 535, 559, 603, 622, 627, 653, 683, 686, 694, 699.

Rostock Seehafen: 232 002, 005, 011, 014, 024, 045, 055, 083, 097, 114, 118, 123, 125, 128, 129, 131, 132, 134, 137, 142, 151, 182, 189, 190, 201, 202, 223, 228, 252, 264, 272, 280, 282, 286, 287, 294, 296, 301, 309, 313, 342, 345, 350, 352, 357, 358, 361, 365, 371 – 373, 377 – 379, 382, 386, 396, 397, 401, 403, 406, 409, 411, 418, 421, 425, 428, 434, 437, 438, 443, 445, 465, 470, 477, 486, 491 – 493, 496, 501, 503, 508, 509, 512 – 514, 517, 530, 532, 534, 539, 541, 547, 550, 560, 561, 567, 568, 586, 588, 592, 598, 605, 607, 613, 620, 624, 631 – 633, 640, 647, 649, 652, 655, 660, 666, 670, 674, 681, 692, 696, 705, 707, 901 – 906, 908, 909.

Saalfeld: 232 003, 030, 052, 070, 075, 100, 106, 108, 121, 141, 168, 194, 206, 208, 216, 291, 315, 362, 415, 432, 457, 461, 482, 487 – 489, 524, 553, 571, 577, 590, 611, 615, 623, 646.

Die leistungsstärkeren 233 sind beheimatet in

Dresden: 233 217, 285, 306, 643.

Halle G: 233 127, 176, 232, 281, 452, 511, 594, 636, 698, 709.

Oberhausen: 233 288, 289, 322, 326, 367, 451, 478, 525.

Rostock Seehafen: 233 112, 233, 521.

Saalfeld: 233 040, 219.

Die für Tempo 140 zugelassenen 234 sind beheimatet in

Görlitz: 234 016, 116, 144, 166, 278, 292, 335, 344, 346, 385, 468, 551.

Ulm: 234 180, 242.

Die leistungsstärksten Loks sind beheimatet in

Halle G: 241 008.

Oberhausen: 241 338, 353, 449, 697 801 – 805.

ÖBB-Reihe 1010

Bauart	Co'Co'
1. Lieferjahr	1955
Letztes Lieferjahr	1955
Stückzahl	20
Länge über Puffer (mm)	17.860
Gesamtachsstand (mm)	12.700
Achsstand im Drehgestell	2 x 2050
Raddurchmesser (mm)	1300
Dienstmasse (t)	110
Höchstgeschwindigkeit	130
Stundenleistung (kW)	4000

Die letzten Maschinen (002 − 004, 010, 013, 015) sind in **Salzburg** beheimatet.

ÖBB-Reihe 1016

Bauart	Bo'Bo'
1. Lieferjahr	2000
Letztes Lieferjahr	2001
Stückzahl	50
Länge über Puffer (mm)	19.280
Gesamtachsstand (mm)	12.900
Achsstand im Drehgestell	3000
Raddurchmesser (mm)	1150
Dienstmasse (t)	86
Höchstgeschwindigkeit	230
Stundenleistung (kW)	6400

Salzburg: 1016.001 − 024.
Wien West: 1016.025 − 050.

ÖBB-Reihe 1040

Bauart	Bo'Bo
1. Lieferjahr	1950
Letztes Lieferjahr	1953
Stückzahl	16
Länge über Puffer (mm)	12.920
Gesamtachsstand (mm)	9040
Raddurchmesser (mm)	1350
Dienstmasse (t)	81
Höchstgeschwindigkeit	90
Stundenleistung (kW)	2360

Sämtliche verbliebenen Maschinen (1040.001, 009, 010, 014, 015) sind in **Selzthal** beheimatet.

ÖBB-Reihe 1041

Bauart	Bo'Bo'
1. Lieferjahr	1952
Letztes Lieferjahr	1954
Stückzahl	25
Länge über Puffer (mm)	15.320
Gesamtachsstand (mm)	10.700
Achsstand im Drehgestell	3200
Raddurchmesser (mm)	1350
Dienstmasse (t)	83
Höchstgeschwindigkeit	110
Stundenleistung (kW)	2290

Attnang-Puchheim: 1041.001, 003, 007, 013, 015 − 017, 023, 024.
Selzthal: 1041.005, 006, 202, 222.

ÖBB-Reihe 1042

Bauart	Bo'Bo'
1. Lieferjahr	1963
Letztes Lieferjahr	1977
Stückzahl	257
Länge über Puffer (mm)	16.200
Gesamtachsstand (mm)	11.200
Achsstand im Drehgestell	3400
Raddurchmesser (mm)	1250
Dienstmasse (t)	84
Höchstgeschwindigkeit	130
Stundenleistung (kW)	3600

Villach: 1042.031, 032, 040, 041.
Wien West: 1042.001, 002, 005, 007, 008, 011 − 021, 023 − 025, 028 − 030, 033 − 038, 042, 043, 045, 046, 048 − 052, 054 − 057, 059, 060.
Villach: 1042.501 − 506, 509 − 514, 518 − 520.

ÖBB-Reihe 1044

Bauart	Bo'Bo'
1. Lieferjahr	1974

Letztes Lieferjahr	1992
Stückzahl	217
Länge über Puffer (mm)	16.060
Gesamtachsstand (mm)	10.900
Achsstand im Drehgestell	2900
Raddurchmesser (mm)	1300
Dienstmasse (t)	84
Höchstgeschwindigkeit	160
Stundenleistung (kW)	5400

Bludenz: 1044.093 – 126.
Innsbruck: 1044.220, 222, 223, 226 – 230, 232, 234, 237 – 261.
Salzburg: 1044.003 – 021, 023 – 037, 039, 091, 092, 200 – 205.
Villach: 040 – 046, 048 – 050, 052 – 075, 077 – 090.
Wien West: 1044.206 – 210, 212, 214, 215, 262 – 271, 274 – 276, 279 – 283, 290.
Die funkgesteuerten Lokomotiven sind beheimatet in
Wien West: 1144.211, 213, 288, 289.
Innsbruck: 1144.216, 219, 221, 224, 225, 231, 233, 235, 236.
Villach: 1144.257, 272, 273, 277, 278, 284 – 187.

ÖBB-Reihe 1110

Bauart	Co'Co'
1. Lieferjahr	1956
Letztes Lieferjahr	1962
Stückzahl	30
Länge über Puffer (mm)	17.860
Gesamtachsstand (mm)	12.700
Achsstand im Drehgestell	2 x 2050
Raddurchmesser (mm)	1300
Dienstmasse (t)	110
Höchstgeschwindigkeit	110
Stundenleistung (kW)	4000

Bludenz: 1110.519, 521, 522, 526, 529, 530.
Linz: 1110.009, 015, 020, 025, 027, 028.
Salzburg: 1110.018, 023.
Villach: 1110.502, 505.

ÖBB-Reihe 1116

Bauart	Bo'Bo'
1. Lieferjahr	1999
Letztes Lieferjahr	2006
Stückzahl	350

Die weiteren Angaben entsprechen denen der Reihe 1016.

Innsbruck: 1116.086 – 092.
Salzburg: 1116.001, 026 – 039.
Villach: 1116.061 – 085.
Wien Süd: 1116.040 – 060.
Wien West: 1116.002 – 025.

ÖBB-Reihe 1822

Bauart	Bo'Bo'
1. Lieferjahr	1992
Letztes Lieferjahr	1996
Stückzahl	5
Länge über Puffer (mm)	19.300
Gesamtachsstand (mm)	13.700
Achsstand im Drehgestell	2700
Raddurchmesser (mm)	1150
Dienstmasse (t)	82
Höchstgeschwindigkeit	140
Stundenleistung (kW)	4400

Die 1822.001 – 005 sind in **Innsbruck** beheimatet.

ÖBB-Reihe 2016

Bauart	Bo'Bo'
1. Lieferjahr	2002
Letztes Lieferjahr	2003
Stückzahl	70
Länge über Puffer (mm)	19.275
Gesamtachsstand (mm)	13.062
Achsstand im Drehgestell	2700
Raddurchmesser (mm)	1100
Dienstmasse (t)	80
Höchstgeschwindigkeit	140
Stundenleistung/Rad (kW)	1600

Die ersten Loks 2016.001 – 010 sind in **Wiener Neustadt** beheimatet.